PEARSON

U0277336

[美] | Steve Summit | 著

孙云 朱群英 | 译

你必须知道的495个
C 语言问题

C Programming FAQs:
Frequently Asked Questions

人民邮电出版社
北 京

图书在版编目（CIP）数据

你必须知道的495个C语言问题 ／（美）萨米特
(Summit, S.) 著 ; 孙云, 朱群英译. -- 北京 ：人民邮
电出版社，2016.4（2023.6重印）
　ISBN 978-7-115-37676-3

　Ⅰ. ①你… Ⅱ. ①萨… ②孙… ③朱… Ⅲ. ①C语言
一程序设计 Ⅳ. ①TP312

中国版本图书馆CIP数据核字(2015)第007122号

版权声明

　◆　著　　　　［美］Steve Summit

　　　译　　　孙 云　朱群英

　　　责任编辑　傅道坤

　　　责任印制　张佳莹　焦志炜

　◆　人民邮电出版社出版发行　　北京市丰台区成寿寺路 11 号

　　　邮编　100164　电子邮件　315@ptpress.com.cn

　　　网址　http://www.ptpress.com.cn

　　　北京九州迅驰传媒文化有限公司印刷

　◆　开本：800×1000　1/16

　　　印张：18.25　　　　　　　　2016 年 4 月第 1 版

　　　字数：393 千字　　　　　　2023 年 6 月北京第 14 次印刷

　　　著作权合同登记号　图字：01 -2008 -5465 号

定价：89.80 元

读者服务热线：(010) 81055410　印装质量热线：(010) 81055316

反盗版热线：(010) 81055315

内 容 提 要

　　本书以问答的形式组织内容，讨论了学习或使用 C 语言的过程中经常遇到的一些问题。书中列出了 C 用户经常问的 400 多个经典问题，涵盖了初始化、数组、指针、字符串、内存分配、库函数、C 预处理器等各个方面的主题，并分别给出了解答，而且结合代码示例阐明要点。

　　本书结构清晰，讲解透彻，是各高校相关专业 C 语言课程很好的教学参考书，也是各层次 C 程序员的优秀实践指南。

原 版 序

1979年的某段时间，我听到很多人在谈论C这个当时还挺新的语言和那本刚刚推出的书。我买了一本Brian Kernighan和Denis Ritchie写的*The C Programming Language*（也称K&R），但它在我的书架上空等了好一阵子，因为当时我并不急着需要它（况且我那时候还是一个余暇无多的大一新生）。后来证明这本书买得很幸运，因为当我最后拿起它以后，就再也没有放下了：从那以后，我就一直在用C语言编程。

1983年我结识了新闻组net.lang.c，这（以及它的后继者comp.lang.c）是一个绝佳的地方，你可以学习C语言的方方面面，发现别人关于C语言的各种疑问，认识到你可能根本还没有掌握关于C语言的一切。C语言尽管表面上很简单，但也还有一些并不显而易见的方面，有些问题不断有人问起。本书根据我从1990年5月开始在comp.lang.c上发布的常见问题（FAQ）列表收集了这样的一些问题，并提供了答案。

然而我得声明，这本书并不是对C语言的批评或诽谤。用户在使用时遇到困难，很容易迁怒于语言（或其他任何工具）或者要求正确设计的工具"应该"防止用户的误用。因此看到书中提及的各种误用以后，很容易将这样的书看作试图显示C语言的先天不足的长篇控诉。这实在是远悖我的本意。

如果我不认为C语言是一门伟大的语言，或者没有在这种语言的编程中获得那么多的乐趣，那我永远也学不到足够的关于C语言的知识来写出本书，而且也不会试图写出本书来让别人更爱用C语言。我很喜欢C语言，我教C的课并花时间参与网上讨论的原因之一，就是希望发现这门语言（或者说编程本身）在哪些方面比较难学，让人不易高效地编程。本书展示了我认识到的部分内容，这些问题毫无疑问就是人们遇到麻烦最多的，而答案则经过多年的反复修正，就是为了消除人们的麻烦。

如果这些答案中有任何错误，那么读者一定会遇到麻烦。尽管审稿人和我都尽力去除所有的错误，但从一部手稿中根除最后一个错误，就跟从程序中去掉最后一个bug一样困难。通过出版社转交或发往我的E-mail地址的任何修正和建议我都感激不尽。同时我也对任何错误的第一个发现者按惯例提供$1.00的报酬。如果你能够访问因特网，你可以在问题20.47提到的ftp和http网址中找到一份勘误表（和错误发现者的积分表）。

希望我已经澄清，这本书并不是对C语言的批评，也不是对我学习过的C语言的书或其作者的批评。从K&R中我不仅学到了C语言，还学会了编程。在试图用自己的贡献来丰富C语言的文献的时候，我唯一遗憾的就是本书没有做到K&R第二版发现的妙处，即"C不是一门复杂的语言，并不值得为它写本厚书"。我希望那些深深地欣赏C语言（及K&R）的简洁和精确的人，看到本书反反复复讲述某些东西，或用3种稍稍不同的方式讲述一个问题的时候不要生气。

尽管封面上只印着我一个人的名字，但这本书的背后却有许许多多的人，简直不知道该从哪里开始感谢。从某种意义上讲，comp.lang.c的每个读者（现在约有320 000人）都做出了贡献：这本书背后的FAQ列表是为comp.lang.c写的，因而本书也保留了comp.lang.c良好的讨论氛围。

我希望这本书也保留了我开始阅读net.lang.c时所学习的正确C语言编程的思想。因此，我要首先感谢我所知的一贯清楚解释这种思想的人：Doug Gwyn、Guy Harris、Karl Heuer、Henry Spencer和Chris Torek。这些绅士们多年来不断耐心、慷慨而睿智地解答各种无穷尽的问题。是我出头写下这些常见问题的，但不要以为是我给出了这些答案。我曾经是个学生（我想正是Guy解答了我提出的问题，现为本书问题5.10），我对走在前面的大师们感激不尽。这本书与其说是我的，不如说是他们的。但对书中的不足和错误我愿一力承担。

在线FAQ在变成本书的过程中增长了3倍，它的增长一度太快也变得有些笨拙了。Mark Brader、Vinit Carpenter、Stephen Clamage、Jutta Degener、Doug Gwyn、Karl Keuer、Joseph Kent和George Leach阅读了部分或全部的手稿，帮我对这一过程施加了一些控制，感谢他们大量的仔细建议和修正。他们的努力都源自一个共同的愿望，期待在编程社区中提高对C语言的整体理解。感谢他们的贡献。

这些审稿人中有3个长期以来也是在线FAQ的贡献者。感谢Jutta Degener和Karl Heuer多年来的帮助，尤其感谢Mark Brader，从5年前我第一次在comp.lang.c上发布FAQ以来，他就一直给予我批评。我不知道他哪里来的毅力提出那么多的建议和修正，其中部分还遭到了我持久顽固的拒绝，即使（正如我最后意识到的）它们实际的确是改进。你可以感谢Mark为本书提供的很多解释的表述形式，而弄糟的部分就责怪我吧。

还要感谢：Susan Cyr设计的封面；Bob Dinse和Eskimo North提供的网络环境，这对这样的项目至关重要；Bob Holland提供的计算机，这本书的大部分内容都是用它写成的；Pete Keleher提供的Alpha文本编辑器；华盛顿大学数学研究和工程图书馆提供的图书查询便利；华盛顿大学海洋学系借给我的磁带驱动器，用来访问我尘封的新闻组旧帖。

感谢Tanmoy Bhattacharya提供的问题11.11中的例子，感谢Arjan Kenter提供的问题13.7中的代码，感谢Tomohiko Sakamoto提供的问题20.37中的代码，感谢Roger Miller提供的问题11.38中的一行文字。

感谢世界各地的人们通过提供建议、修正、建设性的批评或其他支持对FAQ的贡献：Jamshid Afshar, Lauri Alanko, Michael B. Allen, David Anderson, Jens Andreasen, Tanner Andrews, Sudheer Apte, Joseph Arceneaux, Randall Atkinson, Kaleb Axon, Daniel Barker, Rick Beem, Peter Bennett, Mathias Bergqvist, Wayne Berke, DanBernstein, Tanmoy Bhattacharya, John Bickers, Kevin Black, Gary Blaine, Yuan Bo,Mark J. Bobak, Anthony Borla, Dave Boutcher, Alan Bowler, breadbox@muppetlabs.com,Michael Bresnahan, Walter Briscoe, Vincent Broman, Robert T. Brown, Stan Brown, John R. Buchan, Joe Buehler, Kimberley Burchett, Gordon Burditt, Scott Burkett, Eberhard Burr, Burkhard Burow, Conor P. Cahill, D'Arcy J.M. Cain, Christopher Calabrese, Ian Cargill, Vinit Carpenter, Paul Carter, Mike Chambers, Billy Chambless, C. Ron Charlton, Franklin Chen,

Jonathan Chen, Raymond Chen, Richard Cheung, Avinash Chopde,Steve Clamage, Ken Corbin, Dann Corbit, Ian Cottam, Russ Cox, Jonathan Coxhead,Lee Crawford, Nick Cropper, Steve Dahmer, Jim Dalsimer, Andrew Daviel, James Davies,John E. Davis, Ken Delong, Norm Diamond, Jamie Dickson, Bob Dinse, dlynes@plenarysoftware, Colin Dooley, Jeff Dunlop, Ray Dunn, Stephen M. Dunn, Andrew Dunstan,Michael J. Eager, Scott Ehrlich, Arno Eigenwillig, Yoav Eilat, Dave Eisen, Joe English,Bjorn Engsig, David Evans, Andreas Fassl, Clive D.W. Feather, Dominic Feeley, Simao Ferraz, Pete Filandr, Bill Finke Jr., Chris Flatters, Rod Flores, Alexander Forst, Steve Fosdick, Jeff Francis, Ken Fuchs, Tom Gambill, Dave Gillespie, Samuel Goldstein, Willis Gooch, Tim Goodwin, Alasdair Grant, W. Wesley Groleau, Ron Guilmette, Craig Gullixson, Doug Gwyn, Michael Hafner, Zhonglin Han, Darrel Hankerson, Tony Hansen, Douglas Wilhelm Harder, Elliotte Rusty Harold, Joe Harrington, Guy Harris, John Hascall, Adrian Havill, Richard Heathfield, Des Herriott, Ger Hobbelt, Sam Hobbs, JoelRay Holveck, Jos Horsmeier, Syed Zaeem Hosain, Blair Houghton, Phil Howard, Peter Hryczanek, James C. Hu, Chin Huang, Jason Hughes, David Hurt, Einar Indridason,Vladimir Ivanovic, Jon Jagger, Ke Jin, Kirk Johnson, David Jones, Larry Jones, Morris M. Keesan, Arjan Kenter, Bhaktha Keshavachar, James Kew, Bill Kilgore, Darrell Kindred, Lawrence Kirby, Kin-ichi Kitano, Peter Klausler, John Kleinjans, Andrew Koenig, Thomas Koenig, Adam Kolawa, Jukka Korpela, Przemyslaw Kowalczyk, Ajoy Krishnan T, Anders Kristensen, Jon Krom, Markus Kuhn, Deepak Kulkarni, Yohan Kun, B. Kurtz, Kaz Kylheku, Oliver Laumann, John Lauro, Felix Lee, Mike Lee, Timothy J. Lee, Tony Lee, Marty Leisner, Eric Lemings, Dave Lewis, Don Libes, Brian Liedtke, Philip Lijnzaad, James D. Lin, Keith Lindsay, Yen-Wei Liu, Paul Long, Patrick J. LoPresti, Christopher Lott, Tim Love, Paul Lutus, Mike McCarty, Tim McDaniel, Michael MacFaden, Allen Mcintosh, J. Scott McKellar, Kevin McMahon, Stuart MacMartin, John R. MacMillan, Robert S. Maier, Andrew Main, Bob Makowski, Evan Manning, Barry Margolin, George Marsaglia, George Matas, Brad Mears, Wayne Mery, De Mickey, Rich Miller, Roger Miller,Bill Mitchell, Mark Moraes, Darren Morby, Bernhard Muenzer, David Murphy, Walter Murray, Ralf Muschall, Ken Nakata, Todd Nathan, Taed Nelson, Pedro Zorzenon Neto,Daniel Nielsen, Landon Curt Noll, Tim Norman, Paul Nulsen, David O'Brien, Richard A. O'Keefe, Adam Kolawa, Keith Edward O'hara, James Ojaste, Max Okumoto, Hans Olsson, Thomas Otahal, Lloyd Parkes, Bob Peck, Harry Pehkonen, Andrew Phillips, Christopher Phillips, Francois Pinard, Nick Pitfield, Wayne Pollock, Polver@aol.com, Dan Pop, Don Porges, Claudio Potenza, Lutz Prechelt, Lynn Pye, Ed Price, Kevin D. Quitt, Pat Rankin, Arjun Ray, Eric S. Raymond, Christoph Regli, Peter W. Richards, James Robinson, Greg Roelofs, Eric Roode, Manfred Rosenboom, J.M. Rosenstock, Rick Rowe, Michael Rubenstein, Erkki Ruohtula, John C. Rush, John Rushford, Kadda Sahnine, Tomohiko Sakamoto, Matthew Saltzman, Rich Salz, Chip Salzenberg, Matthew Sams, Paul Sand, David W. Sanderson, Frank Sandy, Christopher Sawtell, Jonas Schlein, Paul Schlyter, Doug Schmidt, Rene Schmit, Russell Schulz, Dean Schulze, Jens Schweikhardt, Chris Sears, Peter Seebach, Gisbert W. Selke, Patricia Shanahan, Girija Shanker, Clinton Sheppard, Aaron Sherman, Raymond Shwake, Nathan Sidwell, Thomas Siegel, Peter da Silva, Andrew Simmons, Joshua Simons, Ross Smith, Thad Smith, Henri Socha, Leslie J. Somos, Eric Sosman, Henry Spencer, David Spuler, Frederic Stark, James Stern,Zalman Stern, Michael Sternberg, Geoff Stevens, Alan Stokes, Bob Stout, Dan Stubbs, Tristan Styles, Richard Sullivan, Steve Sullivan, Melanie Summit, Erik Talvola, Christopher Taylor, Dave Taylor, Clarke Thatcher, Wayne Throop, Chris Torek, Steve Traugott, Brian Trial, Nikos Triantafillis, Ilya Tsindlekht, Andrew Tucker, Goran Uddeborg, Rodrigo Vanegas, Jim Van Zandt, Momchil Velikov, Wietse Venema, Tom Verhoeff, Ed Vielmetti, Larry Virden, Chris Volpe, Mark Warren, Alan Watson, Kurt Watzka, Larry Weiss, Martin Weitzel, Howard West, Tom White, Freek Wiedijk, Stephan Wilms, Tim Wilson, Dik T. Winter, Lars Wirzenius, Dave Wolverton, Mitch Wright, Conway Yee, James Youngman, Ozan S. Yigit和Zhuo Zang。[1]我试图记录下我采纳建议的每一个人，但我担心可能还是遗漏了一些，对那些名字本该出现在这里而没有出现的人，我诚恳地致以道歉。

最后，我要感谢Addison-Wesley的编辑Debbie Lafferty，她有一天发邮件问我是否有兴趣写这本书。我有兴趣，你现在手里拿的就是它。我希望这本书能让你跟我一样觉得C语言编程令人快乐。

Steve Summit
scs@eskimo.com
1995年7月于华盛顿州西雅图市

---

① 致谢名单根据最新资料整理。——编者注

前　言

你可能在酒吧或聚会上有这样的经历，有人跟你打赌让你做一些看似简单，但最后却限于人体特质或物理规律而根本无法完成的事情。跟你打赌的人知道，他挑战的人越多，他持续获胜的可能性就越大，因为这些特质或规律虽然十分隐晦，却是相当稳定、可以预测的。

同样，如果你让很多人来完成一个复杂任务，如学习C语言，他们肯定会遇到同样的困难，提出同样的问题。在最初设计任务的时候这些困难和问题也许不能预见，而答案也恐怕是"后见之明"，但人们依然会不断遇到同样的困难，也会不断提出同样的问题。这些困难和问题并不表明任务就不能完成，只能说明它比较困难，从而变得很有趣。

毫不奇怪，这些问题在因特网尤其是互动讨论的新闻组上不断被问起。将这些常见问题收集起来的想法是顺理成章的，顺着这一想法形成了常见问题（FAQ）列表的传统。FAQ列表未必总能达成最初设想的减少常见问题发生率的目的，但如果问题是一贯的，那它们被经常问到并纳入FAQ列表的事实说明，它们也许正是你或本书的其他读者要问的问题。

关于本书

多数（关于C语言或其他任何主题的）书都是从作者的角度写成的。它们是用一种作者自己明白的方式来讨论作者认为你应该知道的主题。如果那种方式不适合你（在某种程度上，也不可能适合，因为作者预先已经知道那些内容，而你却全然不知），你很有可能被弄得满头雾水。

而这本书却不一样，它由400多个问题组织而成，所有问题都是人们在学习C语言编程的过程中提出的真实问题。本书不是针对作者认为重要的议题，而是针对真正的读者认为重要的议题，讨论他们提出的问题。如果你在学习或使用C语言，而你遇到的问题在别的书里都找不到答案，那么你很有可能会在这里找到答案。

本书不能保证解答你在C语言编程中遇到的所有问题，因为在编程实践中产生的很多问题都跟你的问题领域有关，而本书只涵盖了C语言本身。正如它不能涵盖每个人试图用C语言解决的每个问题的每个方面，本书也不能涵盖每个人用C语言编程时用的每个操作系统的方方面面或每个人希望用C语言实现的每个算法。具体的问题、具体的操作系统和通用的算法都有专门的书和其他材料进行讨论。不过，某些跟操作系统和算法相关的问题十分常见，因此第19章和第20章对其中一些问题提供了简单的、介绍性的答案，但不要期待它们很完备。

本书中的问题是人们在读完一本C语言入门书或上了一门C语言课程之后常常会提到的。因此本书不是一点点教你学C语言，也不会讨论任何C语言教材都会讨论的基础问题。而且，本书的答案在极大程度上都应该是绝对正确,不会传播任何误解的。因此有些答案初看起来显得有些过于详细,它们要向你提供完整的图景,而不能过于简化而略去了重要的细节。(毕竟,很多这类细节正是本书的问答中提到的诸多错误观点的根源。)在这些详尽的答案中,必要的地方会有捷径和简化处理,而在术语表中你会找到术语的精确定义,帮你准确解释很多问题。当然,这些捷径和简化处理都是安全的,它们不会导致以后的误解,而如果你需要完整的版本,你总是可以找到更详尽的解释或者查到相关的参考文献。

正如我们会在第3章和第11章中看到的那样,C语言的标准定义并没有规定每个写成的C程序的行为。有些程序陷入了各种灰色地带:它们可能在某些系统上能运行,而且严格说来也不非法,但却不能确保在各处都能运行。本书介绍的是可移植的C编程,因此在答案中建议,只要可能就不用不可移植的方法。

本书所基于的在线FAQ列表是一种对话的方式,当人们看不懂的时候,就会直言不讳地提出来。这样的及时反馈非常有利于改善解答的形式。尽管出成书以后就不能这么动态了,但这样的对话方式依然适用:欢迎你的意见、批评和建议。如果你能访问因特网,可以发送意见到scs@eskimo.com,或者寄信让出版社转交。本书的堪误表可以在因特网上获得,并在网上进行维护,具体参见问题20.47中的信息。

问题格式

本书的内容包含一系列的问题及答案。很多答案中还列举了参考书目;有些还有脚注,如果你觉得它们太吹毛求疵,可以略过。

等宽字体用来表示C语法(函数和变量名、关键字等),也用来表示一些操作系统命令(如cc等)。偶尔出现的tty(4)这样的符号表示*UNIX Programmer's Manual*第4章的"tty"一节。

代码示例

这是本关于C语言的书,因此必要处给出了许多C程序段。这些例子主要用来清楚地展示。它们不一定总是用最高效的方式写成的,让它们更"快"往往会导致更不清楚。(关于代码效率的信息参见问题20.14。)它们通常都是用现代的ANSI风格的语法写成。如果你还在使用"经典的(classic)"编译器,参见问题11.31关于转换的提示。

作者和出版社欢迎你在自己的程序中使用和修改这些代码片段,当然如果你能提及作者,我们将十分感激。(某些片段来自其他来源,也采用同样的策略。如果你使用这些代码,请感谢对应的贡献者。)较大的例子的源码可以通过匿名ftp从aw.com的cseng/authors/summit/cfaq下载(参见问题18.12)。

为了强调某些要点,我不得不举一些不能那样做的反例子。在答案中,这样的代码片段都用/ *WRONG*/这样明确的注释标示出来了,提示你不要模仿。(问题中的代码片段通常没有类似的标示,但从问题本身的提法上应该很容易看出代码片段有问题,因为这些问题通常是"为什么这样做不行"。)

组织

如前所述，本书的问题来自人们在实际的工作或学习中提出的真实问题，这些问题有时不能很好地归类。很多问题涉及多个主题：看似内存分配的问题实际原因却是声明错误。（有些问题在两章中都会出现，以便它们更容易找到。）无论如何，这不是一本必须从头读到尾的书：使用目录、索引和问题之间的交叉索引来找你感兴趣的主题。（如果你有空闲时间从头读到尾，可能会遇到你没有想到过的问题的答案。）

通常，在开始写代码之前要先声明数据结构，因此第1章从声明和初始化开始谈起。C语言的结构、联合和枚举类型足够复杂，值得为它们单独写一章。第2章讨论了它们的声明和使用方法。

程序中多数的工作由表达式语句完成，这是第3章的主题。

第4章到第7章讨论了许多新C程序员最头疼的内容：指针。第4章从总体上讨论指针，第5章专门讨论空指针这一特殊情况，第6章描述了指针和数组的关系，而第7章则探究了指针错乱背后的真正问题：底层的内存分配。

几乎所有的C程序都会操作字符和字符串，但这些类型却在语言的底层实现。程序员通常需要负责正确管理这些类型，第8章收集了管理这些类型时出现的问题。类似地，C语言也没有正式的布尔类型，第9章简单讨论了C语言的布尔表达式以及（在需要的时候）实现用户定义的布尔类型的正确方法。

C语言预处理器（编译器的一部分，负责处理#include和#define指令——实际上负责所有以#开始的行）非常独特，它几乎就是一门独立的语言，因此也单独有一章：第10章。

ANSI C标准委员会（X3J11），在澄清C语言的定义让它简单易懂的过程中，引入了一些新的功能并做出了一些重要的改变。与ANSI标准C相关的问题收集在第11章。如果你用过ANSI之前的C语言（也称"K&R"或"经典"C），你会觉得第11章介绍的差别很有用处。另一方面，如果你已经在顺利地使用ANSI C，那么二者的功能差别可能就没什么意思了。无论如何，第11章中涉及其他主题（如声明、预处理器和库函数等）的所有问题也会在其他章节出现或被交叉引用。

C语言的定义相对简洁，部分原因是许多功能并不是由语言本身而是由库函数提供的。其中最重要的就是"标准I/O"库，或称stdio函数，这在第12章讨论。其他的库函数在第13章讨论。

第14章和第15章讨论了两个更高级的主题：浮点数和可变参数列表。无论使用哪种系统或哪种语言，浮点数运算都颇有技巧。第14章简述了一些一般的浮点数问题和一些C语言特有的问题。函数可以接受可变参数的可能性虽然有人认为没必要而且危险，但有时却很方便而且也是printf函数的核心功能。处理可变参数列表的技巧在第15章讨论。

如果你对前面的内容已经比较熟悉，那么第16章的问题你可能希望最先看到：它们涉及偶尔出现的奇怪问题和程序中冒出的极难跟踪的神秘bug。

当有两种以上编写某个程序的"正确"方法时（通常都有），人们往往根据主观的标准进行选择，这些标准不止跟代码正确编译和运行有关。第17章讨论了一些编程风格上的问题。

你不能孤立地创建C程序：你需要编译器，可能还需要一些附加的文档、源码或工具。第18章讨论了一些可获得的工具和资源，包括lint，一个快要被遗忘但曾经是检查程序正确性和可移植性的不可或缺的工具。

如前所述，C语言没有规定让一个真正程序运行所需的各个方面。像"怎样从键盘直接读入字符而不用等回车键"和"如何得到文件的大小"这样的问题十分常见，但C语言却没有给定答案，这些操作依赖底层的操作系统提供的工具。第19章提出了一些这样的问题，同时提供了一些在常用操作系统下的答案。

最后，第20章收集了一些不能放入其他章节的杂项问题：位操作、效率、算法、C语言和其他语言的关系，以及一些琐碎的问题。（第20章的介绍对内容有更详尽的划分。）

最后用两个跟本书而不是C语言关系更密切的预备问题来结束这个介绍。

问： 既然因特网上有免费版本可以用，我为什么还要花钱买这本书呢？

答： 这本书包含的内容大约是发表在comp.lang.c上的内容的三倍，而且尽管电子文档有各种优势，但阅读这么大的信息量用印刷的形式还是更容易一些。（从网上下载再打印这么多内容会花很多时间，而版面也没有这么漂亮。）

问： "FAQ"如何发音？

答： 我的发音是"eff ay kyoo"，而且我相信这就是FAQ在"发明"时的最初的发音。很多人现在读作"fack"，这很容易令人联想到单词"fact"。对复数形式，我会读作"eff ay kyooze"，但很多人读作"fax"。这些发音都没有什么严格的对错，"FAQ"是个新词，而流行的用法会在任何新词的演化过程中扮演重要的角色。

（另外，还有一个类似的疑问"FAQ"是仅仅表示某个问题，还是包括该问题和答案，还是全部问题和答案呢？）

现在，开始真正的问题之旅！

目　　录

第1章

声明和初始化 *1*

　　C语言的声明语法本身实际上就是一种小的编程语言。一个声明包含如下几个部分（但是并非都必不可少）：存储类型、基本类型、类型限定词和最终的声明符（也可能包含初始化列表）。每个声明符不仅声明一个新的标识符，同时也表明标识符是数组、指针、函数还是其他任意的复杂组合。基本的思想是让声明符模仿标识符的最终用法。（问题1.21将会更加详细地讨论这种"声明模仿使用"的关系！）

基本类型

　　让一些程序员惊奇的是，尽管C语言是一种相当低级的语言，但它的类型体系仍然略显抽象。语言本身并没有精确定义基本类型的大小和表示法。

1.1

问：我该如何决定使用哪种整数类型？

答：如果可能用到很大的数值（大于32 767或小于−32 767），就使用long型。否则，如果空间很重要（例如有很大的数组或很多的结构），就使用short型。除此之外，就用int型。如果定义明确的溢出特征很重要而负值无关紧要，或者希望在操作二进制位和字节时避免符号扩展的问题，请使用对应的unsigned类型。（但是，在表达式中混用有符号和无符号值的时候，要特别注意。参见问题3.21。）

　　尽管字符类型（尤其是unsigned char型）可以当成"小"整数使用，但这样做有时候很麻烦，不值得。编译器需要生成额外的代码来进行char型和int型之间的转换（导致目标代码量增大），而且不可预知的符号扩展也会带来一堆麻烦。（使用unsigned char会有所帮助。类似的问题参见问题12.1。）

　　在决定使用float型还是double型时也有类似的空间/时间权衡。（很多编译器在表达式求值的时候仍然把所有的float型转换为double型进行运算）。但如果一个变量的地址确定且必须为特定的类型时，以上规则就不再适用。

　　很多时候，人们错误地认为C语言类型的大小都有精确的定义。事实上，能够确保的只有如下几点：

❑ char 类型可以存放小于等于127的值；[①]

❑ short int和int可以存放小于等于32 767的值；

❑ long int可以保存小于等于2 147 483 647的值；

❑ char至少有8位，short int和int至少有16位，而long int则至少有32位。在C99中，long long至少有64位。（各类型的有符号和无符号版本的大小可以确保一致。）

根据ANSI C的规定，可以在头文件<limits.h>中找到特定机器下上述类型的最大和最小值，具体如下表所示。

基本类型	最小尺寸（位）	最小值（有符号）	最大值（有符号）	最大值（无符号）
char	8	−127	127	255
short	16	−32 767	32 767	65 535
int	16	−32 767	32 767	65 535
long	32	−2 147 483 647	2 147 483 647	4 294 967 295

表中的值是标准能够确保的最小值。很多系统允许更大的值，但可移植的程序不能依赖这些值。

如果因为某种原因需要声明一个有精确大小的变量，确保像C99的<inttypes.h>那样用某种适当的typedef封装这种选择。通常，需要精确大小的唯一的合理原因是试图符合某种外部强加的存储布局。也可参见问题1.3和20.5。

参考资料：[18, Sec. 2.2 p. 34]

[19, Sec. 2.2 p. 36, Sec. A4.2 pp. 195-196, Sec. B11 p. 257]

[8, Sec. 5.2.4.2.1, Sec. 6.1.2.5]

[11, Secs. 5.1, 5.2 pp. 110-114]

1.2

问：为什么不精确定义标准类型的大小？

答：尽管跟其他的高级语言比起来，C语言是相对低级的，但它还是认为对象的具体大小应该由具体的实现来决定。（在C语言中，唯一能够让你以二进制位的方式指定大小的地方就是结构中的位域。参见问题2.26和2.27。）多数程序不需要精确控制这些大小，那些试图达到这一目的的程序如果不这样做也许会更好。

类型int代表机器的自然字长。这是多数整型变量的当然之选。关于整型的选择，参见问题1.1。另请参见问题12.45和20.5。

1.3

问：因为C语言没有精确定义类型的大小，所以我一般都用typedef定义int16和int32。然后

---

①此处是对非负整数而言。下同。——译者注

根据实际的机器环境把它们定义为int、short、long等类型。这样看来，所有的问题都解决了，是吗？

答：如果你真的需要精确控制类型大小，这的确是正确的方法。但还是有几点需要注意。

❑ 在某些机器上可能没有严格的对应关系。（例如，有36位的机器。）

❑ 如果定义int16和int32只是为了表明"至少"这么长，则没有什么实际意义。因为int和long类型已经分别被定义为"至少16位"和"至少32位"。

❑ typedef定义对于字节顺序问题不能提供任何帮助。（例如，当你需要交换数据或者满足外部强加的存储布局时。）

❑ 你再也不必自己定义这些类型了，因为标准头文件<inttypes.h>已经定义了标准类型名称int16_t和uint32_t等。

参见问题10.16和20.5。

1.4

问：新的64位机上的64位类型是什么样的？

答：C99标准定义了long long类型，其长度可以保证至少64位，这种类型在某些编译器上实现已经颇有时日了。其他的编译器则实现了类似__longlong的扩展。另一方面，也可以实现16位的short、32位的int和64位的long int。有些编译器正是这样做的。

参见问题18.19。

参考资料：[9, Sec. 5.2.4.2.1, Sec. 6.1.2.5]

指针声明

多数有关指针的问题出现在第4章至第7章，但这里的两个问题和声明的关系特别紧密。

1.5

问：这样的声明有什么问题？

```
char *p1, p2;
```

我在使用p2的时候报错了。

答：这样的声明没有任何问题——但它可能不是你想要的。指针声明中的*号并不是基本类型的一部分，它只是包含被声明标识符的声明符（declarator）的一部分（参见问题1.21）。也就是说，在C语言中，声明的语法和解释并非

　　　　类型 标识符;

而是

　　　　基本类型 生成基本类型的东西;

其中"生成基本类型的东西"——声明符——或者是一个简单标识符，或者是如同*p、a[10]或f()这样的符号，表明被声明的变量是指向基本类型的指针、基本类型的数组或者返回基本类型的函数。（当然，更加复杂的声明符也可以这样组成）。

在问题里的声明中，无论空白的位置暗示了什么，基本类型都是char，而第一个声明符是"*p1"。因为声明符中带有*号，所以这表明p1是一个指向char类的指针。而p2的声明符中却只有p2，因此p2被声明成了普通的char型变量。这可能并非你所希望。在一行代码中声明两个指针可使用如下方式：

```
char *p1, *p2;
```

因为*号是声明符的一部分，所以最好像上面这样使用空白；写成char*往往导致错误和困惑。

参见问题1.13。

也可参考Bjarne Stroustrup的意见（http://www.hymnsandcarolsofchristmas.com/santa/virginia's question.htm ）。

1.6

问：我想声明一个指针，并为它分配一些空间，但却不行。这样的代码有什么问题？

```
char *p;
*p = malloc(10);
```

答：这里声明的指针是p而不是*p。参见问题4.2。

声明风格

在使用函数和变量之前声明它们并不只是为了消除编译器的警告，它也为编程项目注入了有用的秩序。当项目中的声明安排得井然有序的时候，（类型）不匹配和其他的困难就可以更容易地避免，同时编译器也更容易找到出现的错误。

1.7

问：怎样声明和定义全局变量和函数最好？

答：首先，尽管一个全局变量或函数可以（在多个编译单元中）有多处"声明（declaration）"，但是"定义（definition）"却最多只能允许出现一次。对于全局变量，定义是真正分配空间并赋初值（如果有）的声明。对于函数，定义是提供函数体的"声明"。

例如，这些是声明：

```
extern int i;
extern int f();
```

而这些是定义：

```
int i = 0;
```

```
int f()
{
    return 1;
}
```

（事实上，在函数的声明中，关键字extern是可选的。参见问题1.11。）

当希望在多个源文件中共享变量或函数时，需要确保定义和声明的一致性。最好的安排是在某个相关的.c文件中定义，然后在头.h（文件）中进行外部声明，在需要使用的时候，只要包含对应的头文件即可。定义变量的.c文件也应该包含该头文件，以便编译器检查定义和声明的一致性。

这条规则提供了高度的可移植性：它和ANSI/ISO C标准一致，同时也兼容大多数ANSI前的编译器和连接器。（UNIX编译器和连接器常常使用允许多重定义的"通用模式"，只要保证最多对一处进行初始化就可以了。这种方式被ANSI C标准称为一种"通用扩展"，没有语带双关的意思。有几个很老的系统可能曾经要求使用显式的初始化来区别定义和外部声明。）

可以使用预处理技巧来使类似

```
DEFINE(int, i);
```

的语句在一个头文件中只出现一次，然后根据某个宏的设定在需要的时候转化成定义或声明。但不清楚这样带来的麻烦是否值得，因为尽量减少全局变量的数量往往是个更好的主意。

把全局声明放到头文件绝对是个好主意：如果希望让编译器检查声明的一致性，一定要把全局声明放到头文件中。特别是，永远不要把外部函数的原型放到.c文件中。如果函数的定义发生改变，很容易忘记修改原型，而错误的原型贻害无穷。

参见问题1.24、10.6、17.2和18.7。

参考资料：[18, Sec. 4.5 pp. 76-77]

　　　　　[19, Sec. 4.4 pp. 80-81]

　　　　　[8, Sec. 6.1.2.2, Sec. 6.7, Sec. 6.7.2, Sec. G.5.11]

　　　　　[14, Sec. 3.1.2.2]

　　　　　[11, Sec. 4.8 pp. 101-104, Sec. 9.2.3 p. 267]

　　　　　[22, Sec. 4.2 pp. 54-56]

1.8

问：如何在C中实现不透明（抽象）数据类型？

答：参见问题2.4。

1.9

问：如何生成"半全局变量"，就是那种只能被部分源文件中的部分函数访问的变量？

答：这在C语言中办不到。如果不能或不方便在一个源文件中放下所有的函数，那么有两种常用的解决方案：

(1) 为一个库或相关函数的包中的所有函数和全局变量增加一个唯一的前缀，并警告包的用户不能定义和使用除文档中列出的公用符号以外的任何带有相同前缀的其他符号。（换言之，文档中没有提及的带有相同前缀的全局变量被约定为"私有"。）

(2) 使用以下划线开头的名称，因为这样的名称普通代码不能使用。（关于更多的信息及对用户命名空间和实现命名空间之间的"无人地带"的描述，参见问题1.30。）

也可以使用一些特殊的连接器参数来调整名称的可见性，但这已经超出了C语言的范围了。

存储类型

我们已经讨论了声明的两个部分：基本类型和声明符。下面的几个问题将讨论存储类型，它决定了所声明对象或函数的可见性和生命周期（又称"作用域"和"持续性"）。

1.10

问：同一个静态（static）函数或变量的所有声明都必须包含static存储类型吗？

答：语言标准并没有严格规定这一点（最重要的是第一个声明必须包含static），但是规则却比较复杂，而且对函数和数据对象的规定不太一致。（这个领域有很多历史变化。）因此，最安全的做法是让static一致地出现在所有的定义和声明中。

外部链接：Jutta Degener 的一篇文章（http://c-faq.com/decl/static.jd.html）解释了静态变量和静态函数的规则中的微妙区别。

参考资料：[8, Sec. 6.1.2.2]
　　　　　[14, Sec. 3.1.2.2]
　　　　　[11, Sec. 4.3 p. 75]

1.11

问：extern在函数声明中是什么意思？

答：存储类型extern只对数据声明有意义。对于函数声明，它可以用作一种格式上的提示，表明函数的定义可能在另一个源文件中，但在

```
extern int f();
```

和

```
int f();
```

之间并没有实质的区别。

参考资料：[8, Sec. 6.1.2.2, Sec. 6.5.1]
　　　　　[14, Sec. 3.1.2.2]
　　　　　[11, Secs. 4.3, 4.3.1 pp. 75-76]

1.12

问： 关键字auto到底有什么用途？

答： 毫无用途，它已经过时了。（它是从C语言的无类型前身B语言中继承下来的。在B语言中，没有像int这样的关键字，声明必须包含存储类型。）参见问题20.43。

参考资料：[18, Sec. A8.1 p. 193]

[8, Sec. 6.1.2.4, Sec. 6.5.1]

[11, Sec. 4.3 p. 75, Sec. 4.3.1 p. 76]

类型定义（`typedef`）

typedef关键字尽管在语法上是一种存储类型，但正如其名称所示，它用来定义新的类型名称，而不是定义新的变量或函数。

1.13

问： 对于用户定义类型，typedef和#define有什么区别？

答： 一般来说，最好使用typedef，部分原因是它能正确处理指针类型。例如，考虑这些声明：

```
typedef char *String_t;
#define String_d char *
String_t s1, s2;
String_d s3, s4;
```

s1、s2和s3都被定义成了char *，但s4却被定义成了char型。这可能并非原来所希望的。（参见问题1.5。）

#define也有它的优点，因为可以在其中使用#ifdef（参见问题10.15）。另一方面，typedef具有遵守作用域规则的优点（也就是说，它可以在一个函数或块内声明）。

参见问题1.17、2.23、11.12和15.11。

参考资料：[18, Sec. 6.9 p. 141]

[19, Sec. 6.7 pp. 146-147]

[22, Sec. 6.4 pp. 83-84]

1.14

问： 我似乎不能成功定义一个链表。我试过

```
typedef struct {
    char *item;
    NODEPTR next;
} *NODEPTR;
```

但是编译器报了错误信息。难道在C语言中结构不能包含指向自己的指针吗？

答：C语言中的结构当然可以包含指向自己的指针。[19]的6.5节的讨论和例子表明了这点。

这里的问题在于typedef。typedef定义了一个新的类型名称。在更简单的情况下①，可以同时定义一个新的结构类型和typedef类型。但在这里不行。不能在定义typedef类型之前使用它。在上边的代码片段中，在next域声明的地方还没有定义NODEPTR。

要解决这个问题，首先赋予这个结构一个标签（"struct node"）。然后，声明"next"域为"struct node *"，或者分开typedef声明和结构定义，或者两者都采纳。以下是一个修正后的版本：

```
typedef struct node {
    char *item;
    struct node *next;
} *NODEPTR;
```

也可以在声明结构之前先用typedef，然后就可以在声明next域的时候使用类型定义NODEPTR了：

```
struct node;
typedef struct node *NODEPTR;
struct node {
    char *item;
    NODEPTR next;
};
```

这种情况下，你在struct node还没有完全定义的情况下就使用它来声明一个新的typedef，这是允许的。

最后，这是一个两种建议都采纳的修改方法：

```
struct node {
    char *item;
    struct node *next;
};
typedef struct node *NODEPTR;
```

使用哪种方式不过是个风格问题。参见第17章。

参见问题1.15和2.1。

参考资料：[18, Sec. 6.5 p. 101]
　　　　　[19, Sec. 6.5 p. 139]
　　　　　[8, Sec. 6.5.2, Sec. 6.5.2.3]
　　　　　[11, Sec. 5.6.1 pp. 132-133]

1.15

问：如何定义一对相互引用的结构？我试过

```
typedef struct {
    int afield;
```

---

① 在这个简单例子typedef struct{int i;}simplestruct;中，结构名和它的typedef类型名同时被定义为"simplestruct"，同时可以看到这里并没有结构标签。

```
        BPTR bpointer;
    } *APTR;

    typedef struct {
        int bfield;
        APTR apointer;
    } *BPTR;
```

但是编译器在遇到第一次使用BPTR的时候，它还没有定义。

答：与问题1.14类似，这里的问题不在于结构或指针，而在于类型定义。首先，我们定义两个结构标签，然后（不用typedef）定义链接指针：

```
    struct a {
        int afield;
        struct b *bpointer;
    };

    struct b {
        int bfield;
        struct a *apointer;
    };
```

对于结构a中的域定义struct b *bpointer，尽管编译器此时尚未完成结构b（它在此处还处于"未完成"阶段）的定义，但它仍然可以接受。有时候需要在这对定义之前加上这样一行：

```
    struct b;
```

这个空声明将这对结构声明（如果处于某个内部作用域）同外部作用域的struct b区分开来。

声明了两个带结构标签的结构之后，可以再分别定义两个类型。

```
    typedef struct a *APTR;
    typedef struct b *BPTR;
```

另外也可以先定义两个类型，然后再使用这些类型来定义链接指针域：

```
    struct a;
    struct b;
    typedef struct a *APTR;
    typedef struct b *BPTR;
    struct a {
        int afield;
        BPTR bpointer;
    };
    struct b {
        int bfield;
        APTR apointer;
    };
```

参见问题1.14。

参考资料：[19, Sec. 6.5 p. 140]

[35, Sec. 3.5.2.3]

[8, Sec. 6.5.2.3]

[11, Sec. 5.6.1 p. 132]

1.16

问：`struct {...} x1;`和`typedef struct{...} x2;`这两个声明有什么区别？

答：参见问题2.1。

1.17

问："`typedef int (*funcptr)();`"是什么意思？

答：它定义了一个类型`funcptr`，表示指向返回值为`int`型（参数未指明）的函数的指针。它可以用来声明一个或多个函数指针。

```
funcptr fp1, fp2;
```

这个声明等价于以下这种更冗长而且可能更难理解的写法：

```
int (*pf1)(), (*pf2)();
```

参见问题1.21、4.12和15.11。

const 限定词

C语言的声明还包括类型限定词。这是ANSI C中新提出来的。关于限定词的问题收集在第11章。

1.18

问：我有这样一组声明：

```
typedef char *charp;
const charp p;
```

为什么是p而不是它指向的字符为const？

答：参见问题11.12。

1.19

问：为什么不能像下面这样在初始式和数组维度值中使用const值？

```
const int n = 5;
int a[n];
```

答：参见问题11.9。

1.20

问：`const char *p`、`char const *p`和`char *const p`有什么区别？

答：参见问题11.10和1.21。

复杂的声明

1

C语言的声明可以任意复杂。一旦你熟悉了解读它们的方法，即使最复杂的声明也可以看得明白。不过，首先来说，那些令人眼花缭乱的复杂声明很少是真正必要的。如果你不希望用`*(*(a[N])())()`这样的神秘声明把你的程序变得混乱不堪，你总是可以像问题1.21的选择(2)那样，用几个类型定义清楚明了地完成。

1.21

问： 怎样建立和理解非常复杂的声明？例如定义一个包含N个指向返回指向字符的指针的函数的指针的数组？

答： 这个问题至少有以下3种答案：

(1) `char *(*(*a[N])())();`

(2) 用`typedef`逐步完成声明：

```
typedef char *pc;          /* pointer to char */
typedef pc fpc();          /* function returning pointer to char */
typedef fpc *pfpc;         /* pointer to above */
typedef pfpc fpfpc();      /* function returning... */
typedef fpfpc *pfpfpc;     /* pointer to... */
pfpfpc a[N];               /* array of... */
```

(3) 使用`cdecl`程序，它可以在英文描述和C语言源码之间相互翻译。你只需要提供用自然语言描述的类型，`cdecl`就能翻译成对应的C语言声明：

```
cdecl> declare a as array of pointer to function returning
       pointer to function returning pointer to char

char *(*(*a[])())()
```

`cdecl`也可以用于解释复杂的声明（向它提供一个复杂的声明，它就会输出对应的英文解释）。对于强制类型转换和在复杂的函数定义中弄清参数应该进入哪一对括号，`cdecl`也大有裨益。在comp.sources.unix的第14卷可以找到`cdecl`的各种版本（参见问题18.20和文献[19]）（如同在上述的复杂函数定义中）。参见问题18.1。

C语言中的声明令人困惑的原因在于，它们由两个部分组成：基本类型和声明符，后者包含了被声明的标识符（即名称）。声明符也可以包含字符`*`、`[]`和`()`，表明这个名称是基本类型的指针、数组以及为返回类型的函数或者某种组合[①]。例如，在

`char *p;`

中，基本类型是char，标识符是pc，声明符是`*pc`；这表明`*pc`是一个char（这也正是"声明模仿使用"的含义）。

解读复杂C声明的一种方法是遵循"从内到外"的阅读方法，并谨记`[]`和（ ）比`*`的结

---

① 还有，存储类型（`static`、`register`等）也可能和基本类型一起出现，而类型限定词（`const`、`volatile`）也可能会点缀在基本类型和声明符之间。参见问题11.10。

合度更紧。例如，对于声明

```
char *(*pfpc )();
```

我们可以看出pfpc是一个函数（从()看出）的指针（从内部的*看出），而函数则返回char型的指针（从外部的*可以看出）。当我们后来使用pfpc的时候*(*pfpc)()（pfpc所指的函数的返回值指向的值）是一个char型。

另一种分析这种复杂声明的方法是，遵循"声明模仿使用"的原则逐步分解声明：

```
*(*pfpc)()    是一个    char
(*pfpc)()     是一个    指向char的指针
(*pfpc)       是一个    返回char型指针的函数
pfpc          是一个    指向返回char型指针的函数的指针
```

如果你希望将复杂声明像这样表达得更加清楚，可以用一系列的typedef把上面的分析表达出来，如前文所述的第2种方法所示。

这些例子中的函数指针声明还没有包括函数的参数类型信息。如果参数中又有复杂类型，这时候的声明就真的有些混乱了。（现代版本的cdecl同样会有所帮助。）

参考资料：　[19, Sec. 5.12 p. 122]

　　　　　　[35, 3.5ff (esp.3.5.4)]

　　　　　　[8, Sec. 6.5ff (esp. Sec. 6.5.4)]

　　　　　　[11, Sec. 4.5 pp. 85-92, Sec. 5.10.1 pp. 149-150]

1.22

问： 如何声明返回指向同类型函数的指针的函数?我在设计一个状态机，用函数表示每种状态，每个函数都会返回一个指向下一个状态的函数的指针。可我找不到任何方法来声明这样的函数——感觉我需要一个返回指针的函数，返回的指针指向的又是返回指针的函数……，如此往复，以至无穷。

答： 你不能直接完成这个任务。一种方法是让函数返回一个一般的函数指针（参见问题4.13），然后在传递这个指针的时候进行适当的类型转换：

```c
typedef int (*funcptr)();   /* generic function pointer */
typedef funcptr (*ptrfuncptr)();  /* ptr to fcn returning g.f.p. */

funcptr start(), stop();
funcptr state1(), state2(), state3();

void statemachine()
{
    ptrfuncptr state = start;

    while(state != stop)
        state = (ptrfuncptr)(*state)();
}
```

```
funcptr start()
{
    return (funcptr)state1;
}
```

（第二个类型定义ptrfuncptr隐藏了一些十分隐晦的语法。如果没有这个定义，变量state就必须声明为funcptr(*state)()，而调用的时候就得用(funcptr (*)())(*state)()这样令人困惑的类型转换了。）

　　另一种方法（由Paul Eggert、Eugene Ressler、Chris Volpe和其他一些人提出）是让每个函数都返回一个结构，结构中仅包含一个返回该结构的函数的指针。

```
struct functhunk {
    struct functhunk (*func)();
};

struct functhunk start(), stop();
struct functhunk state1(), state2(), state3();

void statemachine()
{
    struct functhunk state = {start};

    while(state.func != stop)
        state = (*state.func());
}

struct functhunk start ()
{
    struct functhunk ret;
    ret.func = state1;
    return ret;
}
```

　　注意，这些例子中使用了对函数指针较老的显式调用。参见问题4.12和问题1.17。

数组大小

1.23

问：能否声明和传入数组大小一致的局部数组，或者由其他参数指定大小的参数数组？

答：很遗憾，这办不到。参见问题6.15和6.19。

1.24

问：我在一个文件中定义了一个extern数组，然后在另一个文件中使用：

file1.c:　　　　　　　　　　　file2.c:

int array[] = {1, 2, 3};　extern int array[];

为什么在file2.c中，sizeof取不到array的大小？

答：未指定大小的`extern`数组是不完全类型。不能对它使用`sizeof`，因为`sizeof`在编译时发生作用，它不能获得定义在另一个文件中的数组的大小。

你有3种选择。

(1) 在定义数组的文件中声明、定义并初始化（用`sizeof`）一个变量，用来保存组的大小：

```
file1.c:                        file2.c:

int array[] = {1, 2, 3};        extern int array[];
int arraysz = sizeof(array);    extern int arraysz;
```

参见问题6.23。

(2) 为数组大小定义一个明白无误的常量，以便在定义和`extern`声明中都可以一致地使用：

```
file1.h:

#define ARRAYSZ 3
```

```
file1.c:                        file2.c:

#include "file1.h"              #include "file1.h"
int array[ARRAYSZ];            extern int array[ARRAYSZ];
```

(3) 在数组的最后一个元素放入"哨兵"值（通常是0、–1或者`NULL`），这样代码不需要数组大小也可以确定数组的长度：

```
file1.c:                        file2.c:
int array[] = {1, 2, 3, -1};   extern int array[];
```

很明显，选择在一定程度上取决于数组是否已经被初始化。如果已经被初始化，则选择(2)就不太好了。参见问题6.21。

参考资料：[11, Sec. 7.5.2 p.195]

声明问题

有时候，无论你觉得已经多么仔细地创建了那些声明，编译器都还是坚持报错。这些问题揭示了一些原因。（第16章收集了一些类似的莫名其妙的运行时问题。）

1.25

问：函数只定义了一次，调用了一次，但编译器提示非法重声明了。

答：在作用域内没有声明就调用（可能是第一次调用在函数的定义之前）的函数被认为声明为：

```
extern int f();
```

即未声明的函数被认为返回`int`型且接受个数不定的参数，但是参数个数必须确定，且其中不能有"窄"类型。如果之后函数的定义不同，则编译器就会警告类型不符。返回非`int`型、接受任何"窄"类型参数或可变参数的函数都必须在调用前声明。（最安全的方法就是声明所有函数,这样就可以用函数原型来检查参数传入是否正确)。

另一个可能的原因是该函数与某个头文件中声明的另一个函数同名。

参见问题11.4和15.1。

参考资料:[18, Sec. 4.2 p. 70]

[19, Sec. 4.2 p. 72]

[8, Sec. 6.3.2.2]

[11, Sec. 4.7 p. 101]

---

*1.26

问:main的正确定义是什么?void main正确吗?

答:参见问题11.17。(这样的定义不正确。)

1.27

问:我的编译器总在报函数原型不匹配的错误,可我觉得没什么问题。这是为什么?

答:参见问题11.4。

1.28

问:文件中的第一个声明就报出奇怪的语法错误,可我看没什么问题。这是为什么?

答:参见问题10.9。

1.29

问:为什么我的编译器不允许我定义大数组,如double array[256][256]?

答:参见问题19.28,可能还有问题7.20。

命名空间

命名的问题似乎并非一个问题,可它的确是个问题。为函数和变量命名不像为书、建筑物或者孩子命名那么困难——你不需要考虑公众是否会喜欢你程序中的名称——但你的确需要确保这些名称尚未被占用。

1.30

问:如何判断哪些标识符可以使用,哪些被保留了?

答:命名空间的管理有些麻烦。问题(可能并不总是那么清楚)是你不能使用那些已经被实现使用过的标识符，这会导致一堆"重复定义"错误，或者更坏的情况下，静悄悄地替换了实现的标识符，然后把一切都搞得一团糟。同时你可能也想确保后续版本不会侵占你所保留的名称[1]。（拿一个已经调试的、正常工作的生产程序在新版的编译器下编译、连接，结果却因为命名空间或其他的问题导致编译失败，没有什么比这更令人沮丧了。）因此，ANSI/ISO C标准中包含了相当详尽的定义，为用户和实现开辟了不同的命名空间子集。

要理解ANSI的规则，在我们说一个标识符是否被保留之前，我们必须理解标识符的3个属性：作用域、命名空间和连接类型。

- ❑ C语言有4种作用域（标识符声明的有效区域）：函数、文件、块和原型。（第4种类型仅仅存在于函数原型声明的参数列表中。参见问题11.6。）
- ❑ C语言有4种命名空间：行标（label，即goto的目的地）、标签（tag，结构、联合和枚举的名称。这3种命名空间相互并不独立，即使在理论上它们可能独立）、结构/联合成员（每个结构或联合一个命名空间），以及标准所谓的其他的"普通标识符"（函数、变量、类型定义名称和枚举常量）。另一个名称集（尽管标准并没有称其为"命名空间"）包括了预处理宏。这些宏在编译器开始考虑上述4种命名空间之前就会被扩展。
- ❑ 标准定义了3种"连接类型"：外部连接、内部连接和无连接。对我们来说，外部连接就是指全局、非静态变量和函数（在所有的源文件中有效）；内部连接就是指限于文件作用域内的静态函数和变量；而"无连接"则是指局部变量及类型定义（typedef）名称和枚举常量。

根据文献 [35，Sec. 4.1.2.1]（[8，Sec. 7.1.3]）的规定，对规则的解释如下。

- ❑ 规则1：所有以下划线打头，后跟一个大写字母或另一个下划线的标识符永远保留（所有的作用域，所有的命名空间）。
- ❑ 规则2：所有以下划线打头的标识符作为文件作用域的普通标识符（函数、变量、类型定义和枚举常量）保留[2]。
- ❑ 规则3：被包含的标准头文件中的宏名称的所有用法保留。
- ❑ 规则4：标准库中的所有具有外部连接属性的标识符（即函数名）永远保留用作外部连接标识符。
- ❑ 规则5：在标准头文件中定义的类型定义和标签名称，如果对应的头文件被包含，则在（同一个命名空间中的）文件作用域内保留。（事实上，标准声称"所有作用于文件作用域的标识符"，但规则4没有包含的标识符只剩下类型定义和标签名称了。）

由于有些宏名称和标准库标识符集被保留作"未来使用"，这使得规则3和规则4变得愈加复杂。后续版本的标准可能定义符合特定模式的新名称。下表定义了包含标准头文件时，

---

① 这里不仅需要关注公用符号，对实现的内部、私有函数也得小心。

② 意即这些标识符被编译器用作文件作用域内的普通标识符了。这些规则是从C语言的实现（即编译器）的角度描述的。下同。——译者注

保留作"未来使用"的名称模式。

头文件	"未来使用"的模式
`<ctype.h>`	`is[a-z]*`、`to[a-z]*`（函数）
`<errno.h>`	`E[0-9]*`、`E[A-Z]*`（宏定义）
`<locale.h>`	`LC[A-Z]*`（宏定义）
`<math.h>`	`Cosf`、`sinf`和`sqrtf`等
	`Cosl`、`sinl`和`sqrtl`等（所有的函数）
`<signal.h>`	`SIG[A-Z]`、`SIG[A-Z]*`（宏定义）
`<stdlib.h>`	`str[a-z]*`（函数）
`<string.h>`	`mem[a-z]*`、`str[a-z]`、`wcs[a-z]*`（函数）

　　[A-Z]表示"任何大写字母"；同样，[a-z]和[0-9]分别表示小写字母和数字。*号表示"任何字符"。例如，如果你包含了`<stdlib.h>`，则所有的以`str`打头、后跟一个小写字母的标识符都被保留。

　　这5条规则到底是什么意思？如果你希望确保安全：

❏ 1、2。不要使用任何以下划线开始的名称。

❏ 3。不要使用任何匹配标准宏（包括保留作"未来使用"）名称。

❏ 4。不要使用任何标准库中已经使用或者保留作"未来使用"的函数和全局变量名称。（严格地讲，"匹配"是指匹配前6个字符，不分大小写。参见问题11.29。）

❏ 不要重定义标准库的类型定义和标签名称。

　　事实上，上面的列表有些保守。如果你愿意，也可以记住下面的例外：

❏ 1、2。你可以使用下划线打头、后接一个数字或小写字母的名称来命名函数、块或者原型作用域内的行标和结构/联合成员。

❏ 3。如果你不包含定义了标准宏的头文件，可以使用匹配它们的宏名称。

❏ 4。可以使用标准库函数名作为静态或局部变量名称。（严格地讲，是用作内部连接或无连接类型的的标识符。）

❏ 5。如果你不包含声明标准类型定义和标签的头文件，则可以使用这些名称。

　　然而，在使用上述"例外"的时候，必须注意有些是非常危险的（尤其是例外3和5，因为你可能在后续版本中意外地包含进相关的头文件。比如，通过一系列的嵌套包含）。其他的，尤其是1、2，是一个用户命名空间和实现保留的命名空间之间的"无人地带"。

　　提供这些例外的原因之一是允许各种附加库的实现者以某种方式声明他们自己的内部或者"隐藏"标识符。如果你利用这些例外，则不会和标准库发生任何冲突，但可能会和你使用的第三方库发生冲突。（另一方面，如果你是某个第三方附加库的实现者，那么只要足够小心，就可以使用这些名称。）

　　通常，使用例外4中的标准库函数或匹配保留作"未来使用"模式的函数名称作为函数参数名称或者局部变量名称的确是安全的。例如，"string"就是一个常见而且合法的参数或局部变量名。

参考资料：[35, Sec. 3.1.2.1, Sec. 3.1.2.3, Sec. 4.1.2.1, Sec. 4.13]

　　　　　[8, Sec. 6.1.2.1, Sec. 6.1.2.2, Sec. 6.1.2.3, Sec. 7.1.3, Sec. 7.13]

　　　　　[11, Sec. 2.5 pp. 2103, Sec.4.2.1, p. 67, Sec. 4.2.4 pp. 69-70, Sec. 4.2.7 p. 78, Sec. 10.1 p. 284]

初始化

变量的声明当然也可包含对变量的初始化，但是不赋显式的初始值的时候，某种特定的缺省初始化也可能会执行。

1.31

问：对于没有显式初始化的变量的初始值可以作怎样的假定？如果一个全局变量初始值为"零"，它可否作为空指针或浮点零？

答：具有静态（static）生存期的未初始化变量（包括数组和结构）——即在函数外声明的变量和静态存储类型的变量）可以确保初始值为零，就像程序员键入了"=0"或"={0}"一样。因此，这些变量如果是指针就会被初始化为正确类型的空指针（参见第5章），如果是浮点数则会被初始化为0.0。①

　　具有自动（automatic）生存期的变量（即非静态存储类型的局部变量）如果没有显式地初始化，则包含的是垃圾内容。对垃圾内容不能作任何有用的假定。

　　这些规则也适用于数组和结构（称为"聚集"）。对于初始化来说，数组和结构都被认为是"变量"。

　　用malloc和realloc动态分配的内存也可能包含垃圾数据，因此必须由调用者正确地初始化。用calloc获得的内存为全零，但这对指针和浮点值不一定有用（参见问题7.35和第5章）。

参考资料：[18, Sec. 4.9 pp. 82-84]

　　　　　[19, Sec. 4.9 pp. 85-86]

　　　　　[8, Sec. 6.5.7, Sec. 7.10.3.1, Sec. 7.10.5.3]

　　　　　[11, Sec. 4.2.8 pp. 72-73, Sec. 4.6 pp. 92-93, Sec. 4.6.2 pp. 94-95, Sec. 4.6.3 p. 96, Sec. 16.1 p. 386]

1.32

问：下面的代码为什么不能编译？

```
int f()
{
```

----

① 这意味着，在内部使用非零值表示空指针或浮点0的机器的编译器和连接器无法利用未初始化的、以0填充的内存，必须用正确的值进行显式的初始化。

```
char a[] = "Hello, world!";
}
```

答：可能你使用的是ANSI前的编译器，还不支持"自动聚集"（automatic aggregate，即非静态局部数组、结构和联合）的初始化。参见问题11.31。

有4种办法可以完成这个任务：

(1) 如果数组不会被写入，或者后续的调用中不需要更新其中的内容，可以把它声明为 static（或者也许可以声明成全局变量）。

(2) 如果数组不会被写入，也可以用指针代替它：

```
f()
{
    char *a = "Hello, world!";
}
```

初始化局部char *变量，使之指向字符串字面量总是可以的（但请参考1.34）。

(3) 如果上边的条件都不满足，你就得在函数调用的时候用strcpy手工初始化了。

```
f()
{
    char a[14];
    strcpy(a, "Hello, world!");
}
```

(4) 找一个兼容ANSI的编译器。

参见问题11.31。

<h2>*1.33</h2>

问：下面的初始化有什么问题？编译器提示"invalid initializers"或其他信息。

```
char *p = malloc(10);
```

答：这个声明是静态或非局部变量吗？函数调用只能出现在自动变量（即局部非静态变量）的初始式中。

<h2>1.34</h2>

问：以下的初始化有什么区别？

```
char a[] = "string literal";
char *p = "string literal";
```

当我向p[i]赋值的时候，我的程序崩溃了。

答：字符串字面量（string literal）——C语言源程序中用双引号包含的字符串的正式名称——有两种稍有区别的用法：

(1) 用作数组初始值（如同在char a[]的声明中），它指明该数组中字符的初始值；

(2) 其他情况下，它会转化为一个无名的静态字符数组，可能会存储在只读内存中，这就导致它不能被修改。在表达式环境中，数组通常被立即转化为一个指针（参见第6章）因此第二个声明把p初始化成指向无名数组的第一个元素。

（为了编译旧代码）有的编译器有一个控制字符串是否可写的开关。另外有些编译器则提供了选项将字符串字面量正式转换为const char型的数组（以利于出错处理）。

参见问题1.32、6.1、6.2和6.8。

参考资料：[19, Sec. 5.5 p. 104]

[8, Sec. 6.1.4, Sec. 6.5.7]

[14, Sec. 3.1.4]

[11, Sec. 2.7.4 pp. 31-32]

1.35

问：char a{[3]} = "abc"; 是否合法？

答：是的。参见问题11.24。

1.36

问：我总算弄清楚函数指针的声明方法了，但怎样才能初始化呢？

答：用下面这样的代码：

```
extern int func();
int (*fp)() = func;
```

当一个函数名出现在这样的表达式中时，它就会"退化"成一个指针（即隐式地取出了它的地址），这有点类似数组名的行为。

通常函数的显式声明需要事先知道（也许在一个头文件中），因为此处并没有隐式的外部函数声明（初始式中函数名并非函数调用的一部分）。

参见问题1.25和4.12。

1.37

问：能够初始化联合吗？

答：参见问题2.21。

第 2 章

结构、联合和枚举

结 构、联合和枚举的相似点是可以定义新的类型。首先，通过声明结构和联合的成员或域或者构成枚举的常量来定义新的类型。同时，也可能需要给新类型赋一个标签（tag），以便在以后引用。定义新的类型之后，就可以立即或者稍后（通过使用标签）来声明这个类型的实例了。

更麻烦的是，也可以使用typedef来为用户定义类型定义新的类型名称，如对其他任何类型一样。但是，如果这样做，必须意识到类型定义名称和标签名（如果存在的话）没有任何关系。

本章的问题安排如下：问题2.1到2.19涵盖结构，2.11到2.22涵盖联合，2.23到2.25涵盖了枚举，2.26和2.27则涵盖了位域。

结构声明

2.1

问：这两个声明有什么不同？

```
struct x1 {...};
typedef struct {...} x2;
```

答：第一种形式声明了一个"结构标签"（structure tag）；第二种声明了一个"类型定义"（typedef）。主要的区别在于第二种声明更显抽象一些——用户不必知道它是一个结构，且在声明它的实例时也不需要使用struct关键字。

```
x2 b;
```

但使用标签声明的结构就必须用这样的形式进行定义。[①]

```
struct x1 a;
```

（也可以同时使用两种方法：

```
typedef struct x3 {...} x3;
```

---

① 值得一提的是，这个区别在C++编译器和某些模仿C++的C编译器中已经完全不存在了。在C++中，结构标签在本质上都自动声明为类型定义。

尽管有些晦涩，但为标签和类型定义使用同样的名称是合法的，因为它们处于独立的命名空间中。参见问题1.30。）

2.2

问：这样的代码为什么不对？

```
struct x {...};
x thestruct;
```

答：C不是C++。不能用结构标签自动生成类型定义名。事实上，C语言中的结构是这样用关键字struct声明的：

```
struct x thestruct;
```

如果你愿意，也可以在声明结构的时候声明一个类型定义，然后再用类型定义名称去声明真正的结构：

```
tyepdef struct {...} tx;
```

```
tx thestruct;
```

参见问题2.1。

2.3

问：结构可以包含指向自己的指针吗？

答：当然可以。但如果你要使用typdef，则有可能产生问题。参见问题1.14和1.15。

2.4

问：在C语言中用什么方法实现抽象数据类型最好？

答：让客户使用指向没有公开定义（也许还隐藏在类型定义后边）的结构类型的指针是一个好办法。换言之，客户使用结构指针（及调用输入和返回结构指针的函数）而不知道结构的成员是什么。只要不需要结构的细节——也就是说，只要不使用->、sizeof、操作符及真实结构的声明——C语言事实上可以正确处理不完全类型的结构指针。只有在实现抽象数据类型的源文件中才需要此范围内的结构的完整声明。

*2.5

问：在C 语言中是否有模拟继承等面向对象程序设计特性的好方法？

答：把函数指针直接加入到结构中就可以实现简单的"方法"。你可以使用各种不雅而暴力的方法来实现继承，例如通过预处理器或让"基类"的结构作为初始的子集，但这些方法都不完美。很明显，也没有操作符的重载和覆盖（例如，"派生类"中的"方法"），那些必须人工去做。

　　显然，如果你需要"真"的面向对象的程序设计，则需要使用一个支持这些特性的语言，例如C++。

2.6

问：为什么声明
```
extern f(struct x *p);
```
给我报了一个晦涩难懂的警告信息（"struct x introduced in prototype scope"或"struct x declared inside parameter list"）？

答：参见问题11.6。

2.7

问：我遇到这样声明结构的代码：
```
struct name {
    int namelen;
    char namestr[1];
};
```
然后又使用一些内存分配技巧使namestr数组用起来好像有多个元素，namelen记录了元素个数。它是怎样工作的？这样是合法的和可移植的吗？

答：不清楚这样做是否合法或可移植，但这种技术十分普遍。这种技术的某种实现可能像这个样子：
```
#include <stdlib.h>
#include <string.h>

struct name *makename (char *newname)
{
    struct name *ret =
        malloc(sizeof(struct name)-1 + strlen(newname)+1);
                        /* -1 for initial [1]; +1 for \0 */
    if(ret != NULL) {
        ret->namelen = strlen(newname);
        strcpy(ret->namestr, newname);
    }

    return ret;
}
```
　　这个函数分配了一个name结构的实例并调整它的大小，以便将请求的名称（不是结构声明所示的仅仅一个字符）置入namestr域中。

　　虽然很流行，但这种技术也在某种程度上惹人非议。Dennis Ritchie就称之为"和C实现的无保证的亲密接触"。官方的解释认定它没有严格遵守C语言标准。（关于这种技术的合法性的完整讨论超出了本书的范围。）这种技术也不能保证在所有的实现上是可移植的。（仔细检查数组边界的编译器可能会发出警告。）

另一种可能是把变长的元素声明成很大，而不是很小。上面的例子可以这样改写：

```
#include <stdlib.h>
#include <string.h>
#define MAX 100

struct name {
    int namelen;
    char namestr[MAX];
};

struct name *makename (char *newname)
{
    struct name *ret =
        malloc(sizeof(struct name)-MAX + strlen(newname)+1);
                                        /* +1 for \0 */

    if(ret != NULL) {
        ret->namelen = strlen(newname);
        strcpy(ret->namestr, newname);
    }

    return ret;
}
```

当然，此处的MAX应该比任何可能存储的名字长度都大。但是，这种技术似乎也不完全符合标准的严格解释。

当然，真正安全的正确做法是使用字符指针，而不是数组。

```
#include <stdlib.h>
#include <string.h>

struct name {
    int namelen;
    char *namep;
};

struct name *makename (char *newname)
{
    struct name *ret = malloc(sizeof(struct name));

    if(ret != NULL) {
        ret->namelen = strlen(newname);
        ret->namep = malloc(ret->namelen + 1);
        if(ret->namep == NULL) {
            free(ret);
            return NULL;
        }
        strcpy(ret->namep, newname);
    }
    return ret;
}
```

显然，把长度和字符串保存在同一块内存中的"方便"已经不复存在了，而且在释放这个结构的实例的时候需要两次调用free。参见问题7.27。

如果像上面的例子那样，存储的数据类型是字符，那么为保持连续性，可以直截了当地将两次malloc调用合成一次（这样也可以只用一次调用free就能释放。）

```
struct name *makename(char *newname)
{
    char *buf = malloc(sizeof(struct name) +
                            strlen(newname) + 1);
    struct name *ret = (struct name *)buf;
    ret->namelen = strlen(newname);
    ret->namep = buf + sizeof(struct name);
    strcpy(ret->namep, newname);

    return ret;
}
```

但是，像这样用一次malloc调用将第二个区域接上的技巧只有在第二个区域是char型数组的时候才可移植。对于任何大一些的类型，对齐（参见问题2.13和16.8）变得十分重要，必须保持。

这些"亲密"结构都必须小心使用，因为只有程序员知道它的大小，而编译器却一无所知。

C99引入了"灵活数组域"概念，允许结构的最后一个域省略数组大小。这为类似问题提供了一个定义明确的解决方案。

参考资料：[14, Sec. 3.5.4.2]
　　　　　[9, Sec. 6.5.2.1]

2.8

问：我听说结构可以赋给变量也可以对函数传入和传出。为什么K&R1却明确说明不能这样做？

答：K&R1也指出了在未来版本的编译器中，对于结构操作的限制将会取消。实际上，就在K&R1出版的时候，Ritchie的编译器已经完全能够支持结构赋值、向函数传入结构参数和从函数返回结构。尽管一些早期的C编译器缺乏这样的功能，但所有的现代编译器都支持，而且这也成了标准的一部分了，因此，没有任何理由拒绝使用它们[①]。

（注意，当结构被赋值、传递或返回的时候，复制是作为一个整体完成的。这意味着任何指针成员的副本都和原指针指向同一个地方。换言之，任何指针指向的内容都没有复制。）

现实的结构操作例子，请参见问题14.11的代码片段。

参考资料：[18, Sec. 6.2 p. 121]
　　　　　[19, Sec. 6.2 p. 129]
　　　　　[35, Sec. 3.1.2.5, Sec. 3.2.2.1, Sec. 3.3.15]
　　　　　[8, Sec. 6.1.2.5, Sec. 6.2.2.1, Sec. 6.3.16]
　　　　　[11, Sec. 5.6.2 p. 133]

---

① 然而，函数传入和传出大结构可能会代价很大（参见问题2.10），因此你也许会考虑用指针替代（当然，只要你不需要按值传参）。

2.9

问：为什么不能用内建的==和!=操作符比较结构？

答：没有一个好的、符合C语言的低层特性的方法让编译器来实现结构比较。简单的按字节比较的方法可能会在遇到结构中没有使用的"洞（hole）"的随机内容的时候失败（这些补位是用来保证后续的成员正确对齐的。参见问题2.13）。而按域比较在处理大结构时可能需要难以接受的大量重复代码。任何编译器生成的比较代码都不能期望在所有情况下都正确比较指针域。例如，比较char *域的时候一般都希望使用strcmp而不是==（参见问题8.2）。如果需要比较两个结构，必须自己写函数按域比较。

参考资料：[19, Sec. 6.2 p. 129]

[35, Sec. 4.11.4.1 footnote 136]

[14, Sec. 3.3.9]

[11, Sec. 5.6.2 p. 133]

2.10

问：结构传递和返回是如何实现的？

答：当结构作为函数参数传递的时候，通常会把整个结构都推进栈，需要多少空间就使用多少空间。（正是为了避免这个代价，程序员经常使用指针而不是结构。）某些编译器仅仅传递一个结构的指针，但是为了保证按值传递的语义，它们可能不得不保留一份局部副本。

编译器通常会提供一个额外的"隐藏"参数，用于指向函数返回的结构。有些老式的编译器使用一个特殊的静态位置来返回结构。这会导致返回结构的函数不可再入，这是ANSI C所不允许的。

参考资料：[35, Sec. 2.2.3]

[8, Sec. 5.2.3]

2.11

问：如何向接受结构参数的函数传入常量值？怎样创建无名的中间的常量结构值？

答：传统的C语言没有办法生成匿名结构值。你必须使用临时结构变量或一个小的结构生成函数。

C99标准引入了"复合字面量"（compound literals），复合字面量的一种形式就可以允许结构常量。例如，向假定的plotpoint函数传入一个坐标对常量，可以调用

```
plotpoint((struct point){1, 2});
```

与"指定初始式"（designated initializers，C99的另一个功能）结合，也可以用成员名称确定成员值：

```
plotpoint((struct point){.x=1, .y=2});
```

参见问题4.10。

参考资料：[9, Sec. 6.3.2.5, Sec. 6.5.8]

2.12

问：怎样从/向数据文件读/写结构？

答：用`fwrite()`编写一个结构相对简单：

```
fwrite(&somestruct, sizeof somestruct, 1, fp);
```

对应的`fread`调用可以再把它读回来。此处`fwrite`收到一个结构的指针并把这个结构的内存映像作为字节流写入文件（或在对应的`fread`的时候读入）。`sizeof`操作符计算出结构占用的字节数。

只要范围内有`fwrite`的原型（通常只需包含`<stdio.h>`），那么ANSI编译器下这样调用`fwrite`就是正确的。在ANSI之前的编译器中，需要对第一个参数进行类型转换：

```
fwrite((char *)somestruct, sizeof somestruct, 1, fp);
```

重要的是`fwrite`接受字节指针，而不是结构指针。

但是这样用内存映像写出的数据文件却不能移植，尤其是当结构中包含浮点成员或指针的时候。结构的内存布局跟机器和编译器都有关。不同的编译器可能使用不同数量的填充位，不同机器上基本类型的大小和字节顺序也不尽相同。因此，作为内存映像写出的结构在别的机器上（甚至是被别的编译器编译后）不一定能被读回来。当你需要在不同的机器上交换数据文件的时候，这点尤其要注意。参见问题2.13和20.5。

同时注意如果结构包含任何指针（`char *`字符串或指向其他数据结构的指针），则只有指针值会被写入文件。当它们再次被读回来的时候，很可能已经失效。最后，为了广泛的可移植性，你必须用"b"标志打开文件。参见问题12.41。

移植性更好的方案是写一对函数，用可移植（可能甚至是人可读）的方式按域读写结构，尽管开始时可能工作量稍大。

参考资料：[11, Sec. 15.13 p. 381]

结构填充

2.13

问：为什么我的编译器在结构中留下了空洞？这导致空间浪费而且无法与外部数据文件进行"二进制"读写。能否关掉填充，或者控制结构域的对齐方式？

答：当内存中的值合理对齐时，很多机器都能非常高效地访问。例如，在按字节寻址的机器中，2字节的`short int`型变量必须放在偶地址上，而4字节的`long int`型变量则必须存放在4的整倍数地址上。某些机器甚至根本就不能访问没有对齐的地址，因此必须要求所有的数据都正确地对齐。

假如你声明了这个结构：

```
struct {
    char c;
    int i;
};
```

编译器通常都会在char型域和int型域之间留出一个没有命名也没有使用的空洞，以确保int型域正确对齐。（根据最保守的对齐要求，结构本身也是对齐的，因此第二个域可以根据第一个域的位置进行累进对齐。编译器保证它所分配的结构对齐，对malloc也是如此。）

编译器可能提供某种扩展用于控制结构的填充（可能是#pragma，参见问题11.22），但是没有标准的方法。

如果你真的那么在意被浪费的空间，可以把结构中的域按从从大到小的顺序排列，以最大限度地降低填充的影响。数组成员应该根据它的元素类型大小而不是整个数组的大小进行排序。有时候，使用位域也可以更好地控制大小和对齐，但是这样也有它的缺点（参见问题2.27）。

参见问题16.8和20.5。

参考资料：[19, Sec. 6.4 p. 138]
　　　　　[11, Sec. 5.6.4 p. 135]

2.14

问：为什么sizeof返回的值大于结构大小的期望值，是不是尾部有填充？

答：为了确保分配连续的结构数组时正确对齐，结构可能有这种尾部填充（也可能有内部填充）。即使结构不是数组的成员，尾部填充也会保持，以便sizeof能够总是返回一致的大小。参见问题2.13。

参考资料：[11, Sec. 5.6.7 pp. 139-140]

2.15

问：如何确定域在结构中的字节偏移量？

答：ANSI C在<stddef.h>中定义了offsetof()宏，用offsetof(structs,f)可以计算出域f在结构s中的偏移量。如果出于某种原因，需要自己实现这个功能，可以使用下边这样的代码：

```
#define offsetof(type, f) ((size_t) \
    ((char *)&((type *)0)->f - (char *)(type *)0))
```

这种实现不是100%的可移植；某些编译器可能会合法地拒绝接受。

（这复杂的定义需要一点解释。对类型转换后的空指针的减法是为了确保即使空指针的内部表示不是0的时候也能正确计算出偏移。转换成（char *）指针可以确保计算出的偏移是字节偏移。不可移植的地方在于，为了描述计算，需要假装0地址处有一个type型的结构。注意，由于并没有引用这个结构，所以出现非法访问的可能性很小。）

关于使用方面的提示，参见问题2.16。

参考资料：[8, Sec. 7.1.6]
　　　　　[14, Sec. 3.5.4.2]
　　　　　[11, Sec. 11.1 pp. 292-293]

2.16

问：怎样在运行时用名字访问结构中的域？

答：创建一个表，保存名称和用`offsetof()`宏计算出的域偏移量。结构a的b域的偏移量的计算方法如下：

```
offsetb = offsetof(struct a, b)
```

如果`structp`是个结构实例的指针，而域b是`int`型（它的偏移量如上式计算），b的值可以这样间接地设置：

```
*(int *)((char *)structp + offsetb) = value;
```

2.17

问：C语言中有和Pascal的`with`等价的语句吗？

答：参见问题20.28。

2.18

问：既然数组名可以用作数组的基地址，为什么对结构不能这样？

答：导致数组引用"退化"为指针的规则（参见问题6.3）只适用于数组，这反映了它们在C语言中的"二级"状态。（类似的规则也适用于函数。）而结构却是一级对象：当你提到结构的时候，你得到的是整个结构。

2.19

问：程序运行正确，但退出时却"core dump"（核心转储）了，怎么回事？

```
struct list {
    char *item;
    struct list *next;
}

/* Here is the main program. */

main(argc, argv)
{ ... }
```

答：结构声明的末尾缺少的一个分号使main被定义为返回一个结构。（由于中间的注释行，这个联系不容易看出来)。因为，一般而言，返回结构的函数在实现时，会加入一个隐含的返回指针，这样产生的main函数代码试图接受3个参数，而实际上只有两个传入（这里，由C的启动代码传入）。参见问题10.9和16.5。

参考资料：[22, Sec. 2.3 pp. 21-22]

联合

2.20

问：结构和联合有什么区别？

答：联合本质上是一个成员相互重叠的结构，某一时刻你只能使用一个成员。（也可以从一个成员写入，然后从另一个成员读出，来检查某种类型的二进制模式，或者用不同的方法解释它们。但很明显，这样做跟机器紧密相关。）联合的大小是它的最大成员的大小，而结构的大小是它的所有成员大小之和。（两种情况下的大小都有可能因为填充而增加。参见问题2.13和2.14。）

2.21

问：有办法初始化联合吗？

答：在原来的ANSI C中，只有联合中的第一个命名成员可以被初始化。C99引入了"指定初始式"，可以用来初始化任意成员。

参考资料：[19, Sec. 6.8 pp. 148-149]
　　　　　[8, Sec. 6.5.7]
　　　　　[9, Sec. 6.5.8]
　　　　　[11, Sec. 4.6.7 p. 100]

2.22

问：有没有一种自动方法来跟踪联合的哪个域在使用？

答：没有。你可以自己实现一个显式带标签的联合：

```
struct taggedunion {
    enum {UNKNOWN, INT, LONG, DOUBLE, POINTER} code;
    union {
        int i;
        long l;
        double d;
        void *p;
    } u;
};
```

当你编写该联合时，必须确保code域总能被正确设置，编译器不能自动为你做这些事情。（C语言中的联合与Pascal中的变体记录不同。）

枚举

2.23

问：枚举和一组预处理的 `#define` 有什么不同？

答：只有很小的区别。C标准表明枚举为整型，枚举常量为 int 型，因此它们都可以和其他整型类别自由混用而不会出错。（但是，假如编译器不允许在未经显式类型转换的情况下混用这些类型，则审慎地使用枚举可以捕捉到某些程序错误。）

枚举的一些优点：自动赋值；调试器在检验枚举变量时，可以显示符号值；它们服从数据块作用域规则。（当枚举变量被任意地和其他类型混用时，编译器也可以产生非致命的警告信息，因为这被认为是坏风格。）一个缺点是程序员不能控制这些非致命的警告，有些程序员则反感于无法控制枚举变量的大小。

参考资料：[19, Sec. 2.3 p. 39, Sec. A4.2 p. 196]

　　　　　　[8, Sec. 6.1.2.5, Sec. 6.5.2, Sec. 6.5.2.2, Annex F]

　　　　　　[11, Sec. 5.5 pp. 127-129, Sec. 5.11.2 p. 153]

2.24

问：枚举可移植吗？

答：枚举是比较晚加入C语言的（在K&R1中还没有枚举），但它现在绝对是C语言的一部分了。C标准包含它，所有的现代编译器也支持它。它的可移植性也很好，不过由于它们在准确定义在历史上的不确定性，它们在标准中的规格说明有些弱。（参见问题2.23。）

2.25

问：有什么显示枚举值符号的容易方法吗？

答：没有。你可以写一个小函数，把一个枚举常量值映射到字符串，或者通过使用 switch 语句，或者通过搜索数组。（就调试而言，一个好的调试器，应该可以自动显示枚举常量值符号。）

位域

2.26

问：一些结构声明中的这些冒号和数字是什么意思？

```
struct record {
    char *name;
    int refcount : 4;
    unsigned dirty : 1;
};
```

答：这是位域（bitfield）。数字表示该域用位计量的准确大小。（任何一本完整介绍C语言的书都有详细介绍。）使用位域可以在有很多二进制标志和其他小成员的结构中节省存储空间。也可以用于满足外部要求的存储布局。（位域在某些机器上从左到右分配，而在某些机器上从右到左分配，这使得位域在完成后一个任务时的成功率大打折扣。）

注意，用冒号指定二进制大小的方法只适用于结构（和联合）的成员。不能用这种方法来为任意变量指定大小。（参见问题1.2和问题1.3。）

参考资料：[18, Sec. 6.7, pp. 136-138]

[19, Sec. 6.9, pp. 149-150]

[35, Sec. 3.5.2.1]

[11, Sec. 5.6.5, pp. 136-138]

2.27

问：为什么人们那么喜欢用显式的掩码和位操作而不直接声明位域？

答：人们认为位域是不可移植的，但其实它的可移植性并不比C语言的其他部分差。你不知道它们会有多大，但其实int类型的值也是如此。你不知道它默认是否是有符号的，但其实char类型也是如此。你不知道它在内存中是从左到右还是从右到左排列的，但其实所有的类型都是如此。况且，只有当你需要满足某种外界规定的存储布局时，这才有意义。（这样做总是不可移植的。参见问题2.13和20.5。）

当你需要对一些二进制位作为一个整体操作的时候（例如复制多个标志位），位域也会有些不便。不能创建位域数组，参见问题20.8。很多程序员怀疑编译器不能为位域生成好的代码，这在以往有时是正确的。

直接使用位域毫无疑问比等价的显式的位屏蔽操作更加清晰。但是位域用得不够频繁。

第 3 章

表 达 式

3

C语言的设计目标之一就是高效的实现——让C语言的编译器相对较小，容易写成，同时也更容易生成较好的代码。这个双重目标对C语言的规范有至关重要的影响，尽管用户常常并不欣赏这样的暗示，尤其是当他们习惯于一些定义更严格的语言或者当他们希望语言能做得更多的时候（例如，希望语言能防止自己犯错误）。

求值顺序

对于复杂表达式中的各个子表达式的求值顺序，编译器有相对自由的选择权。可能跟你所想的不一样，编译器的这种选择跟操作符的优先级和结合性都没有什么关系。编译器选择的顺序通常并无实质影响，除非有多个可见的副作用或者某个变量同时受到多个副作用的影响，而这种情况下的行为可能是未定义的。

3.1

问：为什么这样的代码不行？

```
a[i] = i++;
```

答：子表达式i++有一个副作用——它会改变i的值——由于i在同一表达式的其他地方被引用，因此这会导致未定义的行为。无从判断该引用（左边的a[i]中）是旧值还是新值。（注意，尽管在文献[18]中认为这类表达式的行为是不确定的，但C标准却强烈声明它是未定义的，参见问题11.35。

参考资料：[18, Sec. 2.12]
[19, Sec. 2.12]
[8, Sec. 6.3]
[11, Sec. 7.12 pp. 227-229]

3.2

问：使用我的编译器，下面的代码

```
int i = 7;
printf("%d\n", i++ * i++);
```

打印出49。不管按什么顺序计算，难道不该是56吗？

答: 尽管后缀自加和后缀自减操作符++和--在输出其旧值之后才会执行运算，但这里的"之后"的含义和准确定义常常被误解。无法保证自增或自减会在放弃变量原值之后和对表达式的其他部分进行计算之前立即进行。只能保证变量的更新会在表达式"完成"之前的某个时刻进行（按照ANSI C的术语，在下一个"序列点"之前，参见问题3.9）。本例中，编译器选择使用变量的旧值相乘以后再对二者进行自增运算。

包含多个不确定的副作用的代码的行为总是被认为未定义。（简而言之，"多个不确定副作用"是指在同一个表达式中使用导致同一对象修改两次或修改以后又被检查的自增、自减和赋值操作符（++、--、=、+=和-=等）的任何组合。这是一个粗略的定义，严格的定义参见问题3.9，"未定义"的含义参见问题11.35。）不要试图探究这些东西在编译器中是如何实现的，更不用说编写依赖它们的代码了（这与许多C教科书上的欠考虑练习正好相反）。正如Kernighan和Ritchie明智地指出，"如果你不知道它们在不同的机器上如何实现，这样的无知可能恰恰会有助于保护你。"

参考资料：[18, Sec. 2.12 p. 50]
　　　　　[19, Sec. 2.12 p. 54]
　　　　　[8, Sec. 6.3]
　　　　　[11, Sec. 7.12 pp. 227-229]
　　　　　[22, Sec. 3.7 p. 47]
　　　　　[12, Sec. 9.5 pp. 120-121]

3.3

问: 对于代码

```
int i = 3;
i = i++;
```

不同编译器给出不同的i值，有的为3，有的为4，哪个是正确的？

答: 没有正确答案，这个表达式未定义。参见问题3.1、3.9、3.10和11.35。同时注意，i++和++i都不同于i+1。如果你要使i自增1，使用i=i+1、i+=1、i++或++i，而不是某种组合。参见问题3.14。

*3.4

问: 有这样一个巧妙的表达式：

```
a ^= b ^= a ^= b;
```

它不需要临时变量就可以交换a和b的值。

答: 这不具有可移植性。它试图在序列点之间两次修改变量a，而这种行为是未定义的。例如，有人报告如下代码：

```
int a = 123, b = 7654;
a ^= b ^= a ^= b;
```

在SCO优化C编译器（icc）下会把b置为123，把a置为0。

参见问题3.1、3.9、10.3和20.18。

3.5

问： 可否用显式括号来强制执行我所需要的计算顺序并控制相关的副作用？就算括号不行，操作符优先级是否能够控制计算顺序呢？

答： 一般来讲，不行。操作符优先级和显式括号对表达式的计算顺序只有部分影响。在如下的代码中：

```
f() + g() * h()
```

尽管我们知道乘法运算在加法之前，但这并不能说明这3个函数哪个会先被调用。换言之，操作符优先级只是"部分"地决定了表达式的求值顺序。这里的"部分"并不包括对操作数的求值。

括号告诉编译器哪个操作数和哪个操作数结合，但并不要求编译器先对括号内的表达式求值。在上边的表达式中再加括号

```
f() + (g() * h())
```

也无助于改变函数调用的顺序。同样，对问题3.2 的表达式加括号也毫无帮助，因为++比*的优先级高：

```
(i++) * (i++)            /* WRONG */
```

这个表达式有没有括号都是未定义的。

如果需要确保子表达式的计算顺序，可能需要使用显式的临时变量和独立的语句。

参考资料：[18, Sec. 2.12 p. 49, Sec. A.7 p.185]
　　　　　[19, Sec. 2.12 pp. 52-53, Sec. A.7 p. 200]

3.6

问： 可是&&和||操作符呢？我看到过类似while((c = getchar()) != EOF && c != '\n')的代码……

答： 这些操作符在此处有一个特殊的"短路"例外：如果左边的子表达式决定最终结果（即，真对于||和假对于&&）则右边的子表达式不会计算。因此，从左至右的计算可以确保，对逗号表达式也是如此（但参见问题3.8）。而且，所有这些操作符（包括?:）都会引入一个额外的内部序列点（参见问题3.9）。

参考资料：[18, Sec. 2.6 p. 38, Secs.A7.11-12 pp. 190-191]
　　　　　[19, Sec. 2.6 p.41, Secs. A7.14-15 pp. 207-208]
　　　　　[8, Sec. 6.3.13, Sec. 6.3.14, Sec. 6.3.15]
　　　　　[11, Sec. 7.7 pp. 217- 218，Sec. 7.8 pp. 218-220, Sec. 7.12.1 p. 229]
　　　　　[22, Sec. 3.7 pp. 46-47]

3.7

问：是否可以安全地认为，一旦&&和||左边的表达式已经决定了整个表达式的结果，则右边的表达式不会被求值？

答：是的。像这样

```
if(d != 0 && n / d > 0)
    { /* average is greater than 0 */ }
```

和

```
if(p == NULL || *p == '\0')
    { /* no string */ }
```

的语句在C语言中十分常见。它们都依赖于这种所谓的"短路"行为。在第一个例子中，如果没有短路行为，一旦d等于0，则右边的表达式会被零除——系统可能会崩溃。在第二个例子中，如果p是一个空指针，则右边的表达式会去引用它所指向的内存，从而可能导致系统崩溃。

参考资料：[35, Sec. 3.3.13, 3.3.14]
[8, Sec. 6.3.13, 6.3.14]
[11, Sec. 7.7 pp. 217-218]

3.8

问：为什么表达式

```
printf("%d %d", f1(), f2());
```

先调用了f2？我觉得逗号表达式应该确保从左到右的求值顺序。

答：逗号表达式的确可以确保从左到右的求值顺序，但用逗号分隔的函数参数不是逗号操作符。[①]函数调用的参数的求值顺序是不确定的。（参见问题11.35。）

参考资料：[18, Sec. 3.5 p. 59]
[19, Sec. 3.5 p. 63]
[35, Sec. 3.3.2.2]
[8, Sec. 6.3.2.2]
[11, Sec. 7.10 p. 224]

3.9

问：怎样才能理解复杂表达式并避免写出未定义的表达式？"序列点"是什么？

答：序列点是一个时间点，此刻尘埃落定，所有的副作用都已确保结束。
C语言标准中提及的序列点包括：

---

① 如果这是逗号操作符，那么任何函数都不能接受一个以上的参数了！

❑ 完整表达式（full expression，表达式语句或不为任何其他表达式的子表达式的表达式）的尾部；

❑ ||、&&、?:或逗号操作符处；

❑ 函数调用时（参数求值完毕，函数被实际调用之前）。

ANSI/ISO C标准这样描述：

在上一个和下一个序列点之间，一个对象所保存的值至多只能被表达式的求值修改一次。而且只有在确定将要保存的值的时候才能访问前一个值。

这两句晦涩的话有几层意思。首先，它提到了被"前一个和后一个序列点"分隔的操作。这些操作通常就与完整表达式有关。（在表达式语句中，"下一个序列点"通常位于结束的分号，而"前一个序列点"则位于上一条语句的结束分号。如前文所述，表达式也可能包含中间序列点。）

第一句话就排除了问题3.2和3.3的两个例子i++ * i++和i = i++。两个表达式中的i值都（在两个序列点之间）被修改了两次。（如果我们真的写一个有内部序列点的类似表达式，如i++ && i++，就是定义明确的，尽管并不一定有用。）

第二句话很不好理解。这句话禁止了像问题3.1中的a[i] = i++这样的代码。（事实上，前面讨论的其他表达式也违反了这句话。）要理解为什么，先来看看标准允许和禁止什么。

很显然，像a = b和c = d + e这样读取一些变量然后写入其他变量的表达式是定义明确和严格合法的。显然[①]，像i = i++这样两次修改同一个变量的表达式是绝不允许的（或者，无论如何都无需明确定义，也就是说，无需知道它们到底做什么，编译器也不必支持它们。）这样的表达式被第一句话禁止。

同样显然的是，希望禁止a[i] = i++这样一边修改一边使用i值的表达式，但却允许i = i + 1这样既修改又使用i值的表达式，因为修改只发生在变量（此处是i）的最终值的存储不会影响对变量的前期访问的时候。

这正是第二句话要表达的意思：如果某个对象需要写入一个完整表达式中，则在同一表达式中对该对象的访问应该只局限于用来计算将要写入的值。这条规则有效地限制了只有能确保在修改之前才访问变量的表达式为合法表达式。老式的备用写法i = i + 1之所以合法，是因为对i的访问只是为了计算i的最终值。而a[i] = i++非法乃是因为对i的一处访问（a[i]）与最终存储在i中的值（通过i++计算而得）毫无关系。这样导致没有什么好办法来决定这次访问是应该放到i的自增之前还是之后来进行——对我们和编译器来说都有这个问题。因为没有什么好办法来决定，所以标准宣称它是未定义的，可移植程序中就不应该使用这样的语句。

参见问题3.10和3.12。

参考资料：[8, Sec. 5.1.2.3，Sec.6.3, Sec.6.6, Annex C]

　　　　　[14, Sec. 2.1.2.3]

　　　　　[11, Sec. 7.12.1 pp. 228-229]

---

① 当然，你可能不同意，但对制定标准的人来说，这是显而易见的。

3.10

问：在a[i] = i++;中，如果不关心a[]的哪一个分量会被写入，这段代码就没有问题，i也的确会增加1，对吗？

答：不对。首先，既然你不关心a[]的哪个分量会被写入，那为什么还使用看上去好像要写入a[]的代码呢？更重要的是，一旦一个表达式或程序未定义，则它的所有方面都会变成未定义。当一个未定义的表达式显然有两种似是而非的解释的时候，不要误导自己，想当然地认为编译器会选择一种或另一种解释。标准没有要求编译器做出明确的选择，有的编译器的确也没有。在这里，不仅不知道a[i]或a[i+1]是否被写入，而且可能是数组的一个毫不相干的分量（或者某个随机的内存位置）被写入了，同时i的最终值也是不可预测的。

参见问题3.2、3.3、11.35和11.38。

3.11

问：人们总是说i = i++的行为是未定义的。可我刚刚在一个ANSI编译器上尝试过，其结果正如我所期望的。

答：参见问题11.38。

3.12

问：我不想学习那些复杂的规则，怎样才能避免这些未定义的求值顺序问题呢？

答：最简单的答案是，如果避开那些没有明显合理的解释的表达式，也就避开了未定义的表达式。（当然，"明显合理"对不同的人有不同的含义。只要同意a[i] = i++和i = i++没有明显合理的解释，这个答案就有效。）

更准确一些，有几条简单的规则，比标准的要求略微保守，但可以确保你的代码"明显合理"，而且对于编译器和你的同事都同样易于理解。

(1) 确保一个表达式最多只修改一个对象：一个简单变量、一个数组成员或者一个指针指向的位置（例如*p）。"修改"是指=操作符的简单赋值，+=、-=或*=操作符的复合赋值或者++或--操作符的自增或自减（前缀或后缀形式）。

(2) 如果一个（如上定义的）对象在一个表达式中出现一次以上而且在表达式中被修改，则要确保对该对象的所有读访问都被用于计算它的最终值。这条规则允许表达式i=i+1——尽管i出现了两次而且也被修改了，但对i的旧值读取（=号右侧）是用于计算i的新值。

(3) 如果想破坏第一条规则，就要确保修改的对象互不相同。同时，尽量限制到最多2至3个修改并参照下面例子的风格。（同时确保每次对象修改继续遵守第二条规则。）

在这条规则下，c = *p++是合法的，因为修改的两个对象（c和p）不相同。表达式*p++= c也是允许的，因为p和*p（即p本身和它所指的对象）虽然都被修改了，但它们几乎确定不会相同。类似地，c = a[i++]和a[i++] = c也是允许的，因为c、i和a[i]可以假定互不相同。最后，在这些修改3个或3个以上对象的表达式中，如在*p++ = *q++中的p、q、和*p以及a[i++] = b[j++]中的i、j和a[i]，如果所有的3个对象都互不相同，亦即使用了两个不同的指针p和q或者两个不同的数组下标i和j，则是允许的。

(4) 如果在两次修改或修改和访问之间置入定义的序列点操作符，则可以破坏第一条规则和第二条规则。这个表达式（通常在一个while循环中看到，用来读入一行内容）是合法的，因为第二次访问变量c出现在&&引入的序列点之后。

```
(c = getchar()) != EOF && c != '\n'
```

如果没有序列点，这个表达式便是非法的。因为右边为了跟\n比较而对c的访问并没有决定左边"将被存储的值"。

其他的表达式问题

C语言处理同一表达式中的各类操作符的规则相对简单。通常这些规则都非常简单，但问题3.16和3.17描述了两种出人意料的情形。除了转换意外，本节中还讨论了自增操作符和条件（或"三元"）?:操作符。

*3.13

问：++i和i++有什么区别？

答：如果你的C语言书没有说明它们的区别，那么去买一本好的。简而言之：++i在i存储的值上增加1并向使用它的表达式"返回"新的、增加后的值；而i++对i增加1，但返回的是原来的、未增加的值。

3.14

问：如果我不使用表达式的值，那我应该用i++还是++i来做自增呢？

答：无所谓。i++和++i的唯一区别在于它们向包含它们的表达式传出的值。没有包含它们的表达式的时候（即它们作为独立的完整表达式存在），两种形式完全等价，只是对i自增而已。（至于它给出自增之前还是之后的值无关紧要，因为这个值并不使用。）

值得一提的是，作为独立的完整表达式，i += 1和i = i + 1也是等价的，而且它们和i++及++i也等价。

但在C++中应该优先使用++i。

参见问题3.3。

参考资料：[18, Sec. 2.8 p.43]
　　　　　[19, Sec. 2.8 p.47]
　　　　　[35, Sec.3.3.2.4, Sec.3.3.3.1]
　　　　　[8, Sec.6.3.2.4, Sec.6.3.3.1]
　　　　　[11, Sec.7.4.4 pp. 192-193, Sec.7.5.8 pp. 199-200]

3.15

问：我要检查一个数是不是在另外两个数之间，为什么if(a < b < c)不行？

答：这样的关系操作符都是二元的，它们比较两个操作数，然后返回真或假（1或0）结果。因此表达式if(a < b < c)首先比较a和b然后比较其结果1或0是否小于c。（为了看得更清楚，可以想象写成(a < b)< c，因为这就是编译器的解释。）要检查一个数是不是在另外两个数之间，可以使用这样的代码：

```
if(a < b && b < c)
```

参考资料：[18, Sec. 2.6 p. 38]

　　　　　[19, Sec. 2.6 pp. 41-42]

　　　　　[35, Sec. 3.3.8 Sec 3.3.9]

　　　　　[11, Secs.7.6.4，7.6.5 pp. 207-210]

3.16

问：为什么如下的代码不对？

```
int a = 1000, b = 1000;
long int c = a * b;
```

答：根据C的整型提升规则，乘法是用int进行的，而其结果可能会在提升或赋给左边的long int型之前溢出或被截短。可以使用显式的类型转换，强迫乘法以long型进行：

```
long int c = (long int)a * b;
```

　　另一种等价的方法是：

```
long int c = (long int)a * (long int)b;
```

　　注意，(long int)(a*b)不能达到需要的效果。这种形式的显式类型转换（即对乘法的结果进行转换）与对左边的long int赋值时的隐式类型转换等价。而后者本来也会发生。跟隐式转换一样，这个转换太迟了，破坏已经发生了。

参考资料：[18, Sec. 2.7 p. 41]

　　　　　[19, Sec. 2.7 p. 44]

　　　　　[35, Sec. 3.2.1.5]

　　　　　[8, Sec. 6.2.1.5]

　　　　　[11, Sec. 6.3.4 p. 176]

　　　　　[22, Sec. 3.9 pp. 49-50]

3.17

问：为什么下面的代码总是给出0？

```
double degC, degF;
degC = 5.0 / 9 * (degF - 32);
```

3

答： 如果二元操作符的两个操作数都是整数，则C语言进行整数运算，这与表达式的其余部分的类型无关。在这个例子中，整数操作是截断除法，结果是5 / 9 = 0。（但是，应该注意，子表达式的求值类型问题并不仅限于除法，也不仅仅限于int型。）如果将其中一个操作数转换为float型或double型，或者使用浮点常数，则这个操作就会如你所愿：

```
degC = (double)5 / 9 * (degF - 32);
```

或

```
degC = 5.0 / 9 * (degF - 32);
```

注意，类型转换必须作用在一个操作数上，对计算结果进行转换（如(double)(5/9) * (degF - 32)）没有帮助。参见问题3.16。

参考资料：[18, Sec. 1.2 p. 10, Sec. 2.7 p. 41]
　　　　　[19, Sec. 1.2 p.10, Sec. 2.7 p. 44]
　　　　　[35, Sec. 3.2.1.5]
　　　　　[8, Sec. 6.2.1.5]
　　　　　[11, Sec. 6.3.4 p. 176]

3.18

问： 需要根据条件把一个复杂的表达式赋给两个变量中的一个。可以用下面这样的代码吗？

```
((condition) ? a : b) = complicated_expression;
```

答： 不能。?:操作符跟多数操作符一样，可以生成一个值，而不能被赋值。换言之，?:不能生成一个"左值"（lvalue）。如果真的需要，可以试试下面这样的代码：

```
*((condition) ? &a : &b) = complicated_expression;
```

（尽管这毫无优雅可言。）

参考资料：[35, Sec. 3.3.15, esp.footnote 50]
　　　　　[8, Sec. 6.3.15]
　　　　　[11, Sec. 7.1 pp. 179-180]

3.19

问： 我有些代码包含这样的表达式。

```
a ? b = c : d
```

有些编译器可以接受，有些却不能。为什么？

答： 在C语言原来的定义中，=的优先级是低于?:的，因此早期的编译器倾向于这样解释这个表达式：

```
(a ? b) = (c : d)
```

然而，因为这样没什么意义，后来的编译器都接受了这种表达式，并用这样的方式解释（就像里面暗含了一对括号）：

```
a ? (b = c) : d
```

这里，=号的左操作数只是b，而不是非法的a ? b。实际上ANSI/ISO C标准中指定的语法就要求这样的解释。（标准中关于这个的语法不是基于优先级的，且指出了在?和:符号之间可以出现任何表达式）。

问题中这样的表达式可以毫无问题地被ANSI编译器接收。如果需要在较老的编译器上编译，总可以增加一对内部括号。

参考资料：[18, Sec. 2.12 p. 49]
[35, Sec. 3.3.15]
[8, Sec. 6.3.15]
[14, Sec. 3.3.15]

保护规则

"在不同类型间提升操作数的相对简单的处理规则"在ANSI/ISO C中有了一些轻微的改变。这些问题讨论了这些改变。

3.20

问： "semantics of ' > ' change in ANSI C"的警告是什么意思？

答： 这是某些（可能过分热心的）编译器提出的警告，指出有些代码在ANSI C的"值保护"规则下得到的结果可能跟老的"无符号保护"规则下得到的结果不同。

这条警告的措辞令人困惑，因为改变的实际上并不是>操作符的语义（事实上，几乎所有的C操作符都可能出现在这条警告信息中），而是当两个不同的类型出现在二元操作符的两侧或者对短的整数类型进行提升时总是发生的隐式类型转换语义。

（如果你觉得在表达式中没有使用任何无符号值，那么罪魁祸首很可能就是strlen。在标准C中strlen返回size_t。而这正是一个无符号类型。）

参见问题3.21。

3.21

问： "无符号保护"和"值保护"规则的区别在哪里？

答： 这些规则涉及无符号类型提升到"大"类型时的行为。是要提升为一个较大的有符号还是无符号类型？（提示，这取决于较大类型是否真的较大。）

在"无符号保护"（也称为"符号保护"）规则下，提升的类型总是无符号的。这个规则的优点是简单明了，但是结果可能会出人意料（参见下面的第一个例子）。

在"值保护"规则下，转换取决于原来类型和提升类型的实际大小。如果提升类型的确较大——就是说它可以用有符号值表达原来类型的所有无符号值——则提升后的类型为有符号类型。如果这两种类型的大小实际上是一样的，则提升后的类型为无符号型（如同无符号保护规则）。

由于使用了类型的实际大小来做决定，其结果在不同的机器上可能不一样。某些机器上short int比int小，而在另一些机器上它们的大小可能是一样。某些机器上int比long int小，而在另一些机器上它们的大小可能也是一样的。

在实际使用中，当二元操作符的一个操作数是（或者提升到）int而另一个操作数可能（根据提升规则）是int或unsigned int型时，无符号和值保护规则的区别最大。如果一个操作数是unsigned int，而另一个会被转换为这个类型——如果其值为负的话，这一定会导致不可预料的结果（参见下边的第一个例子）。建立ANSI C标准的时候，为了减少这种出乎意料的结果而选择了值保护规则。（另一方面，值保护规则也减少了可预测的情况，因为可移植的程序不能依赖某种机器上特定类型的大小。）

这个假想的例子显示了无符号保护规则下可能出现的意外：

```
unsigned short us = 10;
int i = -5;
if(i > us)
    printf("whoops!\n");
```

重要之处在于表达式i > us如何求值。在无符号保护规则（以及在短整型和普通整型一样大的机器上的值保护规则）下us会被提升为unsigned int。通常的整型提升规则表明，如果unsigned int和int出现在二元操作符两侧，则两个操作数都会转换成unsigned int。因此i也被转成unsigned int了。i的原值−5被转换成了一个很大的无符号值（在16位机器上是65 531）。这个值比10大，因此这段代码会打印出"whoops"。

在值保护规则下，如果机器的普通整型比短整型大，则us会被转换成普通整型（从而保留它的值10），而i则仍然是普通的整型。这样，表达式不为真，也不会打印出任何内容。（要弄明白为什么只有当有符号类型比较大的时候才能保护值，请记住像40 000这样的值只能用一个16位的无符号整数表示，而不能用一个有符号整数表示。）

可是，值保护规则也不能防止所有的意外。在短整型和普通整型一样大的机器上，上边的代码依然会打印出"whoops"来。而且值保护规则还会引入它自己的另外一些意外——考虑下边的代码：

```
unsigned char uc = 0x80;
unsigned long ul = 0;
ul |= uc << 8;
printf("0x%lx\n", ul);
```

uc在向左移位之前会被提升。在无符号保护规则下，它会被提升为unsigned int型，代码因此会如愿打印出0x8000。然而，在值保护规则下，uc会被提升为signed int（只要int比char大，这总是成立的）。中间结果uc << 8会遇到unsigned long型的ul。有符号的中间结果也需要提升。如果int型比long型小，则中间结果会进行带符号提升，在32位机上，它会变成0xffff8000。在这样的机器上，上述代码会打印出0xffff8000，这恐怕不是原来所希望的结果。（如果机器的int和long型大小一致，则在任何一种规则下，上述代码都

会打印出0x8000来。)

要避免意外（无论哪种规则下的，或是因为规则的意外修改导致的），最好的办法是避免在同一个表达式中混用有符号和无符号的变量，尽管如第二个例子所示，这个规则不是在任何时候都足够有效。但任何时候，总可以用显式的类型转换来明确无误地表达所希望的转换的地方和方式。问题12.45和16.8中有相关的例子。（有些编译器，如果探测到有歧义的类型转换或者在无符号保护规则下会产生不一样行为的表达式，就会发出警告信息。但有的时候，这些警告显得太多了。参见问题3.20。）

参考资料：[19, Sec. 2.7 p. 44, Sec. A6.5 p.198, Appendix C p. 260]

[35, Sec. 3.2.1.1, Sec. 3.2.1.2, Sec. 3.2.1.5]

[8, Sec. 6.2.1.1, Sec. 6.2.1.2, Sec. 6.2.1.5]

[14, Sec. 3.2.1.1]

[11, Secs. 6.3.3, 6.3.4 pp. 174-177]

第 4 章

指　针

指针毫无疑问是C语言最强大和最流行的功能之一，但它也成了很多初学者的梦魇。当指针指向不应该指向的位置时，后患无穷。（实际上，很多与指针相关的问题与内存分配的关系更为密切。参见第7章。）

基本的指针应用

4.1

问：指针到底有什么好处？

答：它的好处太多了，比如：

- ❏ 动态分配的数组（参见问题6.14和6.16）；
- ❏ 对多个相似变量的一般访问；
- ❏ （模拟）按引用传递函数参数（参见问题4.8和20.1）；
- ❏ 各种动态分配的数据结构，尤其是树和链表；
- ❏ 遍历数组（例如，解析字符串）；
- ❏ 高效地、按引用"复制"数组和结构，特别是作为函数参数的时候。

（请注意，这并非一个完整的列表！）

4.2

问：我想声明一个指针并为它分配一些空间，但却不行。下面的代码有什么问题呢？

```
char *p;
*p = malloc(10);
```

答：你声明的指针是p，而不是*p，当操作指针本身时（例如当你对其赋值，使之指向别处时），只需要使用指针的名字即可：

```
p = malloc(10);
```

当操作指针所指向的内存时，才需要使用*作为间接操作符：

```
*p = 'H';
```

然而，如果像下边这样在局部变量的声明中使用malloc调用作为初始式：

```
char *p = malloc(10);
```

则很容易会犯下问题中的错误。

在把一个初始化的指针声明分成一个声明和一个后续赋值的时候，要记得去掉 * 号。

总之，在表达式中，p 是指针，*p 是它指向的内容（在这个例子中是一个 char）。参见问题 1.21、7.1、7.5 和 8.3。

参考资料：[22, Sec. 3.1 p. 28]

4.3

问：*p++ 自增 p 还是 p 所指向的变量？

答：后缀 ++ 和 -- 操作符本质上比前缀一元操作符的优先级高，因此 *p++ 和 *(p++) 等价，它自增 p 并返回 p 自增之前所指向的值。要自增 p 指向的值，则使用 (*p)++，如果副作用的顺序无关紧要也可以使用 ++*p。

参考资料：[18, Sec. 5.1 p. 91]
　　　　　[19, Sec. 5.1 p. 95]
　　　　　[8, Sec. 6.3.2, Sec. 6.3.3]
　　　　　[11, Sec. 7.4.4 pp. 192-193, Sec. 7.5 p. 193, Secs. 7.5.7, 7.5.8 pp. 199-200]

指针操作

4.4

问：我用指针操作 int 数组的时候遇到了麻烦。下边的代码有什么问题？

```
int array[5], i, *ip;
for(i = 0; i < 5; i++) array[i] = i;
ip = array;
printf("%d\n", *(ip + 3 * sizeof(int)));
```

我以为最后一行会打印出 3，但它打印了一堆垃圾信息。

答：你做了一些无用功。C 语言中的指针算术总是自动地采纳它所指向的对象的大小。你所需要的就是：

```
printf("%d\n", *(ip + 3));  /*or ip[3]-----See Q 6.3*/
```

这就可以打印出数组的第三个元素。在类似的代码中，你无需考虑按指针指向的元素的大小进行计算。如果你那样计算，会不经意地访问并不存在的数组元素。（根据你的机器上 sizeof(int) 的大小，也许是 array[6]，也许是 array[12]。）

参考资料：[18, Sec. 5.3 p. 94]
　　　　　[19, Sec. 5.4, p. 103]
　　　　　[35, Sec. 3.3.6]
　　　　　[8, Sec. 6.3.6]
　　　　　[11, Sec. 7.6.2 p. 204]

4.5

问：我有一个char *型指针碰巧指向一些int型变量，我想跳过它们。为什么((int *)p)++;这样的代码不行？

答：在C语言中，类型转换操作符并不意味着"把这些二进制位看作另一种类型，并作相应的处理"。这是一个转换操作符，根据定义它只能生成一个右值（rvalue)。而右值既不能赋值，也不能用++自增。（如果编译器接受这样的表达式，那要么是一个错误，要么是有意作出的非标准扩展。）要达到你的目的可以用：

```
p = (char *)((int *)p + 1);
```

或者，因为p是char*型，直接用

```
p += sizeof(int);
```

要想真正明白无误，你得用

```
int *ip = (int *)p;
p = (char *)(ip + 1);
```

但是，可能的话，你还是应该一开始就选择适当的指针类型，而不是一味地试图李代桃僵。

参考资料：[19, Sec. A7.5 p. 205]

[35, Sec. 3.3.4 esp. footnote 44]

[8, Sec. 6.3.4]

[14, Sec. 3.3.2.4]

[11, Sec. 7.1 pp. 179-180]

4.6

问：为什么不能对void *指针进行算术操作？

答：参见问题11.26。

4.7

问：我有些解析外部结构的代码，但是它却崩溃了，显示出了"unaligned access"（未对齐的访问）的信息。这是什么意思？

答：参见问题16.8。

作为函数参数的指针

4.8

问：我有个函数，它应该接受并初始化一个指针：

```
void f(int *ip)
{
    static int dummy = 5;
    ip = &dummy;
}
```

但是当我如下调用时：

```
int *ip;
f(ip);
```

调用者的指针没有任何变化。

答：你确定函数初始化的是你希望它初始化的东西吗？请记住在C语言中，参数是通过值传递的。
上述代码中被调函数仅仅修改了传入的指针副本。为了达到期望的效果，你需要传入指针的
地址（函数变成接受指向指针的指针）：

```
void f(ipp)
int **ipp;
{
    static int dummy = 5;
    *ipp = &dummy;
}

...

int *ip;
f(&ip);
```

这里，实际上在模拟通过引用传递参数。另一种方法是让函数返回指针：

```
int *f()
{
    static int dummy = 5;
    return &dummy;
}

...

int *ip = f();
```

参见问题4.9和4.11。

4.9

问：能否像下边这样用void **通用指针作为参数，使函数模拟按引用传递参数？

```
void f(void **);
double *dp;
f((void **)&dp);
```

答：不可移植。这样的代码可能有效，而且有时鼓励这样用，但是它依赖一种假设——所有指针
的内部表示都是一样的（这很常见但并不一定如此。参见问题5.17。）

　　C语言中没有通用的指针类型。void *可以用作通用指针只是因为当它和其他类型相
互赋值的时候，如果需要，它可以自动转换成其他类型。但是，如果试图这样转换所指类型
为void *之外的类型的void **指针时，就不会自动转换了。当你使用void **指针的时

候（例如，使用*操作符访问void **指针所指的void *值的时候），编译器无从知道void *值是否是从其他类型的指针转换而来的。从而，编译器只能认为它仅仅是个void *指针，不能对它进行任何隐式的转换。

换言之，你使用的任何void **值必须的确是某个位置的void *值的地址。(void **)&dp 这样的类型转换虽然可以让编译器接受，但却不能移植，而且也可能不会达到你想要的目的。参见问题13.9。如果void **指针指向的值不是void *类型，而且它的大小或内部表示和void *也不相同，则编译器就不能正确地访问它。

要使上边的代码正确工作，你需要使用一个中间void *变量：

```
double *dp;
void *vp = dp;
f(&vp);
dp = vp;
```

对/从vp的赋值使编译器有机会在需要的时候进行适当的类型转换。

目前，我们的讨论假设的是不同类型的指针可能具有不同的大小和内部表示。这种情况现在已经很少见到，但也并非完全没有。为了进一步弄清void **的问题，让我们看一个类似的情形，比如类型int和double。它们可能大小不一样，而且肯定内部表示也不一样。假如有这样的函数：

```
void incme(double *p)
{
    *p += 1;
}
```

可以这样做：

```
int i = 1;
double d = i;
incme(&d);
i = d;
```

很明显，i增加了1。（这跟使用辅助变量vp的void **指针的正确代码类似。）但是，假如想这样：

```
int i = 1;
incme((double*)&I);  /*WRONG*/
```

跟问题中的代码类似，这段代码肯定不会正确运行。

4.10

问：我有一个函数extern intf(int *);，它接受指向int型的指针。我怎样用引用方式传入一个常量？调用f(&5);似乎不行。

答：在C99中，你可以使用"复合字面量"：

```
f((int[]){5});
```

在C99之前，你不能直接这样做，必须先定义一个临时变量，然后把它的地址传给函数：

```
int five = 5;
f(&five);
```

在C语言中，接受指针而不是值的函数可能往往希望修改指针指向的值，因此传入一个常数指针可能不是一个好主意。事实上，如果f被定义成接受int *，则向它传入const int的指针的时候需要诊断。（如果函数能够保证不修改传入指针指向的值，则它可以定义成接受const int *参数。）参见问题2.11、4.8和20.1。

4.11

问：C语言可以"按引用传参"吗？

答：真的没有。严格地讲，C语言总是按值传参。你可以自己模拟按引用传参，定义接受指针的函数，然后在调用时使用&操作符。事实上，当你向函数传入数组（传入指针的情况参见问题6.4及其他相关问题）时，编译器本质上就是在模拟按引用传参。但是C没有任何真正等同于按引用传参或C++引用参数的东西。另一方面，类似函数的预处理宏可以提供一种"按名称传参"的形式。

参见问题4.8和20.1。

参考资料：[18, Sec. 1.8 pp. 24-25, Sec. 5.2 pp. 91-93]
　　　　　[19, Sec. 1.8 pp. 27-28, Sec. 5.2 pp. 95-97]
　　　　　[8, Sec. 6.3.2.2]
　　　　　[11, Sec. 9.5 pp. 273-274]。

其他指针问题

4.12

问：我看到了用指针调用函数的不同语法形式。到底怎么回事？

答：最初，函数指针必须用*操作符（和一对括号）"转换为"一个"真正的"函数才能调用：

```
int r, (*fp)(), func();
fp = func;
r = (*fp)();
```

最后一行的解释很明确：fp是一个函数的指针，因此*fp是个函数。在括号内加上函数参数列表（再在*fp外加上一对括号用于使运算的优先级正确），就完成了一个完整的函数调用。

而函数总是通过指针进行调用的，所有"真正的"函数名在表达式和初始化中，总是隐式地退化为指针。参见问题1.36。这个推论表明，无论fp是函数名还是函数的指针，r = fp();都是合法的且能正确工作。（这种用法没有任何歧义，使用函数指针后跟参数列表的方法，除了调用它所指的函数之外，别的什么也做不了。）使用显式的*号依然允许，而且为了保证在较老的编译器上的可移植性，这也是推荐的用法。

参见问题1.36。

参考资料：[18, Sec. 5.12 p. 116]
　　　　　[19, Sec. 5.11 p. 120]
　　　　　[8, Sec. 6.3.2.2]
　　　　　[14, Sec. 3.3.2.2]
　　　　　[11, Sec. 5.8 p. 147, Sec. 7.4.3 p. 190]

4.13

问： 通用指针类型是什么？当我把函数指针赋向void *类型的时候，编译通不过。

答： 没有什么"通用指针类型"。void *指针只能保存对象（也就是数据）指针。将函数指针转换为void *指针是不可移植的。（在某些机器上，函数指针可能很大——比任何数据指针都大。）

　　但是，可以确保的是，所有的函数指针类型都可以相互转换，只要在调用之前转回了正确的类型即可。因此，可以使用任何函数类型（通常是int (*)()或void (*)()，即未指明参数、返回int或void的函数）作为通用函数指针。如果你需要一个既能容纳对象指针又能容纳函数指针的地方，可移植的解决方案是使用包含void *指针和通用函数指针（任何类型都可以）的联合。

　　参见问题1.22和5.8。

参考资料：[35, Sec. 3.1.2.5, Sec. 3.2.2.3, Sec. 3.3.4]
　　　　　[8, Sec. 6.1.2.5, Sec. 6.2.23, Sec. 6.3.4]
　　　　　[14, Sec. 3.2.2.3]
　　　　　[11, Sec. 5.3.3 p. 123]

4.14

问： 怎样在整型和指针之间进行转换？能否暂时把整数放入指针变量中，或者相反？

答： 曾经有一段时间，可以确保能将指针转换为整数（尽管谁也不知道究竟是需要int还是long型），将整数转换为指针。同时可以确保指针在转换为（足够大的）整数及转换回来的时候值不会改变，而且转换（及任何映射）都不应该"让那些知道机器寻址结构的人感到惊奇"。换言之，有整数/指针转换的先例和支持，但这总是和机器相关的，因此不具可移植性。而且总是需要显式的类型转换（但是就算你忘了转换，早期的编译器也几乎不会报警。）

　　为了使C语言广泛地可实现，ANSI/ISO C标准削弱了这些早期的保证。指针到整数和整数到指针的转换变成了实现定义的（参见问题11.35），因此也就没有了指针和整数可以无需修改就相互转换的保证。

　　强制将指针转换为整数和将整数转换为指针从来都不是什么好的实践。当需要同时保存两种类型数据的存储结构的时候，使用联合是一个更好的办法。

参见问题5.18和19.30。

参考资料：[18, Sec. A14.4 p. 210]

[19, Sec. A6.6 p. 199]

[35, Sec. 3.3.4]

[8, Sec. 6.3.4]

[14, Sec. 3.3.4]

[11, Sec. 6.2.3 p. 170, Sec. 6.2.7 pp. 171-172]

*4.15

问：我怎样把一个int变量转换为char *型？我试了类型转换，但是不行。

答：这取决于你希望做什么。如果你的类型转换不成功，你可能是企图把整数转换为字符串，这种情况参见问题13.1。如果你试图把整数转换为字符，参见问题8.6。如果你试图让一个指针指向特定的内存地址，参见问题19.30。

第 5 章

空 指 针

5

对于每种指针类型，C语言都定义一个特殊的指针值，即空指针，它可以确保不会指向这种类型的任何一个对象或函数。（C语言中的空指针跟Pascal和LISP语言中的nil指针类似。）C程序员常常对空指针的正确使用和它们的内部表示（尽管内部表示跟多数程序员都没有关系）感到困惑。在源码中用来表示空指针的空指针常量使用整数0，且在很多机器上都在内部采用所有位都是0的字来表示空指针。但C语言不保证第二点。

由于有关空指针的疑惑如此之多，本章对其进行了很详尽的讨论。（问题5.13～5.17是对这些疑惑本身的回顾。）如果你有幸没有这里的许多误解或者觉得讨论太过琐碎，你可以直接跳到5.15，看看总结。

空指针和空指针常量

前面的3个问题讨论了C语言中空指针的基本含义。

5.1

问：臭名昭著的空指针到底是什么？

答：语言定义中说明，每一种指针类型都有一个特殊值——"空指针"——它与同类型的其他所有指针值都不相同，它"保证与任何对象或函数的指针值都不相等"。也就是说，空指针不会指向任何地方，它不是任何对象或函数的地址。取地址操作符&永远也不会返回空指针。同样对malloc的成功调用也不会返回空指针。（如果失败，malloc的确返回空指针，这是空指针的典型用法：表示"未分配"或者"尚未指向任何地方"的"特殊"指针值。）

空指针在概念上不同于未初始化的指针。空指针可以确保不指向任何对象或函数，而未初始化的指针则可能指向任何地方。参见问题1.31、7.1和7.35。

如上文所述，每种指针类型都有一个空指针，而不同类型的空指针的内部表示可能不尽相同。尽管程序员不必知道内部值，但编译器必须时刻明确需要哪种空指针，以便在需要的时候加以区分（参见问题5.2、5.5和5.6）。

参考资料： [18, Sec. 5.4 pp. 97-98]
           [19, Sec. 5.4 p. 102]
           [8, Sec. 6.2.2.3]
           [14, Sec. 3.2.2.3]
           [11, Sec. 5.3.2 pp. 121-123]

5.2

问： 怎样在程序里获得一个空指针？

答： 使用空指针常量。根据语言定义，在指针上下文中的"值为0的整型常量表达式"会在编译时转换为空指针。也就是说，在初始化、赋值或比较的时候，如果一边是变量或指针类型的表达式，编译器可以确定另一边的常数0为空指针并生成正确的空指针值。因此下边的代码段完全合法：

```
char *p = 0;
if(p != 0)
```

参见问题5.3。

然而，传入函数的参数不一定被当作指针上下文，因而编译器可能不能识别未加修饰的0"表示"空指针。在函数调用的上下文中生成空指针需要显式的类型转换，强制把0看作指针。例如，UNIX系统调用execl接受变长的、以空指针结束的字符指针参数列表。它应该如下正确调用：

```
execl("/bin/sh", "sh", "-c", "date", (char *)0);
```

如果省略最后一个参数的(char *)转换，则编译器无从知道这是一个空指针，从而当作一个整数0传入。（注意很多UNIX手册在这个例子上都弄错了。参见问题5.11。）

如果作用域内有函数原型，则参数传递变为"赋值上下文"，从而可以安全地省略很多类型转换，因为原型告知编译器需要指针以及需要的指针类型，使编译器可把未加修饰的0正确转换为适当的指针。函数原型不能为变长参数列表中的可变参数提供类型，因而使用可变参数的时候还是需要进行显式的类型转换（参见问题15.3）。在函数调用时对所有的空指针进行类型转换可能是防止可变参数和无原型函数出问题的最安全的办法。这样可以适应一些非ANSI的编译器的要求，同时表明你知道自己在做什么。（顺便提及，这个规则也比较容易记住。）

下边的总结表明了什么时候可以直接使用空指针常量，什么时候需要进行显式的类型转换：

可以使用未加修饰的0	需要显式的类型转换
初始化	函数调用，作用域内无原型
赋值	变参函数调用中的可变参数
比较	
固定参数的函数调用且在作用域内有原型	

参考资料：[18, Sec. A7.7 p. 190, Sec. A7.14 p. 192]

[19, Sec. A7.10 p. 207, Sec. A7.17 p. 209]

[8, Sec. 6.2.2.3]

[11, Sec. 4.6.3 p. 95, Sec. 6.2.7 p. 171]

5.3

问：用缩写的指针比较"if(p)"检查空指针是否有效？如果空指针的内部表达不是0会怎样？

答：这样做总是有效的。在C语言中计算表达式中的布尔值的时候（在if、while、for和do表达式中或者遇到&&、||、!和?:操作符的时候），如果表达式等于0则认为表达式为假，否则为真。换言之，只要写出

```
if(expr)
```

无论"expr"是任何表达式，编译器实际上都会把它当成

```
if((expr) != 0)
```

处理。

如果用指针p代替"expr"，则

```
if(p)
```

等价于

```
if(p != 0)
```

而这是一个比较上下文，因此编译器可以看出0实际上是一个空指针常量，并使用正确的空指针值。这里没有任何欺骗，编译器就是这样工作的，并为二者生成完全一样的代码。空指针的内部表达无关紧要。

对布尔求反操作符!可如下描述：

```
!expr
```

本质上等价于

```
(expr)?0:1
```

或者

```
((expr) == 0)
```

据此可以得出结论：

```
if(!p)
```

等价于

```
if(p == 0)
```

类似if(p)这样的"缩写"尽管完全合法，但却被一些人认为是不好的风格（另外一些人认为恰恰是好的风格。参见问题17.10）。

参见问题9.2。

参考资料：[19, Sec. A7.4.7 p. 204]

[8, Sec. 6.3.3.3, Sec. 6.3.9, Sec. 6.3.13, Sec. 6.3.14, Sec. 6.3.15, Sec. 6.6.4.1, Sec. 6.6.5]

[11, Sec. 5.3.2 p. 122]

NULL 宏

为了让程序中的空指针使用更加明确，特意定义了一个标准预处理宏NULL，其值为空指针常量。但是，多加的这层抽象有时候会带来多一层的困惑，尽管它的初衷是为了使事情更清楚。

5.4

问： NULL是什么，它是怎么定义的？

答： 作为一种风格，很多人不愿意在程序中到处出现未加修饰的0，其中一些代表数字，而另一些代表指针。因此定义了预处理宏NULL（在stdio.h和其他几个头文件中）为空指针常量，通常是0或者((void *)0)（参见问题5.6）。希望区分整数0和空指针0的人可以在需要空指针的地方使用NULL。

使用NULL只是一种风格习惯，预处理器把所有的NULL都还原回0，而编译还是依照上文的描述处理指针上下文的0。特别地，在函数调用的参数里，NULL之前（正如在0之前）的类型转换还是需要的。问题5.2下的表格对0和NULL都有效（未加修饰的NULL和未加修饰的0完全等价）。

NULL只能用作指针。参见问题5.9。

参考资料：[18, Sec. 5.4 pp. 97-98]

[19, Sec. 5.4 p. 102]

[8, Sec. 7.1.6, Sec. 6.2.2.3]

[14, Sec. 4.1.5]

[11, Sec. 5.3.2 p. 122, Sec. 11.1 p. 292]

5.5

问： 在使用非零位模式作为空指针的内部表示的机器上，NULL是如何定义的？

答： 跟其他机器一样：定义为0或(void *)0。参见问题5.4。

当程序员请求一个空指针时，无论写“0”还是“NULL”，编译器都会生成适合机器的空指针的位模式。（而且，编译器可以分辨出指针上下文中未加修饰的0表示需要空指针。参见问题5.12。）因此，在空指针的内部表示不为0的机器上定义NULL为0跟在其他机器上一样合法：编译器在指针上下文看到的未加修饰的0都会被生成正确的空指针。常数0是空指针常量，NULL仅仅是它一个方便的名称。参见问题5.13。

C语言标准的4.1.5节声称NULL“会被扩展为实现定义的空指针常量”，这意味着实现会选择使用哪种形式的0并决定是否使用void *强制转换。参见问题5.6和5.7。此处的“实现定义"并不意味着NULL会被定义成实现特有的非零的内部空指针值。

　　　参见问题5.2、5.10和5.17。

参考资料：[35, Sec. 4.1.5]

　　　　　[8, Sec. 7.1.6]

　　　　　[14, Sec. 4.1.5]

5.6

问：如果NULL定义成`#define NULL ((char *)0)`，不就可以向函数传入不加转换的NULL了吗？

答：一般情况下不行。复杂之处在于，有的机器为不同类型数据的指针使用不同的内部表示。这样的NULL定义对于接受字符指针的的函数没有问题，但对于其他类型的指针参数仍然需要进行显式的类型转换。而且，本来合法的构造（如`FILE *fp = NULL;`）可能会失败。

　　　不过，**ANSI C允许NULL选择这样的定义**[①]：

```
#define NULL ((void *)0)
```

　　　除了有可能帮助有错误的程序运行（仅限于使用同样类型指针的机器，因此帮助有限）以外，这样的定义还可以发现错误使用NULL的程序（例如，在实际需要使用ASCII NUL字符的地方，参见问题5.9）。参见问题5.7。

　　　习惯于现代的、"平面"内存架构的程序员很难理解"不同类型的指针"这样的概念。问题5.17中有相关的例子。

参考资料：[14, Sec. 4.1.5]

5.7

问：我的编译器提供的头文件中定义的NULL为0L。为什么？

答：有些程序粗心大意地在非指针上下文中不经类型转换就直接使用NULL宏，试图生成空指针。（这样做不一定能工作，参见问题5.2和5.11。）在指针比整型大的机器上（例如处于"large"模式的PC兼容机上。参见问题5.17）使用0L这样特殊的NULL定义能使这些错误的程序工作。（0L是个绝对合法的NULL定义，它是"一个值为0的整型常量表达式"。）让错误的程序运行是否明智是件有争议的事情。参见问题5.6和第17章。

参考资料：[14, Sec. 4.1.5]

　　　　　[11, Sec. 5.3.2 pp. 121-122]

5.8

问：NULL可以合法地用作函数指针吗？

答：是的。（参见问题4.13。）

---

① 因为`void *`指针的特殊赋值属性，当NULL定义为`((void *)0)`时，初始化`FILE *fp = NULL;`是合法的。

参考资料：[35, Sec. 3.2.2.3]

[8, Sec. 6.2.2.3]

5.9

问： 如果NULL和0作为空指针常量是等价的，那我到底该用哪一个呢？

答： 许多程序员认为在所有的指针上下文中都应该使用NULL，以表明该值应该被看作指针。另一些人则认为用一个宏来定义0，只不过把事情搞得更复杂，反而令人困惑，因而倾向于使用未加修饰的0。没有正确答案。（参见问题9.2和17.10）C程序员应该明白，在指针上下文中NULL和0是完全等价的，而未加修饰的0也完全可以接受。任何使用NULL（跟0相对）的地方都应该看作一种温和的提示：是在使用指针，程序员（和编译器都）不能依靠它来区别指针0和整数0。

在需要其他类型的0的时候，即便它可能工作也不能使用NULL，因为这样做发出了错误的格式信息。（而且，ANSI允许把NULL定义为((void *)0)，这在非指针的上下文中将不能工作。特别是，不能在需要ASCII空字符（NUL）的地方用NULL。如果有必要，提供你自己的定义：

```
#define NUL '\0'
```

参考资料：[18, Sec. 5.4 pp. 97-98]

[19, Sec. 5.4 p. 102]

5.10

问： 但是如果NULL的值改变了，比如在使用非零内部空指针的机器上，用NULL（而不是0）不是更好吗？

答： 不。（用NULL可能更好，但不是这个原因。）尽管符号常量经常代替数字使用以备数字的改变，但这不是用NULL代替0的原因。C语言本身确保了源码中的0（用于指针上下文）会生成空指针。NULL只是用作一种格式习惯。参见问题5.5和9.2。

5.11

问： 我曾经使用过一个编译器，不使用NULL就不能编译。

答： 如果不是编译的程序不可移植，就可能是编译器坏了。可能代码中使用了类似问题5.2中错误例子的东西：

```
execl("/bin/sh", "sh", "-c", "date", NULL); /* WRONG */
```

如果编译器把NULL定义为((void *)0)（参见问题5.6），则这个代码可以编译[①]。可是，

---

① 在NULL的伪装下，使用(void *)0而不是(char *)0碰巧可以仅仅是因为可以保证void *和char *指针的相互转换。

如果指针和整数的大小或表示不一样，则下边（同样错误）的代码可能就不行了：

```
execl("/bin/sh", "sh", "-c", "date", 0); / *WRONG* /
```

可移植的代码需要使用显式的类型转换：

```
execl("/bin/sh", "sh", "-c", "date", (char *)NULL);
```

使用这样的类型转换以后，无论机器的整数和指针表示是否相同，也无论编译器选择哪种形式的NULL定义，这个代码总能正确工作。（问题5.2中使用0代替NULL的代码片段，同样是正确的。参见问题5.9。

5.12

问：我用预处理宏#define Nullptr(type)(type *)0帮助创建正确类型的空指针。

答：这种技巧，尽管很流行而且表面上看起来很有吸引力，但却没有多少意义。在赋值和比较时并不需要它，参见问题5.2。它甚至都不能节省键盘输入。使用这个东西往往表明程序的作者对空指针的问题并不十分清楚，可能需要对这个宏的定义、调用和其他所有的指针使用仔细检查一下。参见问题9.1和10.2。

回顾

在有些圈子中，对空指针的误解十分普遍。这5个问题探讨了部分原因。

5.13

问：这有点奇怪：NULL可以确保是0，但空（null）指针却不一定？

答：随便使用术语"null"或"NULL"时，可能意味着以下一种或几种含义。

(1) 概念上的空指针，问题5.1定义的抽象语言概念。它是使用以下的东西实现的……

(2) 空指针的内部（或运行时）表示形式，这可能并不是全零，而且对不同的指针类型可能不一样。真正的值只有编译器开发者才关心。C程序的作者永远看不到它们，因为他们使用……

(3) 空指针常量，这是一个常整数0[①]（参见问题5.2）。它通常隐藏在……

(4) NULL宏后边，它被定义为0（参见问题5.4）。最后转移我们的注意力到……

(5) ASCII空字符（NUL），它的确是全零，但它和空指针除了在名称上相似以外，没有任何必然关系。而……

(6) "空串"（null string），它是内容为空的字符串（""）。在C中使用空串这个术语可能令人困惑，因为空串包括空字符（'\0'），但不包括空指针，这让我们绕了一大圈……

换言之，正如White Knight在*Through the Looking-Glass*（透过镜子）中描述他的歌一样，空指针的名称是"0"，但空指针的名称却被叫做"NULL"（而我们并不知道空指针到底是什么）。

本文用词语"空指针"（"null pointer"，小写）表示第一种含义，字符"0"或词语"空

① 更准确地讲，空指针常量是一个值为0的整型常量表达式，可能被转换成了void *类型。

指针常量"表示第三种含义，用大写NULL表示第四种含义。①

参考资料：[11, Sec. 1.3 p. 325]
　　　　　[5, Chapter VIII]

5.14

问：为什么有那么多关于空指针的疑惑？为什么这些问题如此频繁地出现？

答：C程序员传统上喜欢知道很多（可能比他们需要知道的还要多）关于机器实现的细节。空指针在源码和大多数机器实现中都用零来表示的事实导致了很多无根据的猜测。而预处理宏（NULL）的使用又似乎在暗示这个值可能会在某个时刻或者在某种怪异的机器上改变。"if(p == 0)"这种结构又很容易被误认为在比较之前把p转成了整数类型，而不是把0转成了指针类型。最后，术语"空"的几种用法（如上文问题5.13所列出的）之间的区别又可能被忽视。

冲出这些迷惘的一个好办法，是想象C使用一个关键字（或许像Pascal那样，用"nil"）作为空指针常量。编译器要么在源代码没有歧义的时候把"nil"转成适当类型的空指针，要么在有歧义的时候发出提示。现在，事实上C语言的空指针常量关键字不是"nil"而是"0"，这在多数情况下都能正常工作，除了一个未加修饰的"0"用在非指针上下文的时候，编译器把它生成整数0而不是发出错误信息。如果那个未加修饰的0应该是空指针常量，那么生成的程序可能不能工作。

5.15

问：有没有什么简单点儿的办法理解所有这些与空指针有关的东西呢？

答：有两条简单规则你必须遵循：
　　　　(1) 当在源码中需要空指针常量时，用"0"或"NULL"；
　　　　(2) 如果在函数调用中"0"或"NULL"用作参数，把它转换成被调函数需要的指针类型。
　　　　本章的其他内容是关于其他人的误解、空指针的内部表示（这你无需了解）和函数原型的复杂性的。（考虑到这些复杂性，我们发现规则（2）有些保守，但它没什么害处。）理解问题5.1、5.2和5.4，考虑问题5.3、5.9、5.13和5.14，你就会变得清晰。

5.16

问：考虑到有关空指针的所有这些困惑，要求它们的内部表示都必须为0不是更简单吗？

答：某些实现很自然地用特殊的非零值表示空指针，尤其是当它可以用这样的特殊值来触发自动的硬件陷阱的时候。强制要求用0来表示空指针——从而阻止它们用特殊的非全零值表示空指针——会成为一种不幸的倒退，因为捕捉到导致非法访问的错误毕竟是一件好事。

---

① 非常严格地讲，作为名词的"空"只表示第五种含义，而"NULL"仅表示第四种含义；其他情况下的"空"都是形容词，正如在（不相关的）"空语句"中一样。这都是公认的精雕细琢。

另外，这样的要求真正能完成什么呢？对空指针的正确理解不需要内部表示的知识，无论是零还是非零。假设空指针内部表示为零并不会使任何代码的编写更容易（除了一些不动脑筋的`calloc`调用，参见问题7.35）。用零作空指针的内部表示也不能消除在函数调用时的类型转换，因为指针的大小可能和`int`型的大小依然不同。（如果像问题5.14所述，用"nil"来请求空指针，则用0作空指针的内部表达的想法都不会出现。）

5.17

问：说真的，真有机器用非零空指针吗，或者不同类型用不同的表示？

答：至少PL/I、Prime50系列用段07777、偏移量0作为空指针。后来的型号使用段0、偏移量0作为C的空指针，迫使类似TCNP（Test C Null Pointer，测试C空指针）的新指令明显成了现成的、作出错误猜想的蹩脚C代码。按字寻址的旧Prime机器同样因为要求字节指针（`char *`）比字指针（`int *`）更长而声名狼藉。

Data General的Eclipse MV系列支持3种结构的指针格式（字、字节和位指针），C编译器使用了其中两种：`char *`和`void *`使用字节指针，而其他的使用字指针。

某些Honeywell-Bull大型机使用位模式06000作为（内部的）空指针。

CDC Cyber 180系列使用包含环（ring）、段和偏移量的48位指针。多数用户（在环11上）使用的空指针为0xB00000000000。在旧的1次补码的CDC机器上用全1表示各种数据的特殊标志（包括非法地址）是十分常见的事情。

旧的HP 3000系列对字节地址和字地址使用不同的寻址模式。正如上面的机器一样，因此它也使用不同的形式表达`char *`和`void *`型指针及其他指针。

Symbolics Lisp机器是一种标签结构，它甚至没有传统的数值指针。它使用<NIL,0>对（通常是不存在的<对象，偏移>句柄）作为C空指针。

根据使用的"内存模式"，8086系列处理器（PC兼容机）可能使用16位的数据指针和32位的函数指针，或者相反。

一些64位的Cray机器在一个字的低48位表示`int *`，`char *`使用高16位的某些位表示一个字节在一个字中的地址。

参考资料：[18, Sec. A14.4 p. 211]

地址 0 上到底有什么？

不能将空指针看作指向地址0的指针。但是如果你访问地址0（无论有意还是无意），就需要考虑空指针的影响了。

5.18

问：运行时的整数值0转换为指针以后一定是空指针吗？

答：不。只有常量整型表达式0才能保证表示空指针。参见问题4.14、5.2和5.19。

5.19

问：如何访问位于机器地址0处的中断向量？如果我将指针值设为0，编译器可能会自动将它转换为非零的空指针内部表示。

答：因为，不管位置0上有什么内容都是跟机器相关的，你可以自由地使用机器提供的任何技巧访问这个位置。阅读你的厂商文档（和第19章）。如果访问地址0真的有意义，很可能系统会被设置成能相当方便地访问它。以下是某些可能的方法。

  ❑ 简单地给指针赋0值。（这种方法不一定有效，但如果它有意义，则有可能有效。）
  ❑ 将整数0赋给一个int型变量，然后将int变量转换为指针。（这样也不一定有效，但也可能有效。）
  ❑ 用一个联合将指针值的位都置为0：

```
union {
    int *u_p;
    int u_i;    /* assumes sizeof(int) >= sizeof(int *) */
} p;
p.u_i = 0;
```

  ❑ 使用memset将指针变量的所有位都置为0：

```
memset((void *)&p, 0, sizeof(p));
```

  ❑ 声明一个外部变量或数组：

```
extern int location0;
```

然后用汇编语言或特殊的连接器调用使这个符号指向（即把这个变量放在）地址0。
参见问题4.14和问题19.30。

参考资料：[18, Sec. A14.4 p. 210]
[19, Sec. A6.6 p. 199]
[35, Sec. 3.3.4]
[8, Sec. 6.3.4]
[14, Sec. 3.3.4]
[11, Sec. 6.2.7 pp. 171-172]

5.20

问：运行时的"null pointer assignment"错误是什么意思？应该怎样捕捉它？

答：这个信息通常由MS-DOS编译器（因此参见第19章）发出，表明你通过空指针向地址0（可能是指针未初始化）写入了数据。参见问题16.9。

调试器可能允许你在地址0设置数据断点或观察点或其他东西。或者，你也可以写一段代码复制出从地址0开始的20个字节左右的内容，然后定期检查其内容是否改变。

第6章

数组和指针

数组和指针的统一性是C语言的长处之一。用指针可以很方便地访问数组和模拟动态分配的数组。然而，由于数组和指针的所谓等价性非常接近，甚至程序员有时忽视了二者之间的其他重要区别，盲目地认为它们完全相同或者想当然地臆造出各种荒谬的相似性和共同点。

正如问题6.3所述，多数的数组引用都会退化为数组第一个元素的指针，这是C语言中数组和指针"等价"的基础。因此，数组在C语言中是个"二等公民"：你永远也不能作为一个整体操作数组（例如，复制或将它们传入函数），因为一旦你提到数组的名字，你所得到的就是一个指针而不是整个数组了。因为数组退化为指针，数组的下标操作符[]总能通过对指针的操作顺次找到自己。事实上，下标表达式a[i]就是按照等价的指针表达式*((a)+(i))定义的。

本章的部分内容（尤其是"回顾"部分的问题6.8到6.10）可能看起来有些多余，但人们对数组和指针有诸多困惑，而这一章希望尽其所能把相关的问题都搞清楚。如果你对这些重复的话题感到厌烦，直接跳过即可。但如果你还弄不清楚，就要读个明白。

数组和指针的基本关系

6.1

问：我在一个源文件中定义了char a[6]，在另一个源文件中声明了extern char *a。为什么不行？

答：你在一个源文件中定义了一个字符串，而在另一个文件中定义了指向字符的指针。Extern char *的声明不能和真正的定义匹配。类型T的指针和类型T的数组并非同种类型。请使用extern char a[]。

参考资料：[35, Sec. 3.5.4.2]

[8, Sec. 6.5.4.2]

[22, Sec. 3.3 pp. 33-34, Sec. 4.5 pp. 64-65]

6.2

问：可是我听说char a[]和char *a是等价的。是这样的吗？

答： 完全不是。（你所听说的应该跟函数的形参有关，参见问题6.4）数组不是指针。数组定义char
a[6]请求预留6个字符的位置，并用名称a表示。也就是说，有一个称为"a"的位置，可以放
入6个字符。而指针声明char*p请求一个位置放置一个指针，用名称"p"表示。这个指针几
乎可以指向任何位置：任何字符或任何连续的字符，或者哪里也不指① （参见问题5.1和1.31）。

　　一个图形胜过千言万语。声明

```
char a[] = "hello";
char *p = "world";
```

将会初始化下图所示的数据结果：

　　根据x是数组还是指针，像x[3]这样的引用会生成不同的代码。认识到这一点大有裨益。
以上面的声明为例，当编译器看到表达式a[3]的时候，它生成的代码从a的位置开始跳过3个，
然后取出那个字符。如果它看到p[3]，它生成的代码找到p的位置，取出其中的指针值，在指
针上加3然后取出指向的字符。换言之，a[3]是名为a的对象（的起始位置）之后3个位置的值，
而p[3]是p指向的对象的3个位置之后的值。在上例中，a[3]和p[3]碰巧都是字符'l'，但是编
译器到达那里的途径不尽相同。本质的区别在于类似a的数组和类似p的指针一旦在表达式中出
现就会按照不同的方法计算，不论它们是否有下标。下一问题继续深入解释。参见问题1.34。

　　参考资料：　[19, Sec. 5.5 p. 104]
　　　　　　　　[22, Sec. 4.5 pp. 64-65]

6.3

问： 那么，在C语言中"指针和数组等价"到底是什么意思？

答： 在C语言中对数组和指针的困惑多数都来自这句话。说数组和指针"等价"不表示它们相同，
甚至也不能互换。它的意思是说数组和指针的算法定义使得可以用指针方便地访问数组或者
模拟数组。换言之，正如Wayne Throop指出的，"在C语言中只是指针算术和数组下标运算等
价，指针和数组是不同的。"

　　特别地，等价的基础来自这个关键定义：

　　一个T数组类型的对象如果出现在表达式中会退化为一个指向数组第一个元素的指针
（有3种例外情况），指针的类型是指向T的指针。

　　这就是说，一旦数组出现在表达式中，编译器会隐式地生成一个指向数组第一个元素的
指针，就像程序员写出了&a[0]一样。当数组作为sizeof或&操作符的操作数，或者作为字
符数组的字符串初始值的时候例外。

---

① 对"任何位置"和"哪里也不"的理解不能太教条。一个指针必须指向正确分配的内存才有效（参见问题7.1、
7.2和7.3）；要哪里也不指，指针必须是空指针（参见问题5.1）。

由于这个定义，尽管数组和指针有很大区别，编译器并不那么严格区分数组下标操作符 [] 作用于数组和指针的不同。在形如 a[i] 的表达式中，根据上边的规则，数组退化为指针然后按照指针变量的方式如 p[i] 那样寻址（但是最终的内存访问并不一样，如问题6.2所述）。如果你把数组地址赋给指针：

```
p = a;
```

那么 p[3] 和 a[3] 将会访问同样的元素。

这种和谐的访问解释了指针如何访问数组、如何替代数组作为函数参数（参见问题6.4）以及如何模拟动态数组（参见问题6.14）。参见问题6.8和6.14。

参考资料：[18, Sec. 5.3 pp. 93-96]
　　　　　[19, Sec. 5.3 p. 99]
　　　　　[8, Sec. 6.2.2.1, Sec. 6.3.2.1, Sec. 6.3.6]
　　　　　[11, Sec. 5.4.1 p. 124]

6.4

问： 既然它们这么不同，那为什么作为函数形参的数组和指针声明可以互换呢？

答： 这是一种便利的做法。

由于数组会马上退化为指针，数组事实上从来没有被传入到函数。允许指针参数声明为数组只不过是为让它看起来好像传入了数组，因为该参数可能在函数内当作数组使用。具体来说，任何声明"看起来像"数组的参数，例如

```
void f(char a[])
{ ... }
```

在编译器里都被当作指针来处理，因为在传入数组的时候，函数接收到的正是指针。

```
void f(char *a)
{ ... }
```

如果函数本来就是用来操作数组的，或者参数在函数内部当作数组来使用的，那么声称函数接收数组没有什么不妥。

这种转换仅限于函数形参的声明，别的地方并不适用。如果这种转换令你困惑，请避免它。很多程序员得出结论，让形参声明"看上去像"函数的调用形式或函数内部的用法所带来的困惑远远大于它所提供的小小方便。（注意这种转换只能发生一次，a2[][] 这样的代码是不行的。参见问题6.18和6.19。）

参见问题6.21。

参考资料：[18, Sec. 5.3 p. 95, Sec. A10.1 p. 205]
　　　　　[19, Sec. 5.3 p. 100, Sec. A8.6.3 p. 218, Sec. A10.1 p. 226]
　　　　　[8, Sec. 6.5.4.3, Sec. 6.7.1, Sec. 6.9.6]
　　　　　[11, Sec. 9.3 p. 271]
　　　　　[22, Sec. 3.3 pp. 33-34]

数组不能被赋值

如果数组出现在赋值的右边，则只有它所退化的指针被复制，而不是整个数组。另外，数组不能出现在赋值的左侧（部分原因在于，如上句话所说，永远也不会有一个完整的数组让它接收）。

6.5

问：为什么不能这样向数组赋值？

```
extern char *getpass();
char str[10];
str = getpass("Enter password:");
```

答：数组在C语言中是"二等公民"。这导致后果之一就是你不能向它赋值（参见问题6.7）。当你需要从一个数组向另一个数组复制所有的内容的时候，你必须明白无误地这样做。对于char型数组，使用strcpy通常是最恰当的：

```
strcpy(str, getpass("Enter password: "));
```

如果你不想复制数组而希望传递它们，可以使用指针直接赋值。参见问题4.1和8.2。

参考资料：[35, Sec. 3.2.2.1]
　　　　　[8, Sec. 6.2.2.1]
　　　　　[11, Sec. 7.9.1 pp. 221-222]

6.6

问：既然不能向数组赋值，那这段代码为什么可以呢？

```
int f(char str[])
{
    if(str[0] == '\0')
        str = "none";
    ...
}
```

答：在这段代码中，str是个函数参数，如问题6.4所述，它的声明被编译器重写了。换言之，str是个（char *型）指针，因此向它赋值完全合法。

6.7

问：如果你不能给它赋值，那么数组如何能成为左值呢？

答：术语"左值"并不完全表示"能赋值的东西"。更好的定义应该是"（在内存中）有特定位置的东西"[①]。ANSI C标准定义了"可修改的左值"，但数组不是。参见问题6.5。

参考资料：[35, Sec. 3.2.2.1]
　　　　　[8, Sec. 6.2.2.1]

――――――――――

① 左值（lvalue）原来的定义的确跟赋值表达式的左侧有关。

[14, Sec. 3.2.2.1]
[11, Sec. 7.1 p. 179]

回顾

因为数组和指针的基本关系有时引发那么多的困惑，所以这里列举了一些有关这些困惑的问题。

6.8

问：现实地讲，数组和指针的区别是什么？

答：数组是一个由（同一类型的）连续元素组成的预先分配的内存块。指针是一个对任何位置的（特定类型的）数据元素的引用。

数组自动分配空间，但是不能重分配或改变大小。指针必须被赋值以指向分配的空间（可能使用malloc），但是可以随意重新赋值（即指向不同的对象），同时除了表示一个内存块的基址之外，还有许多其他的用途。（参见问题4.1。）

由于数组和指针所谓的等价性（参见问题6.3），数组和指针经常看起来可以互换，而事实上指向malloc分配的内存块的指针通常被看作一个真正的数组（也可以用[]引用）。参见问题6.14和6.16。（但是，要小心sizeof的使用。参见问题7.32）。

参见问题1.34、6.10和20.15。

6.9

问：有人跟我讲，数组不过是常指针。这样讲准确吗？

答：这有些过度简化了。数组名之所以为"常量"是因为它不能被赋值，但是数组不是指针，问题6.2的讨论和图可以说明这一点。参见问题6.3、6.8和6.10。

6.10

问：我还是很困惑。到底指针是一种数组，还是数组是一种指针？

答：数组不是指针，反之亦然。对数组的引用（就是说，在求值上下文中对数组的任何提及）会变成指针（参见问题6.2和6.3。）

有3种想法是正确的：

(1) 指针可以模拟数组（但这还不是全部，参见问题4.1）；

(2) 几乎没有所谓数组的东西（不管怎么说，它毕竟是个"二等公民"），下标操作符[]实际上是个指针操作符；

(3) 从更高的抽象层次来看，指向一块内存的指针本质上也就是一个数组（当然这并没有涉及指针的其他用途）。

需要重申的是，有两种想法是不对的：

(4) "它们完全是一样的";（错，参见问题6.2。）

(5) "数组是常指针"。（错，参见问题6.9。）

参见问题6.8。

6.11

问：我看到一些"搞笑"的代码，包含5["abcdef"]这样的"表达式"。这为什么是合法的C语言表达式呢？

答：不管你信不信，数组和下标在C语言中可以互换。这个奇怪的事实来自数组下标的指针定义，即对于任何两个表达式a和e，只要其中一个是指针表达式而另一个为整数，则a[e]和*((a)+(e))完全一样[①]。

可以这样来"证明"：

```
a[e]
*((a) + (e))    （根据定义）
*((e) + (a))    （加法交换律）
e[a]            （根据定义）
```

这种互换性在许多C语言的书中被看作值得骄傲的东西，但是它除了在国际C语言混乱代码竞赛（参见问题20.42）有用之外，其实鲜有用武之地。

因为C语言中的字符串就是char型数组，所以表达式"abcdef"[5]是完全合法的，其值就是字符'f'。你可以把它看作以下代码的缩写：

```
char *tmpptr = "abcdef";

...tmpptr[5]...
```

问题20.11有个实际的例子。

参考资料：[14, Sec. 3.3.2.1]

[11, Sec. 5.4.1 p. 124, Sec. 7.4.1 pp. 186-187]

数组的指针

因为数组通会常退化为指针，所以在处理整个数组的指针（而不是数组第一个元素的指针）的时候特别容易令人困惑。

6.12

问：既然数组引用会退化为指针，如果array是数组，那么array和&array又有什么区别呢？

答：区别在于类型。

在标准C中，&array生成一个"T型数组"的指针，指向整个数组。（在ANSI之前的C中，&array中的&通常会引起一个警告，而它通常会被忽略。）在所有的C编译器中，对数

[①] 互换性仅限于数组下标操作符[]本身。显然，一般来说，a[i][j]和a[j][i]是不同的。

组的简单引用（不包括&操作符）生成一个T型的指针，指向数组的第一个元素。

对于简单数组，如

```
int a[10];
```

对a的引用的类型是"int型的指针"，而&a是"10个int的数组的指针"。对于二维数组，如

```
int array[NROWS][NCOLUMNS];
```

对array的引用的类型是"NCOLUMNS个int的数组的指针"，而&array的类型是"NROWS个NCOLUMNS个int的数组的数组的指针"。

参见问题6.3、6.13和6.18。

参考资料：　[35, Sec. 3.2.2.1, Sec. 3.3.3.2]
　　　　　　[8, Sec. 6.2.2.1, Sec. 6.3.3.2]
　　　　　　[14, Sec. 3.3.3.2]
　　　　　　[11, Sec. 7.5.6 p. 198]

6.13

问：如何声明一个数组的指针？

答：通常你不需要。当人们随便提到数组的指针的时候，他们通常想的是指向它的第一个元素的指针。

考虑使用指向数组某个元素的指针，而不是数组的指针。类型T的数组退化成类型T的指针（参见问题6.3），这很方便。在由此产生的指针上使用下标或增量就可以访问数组中单独的成员。而真正的数组指针，在使用下标或增量操作符的时候，会跳过整个数组，通常只在操作数组的数组[1]时有用——如果还有一点用的话。参见问题6.18。

如果你真的需要声明指向整个数组的指针，使用类似"int(*ap)[N];"这样的声明。其中N是数组的大小（参见问题1.21）。如果数组的大小未知，原则上可以省略N，但是这样生成的类型，"指向大小未知的数组的指针"，毫无用处。

下边这个例子表明了简单指针和数组指针的区别。在这样的声明下，

```
int a1[3] = {0, 1, 2};
int a2[2][3] = {{3, 4, 5}, {6, 7, 8}};
int *ip;                    /* pointer to int */
int (*ap)[3];               /* pointer to array [3] of int */
```

可以使用int型的简单指针ip访问一维数组a1：

```
ip = a1;
printf("%d", *ip);
ip++;
printf("%d\n", *ip);
```

这段代码输出

---

① 这个讨论也适用于三维或更多维数组。

```
0 1
```

在数组a1上尝试使用数组指针ap：

```
ap = &a1;
printf("%d\n", **ap);
ap++;                           /* WRONG */
printf("%d\n", **ap);           /* undefined */
```

会在第一行打印出0，而在第二行打印出未定义的东西（或者直接导致系统崩溃）。数组的指针只有在访问数组的数组（如a2）时才有用：

```
ap = a2;
printf("%d %d\n", (*ap)[0], (*ap)[1]);
ap++;                           /* steps over entire (sub)array */
printf("%d %d\n", (*ap)[0], (*ap)[1]);
```

这段代码会打印出

```
3 4
6 7
```

参见问题6.12。

参考资料：[35, Sec. 3.2.2.1]
[8, Sec. 6.2.2.1]

动态数组分配

数组和指针的紧密联系使得用指向动态分配的内存的指针来模拟运行时才能确定大小的数组十分容易。

6.14

问：如何在运行时设定数组的大小？怎样才能避免固定大小的数组？

答：由于数组和指针的等价性（参见问题6.3），可以用指向malloc分配的内存的指针来高效地模拟数组。执行

```
#include <stdlib.h>
int *dynarray = (int *)malloc(10 * sizeof(int));
```

以后（如果malloc调用成功），你可以像传统的静态分配的数组那样引用dynarry[i]（i从0到9）。唯一的区别是sizeof不能给出"数组"的大小。参见问题1.33、6.16、7.32和7.33。

6.15

问：我如何声明大小和传入的数组一样的局部数组？

答：直到最近才可以。C语言的数组维度一直都是编译时常数。但是，C99引入的变长数组（VLA）解决了这个问题。局部数组的大小可以用变量或其他表达式设置，可能也包括函数参数。（gcc提供参数化数组作为扩展已经有些时候了。）如果你不能使用C99或gcc，你必须使用

malloc()，并在函数返回之前调用free()。参见问题6.14、6.16、6.19、7.26和7.36。

参考资料：[8, Sec. 6.4, Sec. 6.5.4.2]
　　　　　　[9, Sec. 6.5.5.2]

6.16

问：如何动态分配多维数组？

答：传统的解决方案是分配一个指针数组，然后把每个指针初始化为动态分配的"行"。以下为一个二维的例子：

```c
#include <stdlib.h>

int **array1 = malloc(nrows * sizeof(int *));
for(i = 0; i < nrows; i++)
    array1[i] = malloc(ncolumns * sizeof(int));
```

当然，在真实代码中，所有的malloc 返回值都必须检查。也可以使用sizeof(*array1)和sizeof(**array1)代替sizeof(int *)和sizeof(int)。

你可以让数组的内容连续，但在后来重新分配行的时候会比较困难，得使用一点指针算术：

```c
int **array2 = malloc(nrows * sizeof(int *));
array2[0] = malloc(nrows * ncolumns * sizeof(int));
for(i = 1; i < nrows; i++)
    array2[i] = array2[0] + i * ncolumns;
```

在两种情况下，动态数组的元素都可以用正常的数组下标array*x*[i][j]（0 ≤ i < nrows 和 0 ≤ j < ncolumns）来访问。下图显示了array1和array2的内存布局。

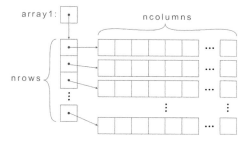

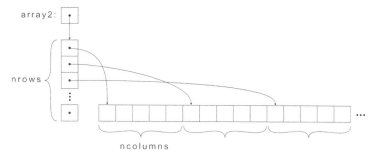

如果上述方案的两次间接的访问因为某种原因不能被接受，你还可以用一个动态分配的一维数组来模拟二维数组[①]

```
int *array3 = malloc(nrows * ncolumns * sizeof(int));
```

但是，你现在必须手工计算下标，用array3[i * ncolumns + j]访问第i、j个元素。[②]参见问题6.19。

另一种选择是使用数组指针：

```
int (*array4)[NCOLUMNS] = malloc(nrows * sizeof(*array4));
```

或者，甚至

```
int (*array5)[NROWS][NCOLUMNS] = malloc(sizeof(*array5));
```

但是，这个语法十分可怕而且运行时最多只能确定一维。

当然，使用这些技术，你都必须记住在不用的时候释放数组。对于数组array1和array2，可能需要多个步骤。（参见问题7.27）。

```
for(i = 0; i < nrows; i++)
    free((void *)array1[i]);
free((void *)array1);

free((void *)array2[0]);
free((void *)array2);
```

而且你可能不能混用动态分配的数组和传统的静态分配数组。参见问题6.20和6.18。

所有这些技术都可以扩展到三维或更多维数组。这是一个使用第一种技术的三维数组版本：

```
int ***a3d = (int ***)malloc(xdim * sizeof(int **));
for(i = 0; i < xdim; i++) {
    a3d[i] = (int **)malloc(ydim * sizeof(int *));
    for(j = 0; j < ydim; j++)
        a3d[i][j] = (int *)malloc(zdim * sizeof(int));
}
```

最后，在C99中你可以使用变长数组。

参见问题20.2。

参考资料：[9，Sec. 6.5.5.2]

6.17

问：有个很好的窍门，如果我这样写：

```
int realarray[10];
int *array = &realarray[-1];
```

[①] 但请注意，两次间接的访问并不一定比乘法的索引访问低效。

[②] 使用#deinfe Arrayaccess(a, i, j) ((a)[(i) * ncolumns + (j)])这样的宏可以隐藏显式的计算。但是调用它的时候要使用括号和逗号，这看起来不太像多维数组语法，而且宏也需要至少访问数组的一维。

我就可以把"array"当作下标从1开始的数组。

答：尽管这种技术颇有吸引力（而且在*Numerical Recipes in C*一书的旧版中使用过），但它不完全符合C标准。只有当指针指向同一个已分配内存块或者指向虚构的"终结"元素后的一个时，指针算术才有定义；否则，即使指针并未解引用，其行为仍然是未定义的。问题中的代码计算realarray开始之前的内存的指针，如果在用偏移量作下标运算的时候生成了非法地址（可能因为地址在经过某个内存段之后"回绕"），则这段代码会失败。

参考资料：[19, Sec. 5.3 p. 100, Sec. 5.4 pp. 102-103, Sec. A7.7 pp. 205-206]
[8, Sec. 6.3.6]
[14, Sec. 3.2.2.3]

函数和多维数组

6

向函数传递多维数组一般比较困难。将数组参数重写成指针（如问题6.4所讨论的）意味着接受简单数组的函数好像接受了任意长度的数组，这很方便。然而，参数重写只对"最外层"数组有效，因此多维数组的更高的维度和"宽度"不能同时变化。这个问题的部分原因是，在标准C语言中，数组的维度总是在编译时确定的常量，不能通过函数的其他参数来确定。

6.18

问：当我向一个接受指针的指针的函数传入二维数组的时候，编译器报错了。

答：数组退化为指针的规则（参见问题6.3）不能递归应用。数组的数组（即C语言中的二维数组）退化为数组的指针，而不是指针的指针。数组指针常常令人困惑，需要小心对待，参见问题6.13。（有些错误的编译器让这个问题更加令人困惑。有些旧版的pcc和源自pcc的lint错误地在多级指针的函数参数中接受多维数组。

如果你向函数传递二维数组：

```
int array[NROWS][NCOLUMNS];
f(array);
```

那么函数的声明必须匹配：

```
void f(int a[][NCOLUMNS])
{ ... }
```

或者

```
void f(int (*ap)[NCOLUMNS])    /*ap is a pointer to an array */
{ ... }
```

在第一个声明中，编译器进行了通常的从"数组的数组"到"数组的指针"的隐式转换（参见问题6.3和6.4）；第二种形式中的指针定义显而易见。因为被调用的函数并不为数组分配地址，所以它并不需要知道总的大小，所以行数NROWS可以省略。但数组的宽度依然重要，所以列维度NCOLUMNS（对于三维或更多维数组来说，指相关的维度）必须保留。

如果一个函数已经声明为接受指针的指针，那么直接向它传入二维数组可能毫无意义。可以使用一个中间指针来进行调用：

```
extern g(int **ipp);

int *ip = &array[0][0];
g(&ip);        /* PROBABLY WRONG */
```

但是，这种用法带有误导性，而且几乎一定错误，因为数组被"扁平化"了（它失去了形状）。参见问题6.12和6.15。

参考资料：[18, Sec. 5.10 p. 110]
[19, Sec. 5.9 p. 113]
[11, Sec. 5.4.3 p. 126]

6.19

问： 我怎样编写接受编译时宽度未知的二维数组的函数？

答： 这并非易事。一种办法是传入指向[0][0]成员的的指针和两个维度，然后"手工"模拟数组下标。

```
void f2(int *aryp, int nrows, int ncolumns)
{ ... array[i][j]被作为aryp[i * ncolumns + j]访问... }
```

这个函数可以用问题6.18的数组如下调用：

```
f2(&array[0][0],NROWS,NCOLUMNS);
```

但是，必须说明的一点是，用这种方法通过"手工"方式模拟下标的程序未能严格遵循ANSI C标准。根据官方的解释，当x>=NCOLUMNS时，访问&array[0][0][x]的结果未定义。

C99允许变长数组，一旦接受C99扩展的编译器广泛流传以后，VLA可能是首选的解决方案。gcc支持可变数组已经有些时日了。

当你需要使用各种大小的多维数组的函数时，一种解决方案是像问题6.16那样动态模拟所有的数组。

参见问题6.18、6.20、6.15。

参考资料：[8, Sec. 6.3.6]
[9, Sec. 6.5.5.2]

6.20

问： 我怎样在函数参数传递时混用静态和动态多维数组？

答： 没有完美的方法。假设有如下声明：

```
int array[NROWS][NCOLUMNS];
int **array1;           /* ragged */
int **array2;           /* contiguous */
```

```
int *array3;                /* "flattened" */
int (*array4)[NCOLUMNS];
int (*array5)[NROWS][NCOLUMNS];
```

指针的初始化如问题6.16的程序片段，函数声明如下：

```
void f1a(int a[][NCOLUMNS], int nrows, int ncolumns);
void f1b(int (*a)[NCOLUMNS], int nrows, int ncolumns);
void f2(int *aryp, int nrows, int ncolumns);
void f3(int **pp, int nrows, int ncolumns);
```

其中f1a()和f1b()接受传统的二维数组，f2()接受"扁平的"二维数组，f3()接受指针的指针模拟的数组（参见问题6.18和6.19），下面的调用应该可以如愿运行：

```
f1a(array, NROWS, NCOLUMNS);
f1b(array, NROWS, NCOLUMNS);
f1a(array4, nrows, NCOLUMNS);
f1b(array4, nrows, NCOLUMNS);
f1(*array5, NROWS, NCOLUMNS);
f2(&array[0][0], NROWS, NCOLUMNS);
f2(*array, NROWS, NCOLUMNS);
f2(*array2, nrows, ncolumns);
f2(array3, nrows, ncolumns);
f2(*array4, nrows, NCOLUMNS);
f2(**array5, NROWS, NCOLUMNS);
f3(array1, nrows, ncolumns);
f3(array2, nrows, ncolumns);
```

下面的调用在大多数系统上可能可行，但是有一些可疑的类型转换，而且只有动态ncolumns和静态NCOLUMNS匹配才行：

```
f1a((int (*)[NCOLUMNS])(*array2), nrows, ncolumns);
f1a((int (*)[NCOLUMNS])(*array2), nrows, ncolumns);
f1b((int (*)[NCOLUMNS])array3, nrows, ncolumns);
f1b((int (*)[NCOLUMNS])array3, nrows, ncolumns);
```

　　同时必须注意，向f2()传递&array[0][0]（或者等价的*array）并不完全符合标准。参见问题6.19。

　　如果你能理解为何上述调用可行且必须这样书写，而未列出的组合不行，那么你对C语言中的数组和指针就有了很好的理解了。

　　为了避免受这些东西的困惑，一种使用各种大小的多维数组的办法是令它们"全部"动态分配，如问题6.16所述。如果没有静态多维数组——如果所有的数组都按问题6.16的array1和array2分配——那么所有的函数都可以写成f3()的形式。

数组的大小

　　sizeof操作符如果能够判断出数组的大小，它就会返回数组的大小。如果数组的大小未知或者数组已经退化为指针，则它不能提供数组的大小。

6.21

问：当数组是函数的参数时，为什么sizeof不能正确报告数组的大小？这个测试函数打印出4而不是10：

```
f(char a[10])
{
    int i = sizeof(a);
    printf("%d\n", i);
}
```

答：编译器把数组参数当作指针对待（在本例中当成char *a，参见问题6.4），因而sizeof报告的是指针的大小。参见问题1.24和7.32。

参考资料：[11, Sec. 7.5.2 p. 195]

6.22

问：如何在一个文件中判断声明为extern的数组的大小（例如，数组定义和大小在另一个文件中）？sizeof操作符似乎不行。

答：参见问题1.24。

6.23

问：sizeof返回的大小是以字节计算的，怎样才能判断数组中有多少个元素呢？

答：只需要用一个元素的大小去除整个数组的大小即可：

```
int array[] = {1, 2, 3};
int narray = sizeof(array) / sizeof(array[0]);
```

参考资料：[35, Sec. 3.3.3.4]
　　　　　[8, Sec. 6.3.3.4]

第 7 章

内 存 分 配

很多人都认为指针是C语言中最难学习的部分。然而，很多时候问题并不在于管理指针而在于管理它们指向的内存。因为C语言的底层特征，通常都需要程序员负责显式分配内存，但是往往很容易忽视指针指向的对象的分配。使用指向没有正确分配的内存的指针是永无休止的严重bug来源。

基本的内存分配问题

就算没有调用malloc，也必须确保要使用的内存（尤其是指针指向的内存）正确分配。

7.1

问：为什么这段代码不行？

```c
char *answer;
printf("Type something:\n");
gets(answer);
printf("You typed \"%s\"\n", answer);
```

答：传入gets()的指针变量answer，意在指向保存得到的应答的位置，但它却没有指向任何合法的位置。它是个未初始化的变量，正如

```c
int i;
printf("i = %d\n", i);
```

中的i一样。

换言之，我们不知道指针answer指向何处。因为局部变量没有初始化，通常包含垃圾信息，所以甚至都不能保证answer是一个空指针。参见问题1.31和5.1。

改正提问程序的最简单方案是使用局部数组而不是指针，让编译器去操心内存分配的问题：

```c
#include <stdio.h>
#include <string.h>

char answer[100], *p;
printf("Type something:\n");
fgets(answer, sizeof answer, stdin);
if((p = strchr(answer, '\n')) != NULL)
```

```
        *p = '\0';
        printf("You typed \"%s\"\n", answer);
```

本例中同时用fgets()代替gets()，以确保array的结束符不被改写。（参见问题12.25。但是，本例中的fgets()不会像gets()那样自动地去掉结尾的\n。）也可以用malloc()分配answer缓冲区，并对缓冲区的大小进行参数化。例如：

```
#define ANSWERSIZE 100
```

7.2

问：我的strcat()不行。我试了下面的代码：

```
        char *s1 = "Hello, ";
        char *s2 = "world!";
        char *s3 = strcat(s1, s2);
```

但是我得到了奇怪的结果。

答：跟前面的问题7.1一样，这里主要的问题是没有正确地为拼接的结果分配空间。C语言没有提供自动管理的字符串类型。C编译器只为源码中显式提到的对象分配空间（对于字符串，这包括字符数组和字符串字面量）。程序员必须为像字符串拼接这样运行时操作的结果分配足够的空间，通常可以通过声明数组或调用malloc()完成。

strcat()不进行任何内存分配。第二个串会原样不动地附加在第一个之后。因此，一种解决办法是把第一个串声明为数组：

```
        char s1[20] = "Hello, ";
```

当然，在成品代码中，我们不会使用像"20"这样的幻数。我们会使用更健壮的机制来保证足够的空间。

由于strcat()返回第一个参数的值（本例中为s1），s3实际上是多余的。在strcat()调用之后，s1包含结果。

提问中的strcat()调用实际上有两个问题：s1指向的字符串字面量，除了空间不足以放入拼接的字符串之外，甚至都不一定可写。参见问题1.34。

参考资料：[22, Sec. 3.2 p. 32]

7.3

问：但是strcat的文档说它接受两个char *型参数。我怎么知道（空间）分配的事情呢？

答：一般来说，使用指针的时候，必须总是考虑内存分配，除非明确知道编译器替你做了此事。如果一个库函数的文档没有明确提到内存分配，那么通常需要调用者来考虑。

UNIX型的手册页顶部的大纲段落或ANSI C标准有些误导作用。那里展示的程序片段更像是实现者使用的函数定义而不是调用者使用的调用。特别地，很多接受指针（如结构指针或字符串指针）的函数通常在调用时都用到某个由调用者分配的对象（结构或数组——参见问题6.3和6.4）的指针。其他的常见例子还有time()（参见问题13.12）和stat()。

*7.4

问：我刚才试了这样的代码：

```
char *p;
strcpy(p, "abc");
```

它运行正常。怎么回事？为什么它没有出错？

答：我猜你的运气来了。未初始化的指针p所指向的随机地址对你来说恰好是可写的，而且很显然也没有什么关键的数据。参见问题11.38。

*7.5

问：一个指针变量分配多少内存？

答：这是个挺有误导性的问题。当你像这样声明一个指针变量的时候：

```
char *p;
```

你（或者，更准确地讲，编译器）只分配了足够容纳指针本身的内存。也就是说，这种情况下，你分配了sizeof(char *)个字节的内存。但你还没有分配任何让指针指向的内存。参见问题7.1和7.2。

7.6

问：我用这样的代码将文件的所有行读入一个数组：

```
char linebuf[80];
char *lines[100];
int i;

for(i = 0; i < 100; i++) {
    char *p = fgets(linebuf, 80, fp);
    if(p == NULL) break;
    lines[i] = p;
}
```

为什么读入的每一行都是最后一行的内容呢？

答：你只分配了一行的内存：linebuf。每次调用fgets的时候，前一行的内容都被覆盖了。除非fgets遇到了EOF或出现了错误，否则它是不会分配内存的，它返回的指针就是你传入的第一个参数（本例中，就是指向linebuf数组的指针）。

要让这样的代码工作，需要为每一行都分配内存。问题20.2 中有个例子。

参考资料：[18, Sec. 7.8 p. 155]
　　　　　[19, Sec. 7.7 pp. 164-165]
　　　　　[35, Sec. 4.9.7.2]
　　　　　[8, Sec. 7.9.7.2]
　　　　　[11, Sec. 15.7 p. 356]

7.7

问：我有个函数，本该返回一个字符串，但当它返回调用者的时候，返回的字符串却是垃圾信息。为什么？

答：任何时候，如果函数返回指针，必须确保它指向的内存已经正确分配了。返回的指针可以指向静态分配的、调用者传入的或通过malloc调用获得的缓冲区，但不能是局部的（自动）数组。换言之，绝不能这样做：

```
#include <stdio.h>


char *itoa(int n)
{
    char retbuf[20];            /* WRONG */
    sprintf(retbuf, "%d", n);
    return retbuf;              /* WRONG */
}
```

函数返回的时候，它的自动局部变量都会被抛弃。因此这里返回的指针是无效的（它指向一个已经不存在的数组）。一种解决方案是把返回缓冲区声明为

```
static char retbuf[20];
```

本方案并不完美，因为使用静态数据的函数不可再入。而且连续地调用这个函数会导致同一个返回缓冲区被覆盖：调用者不能多次调用这个函数并同时保存所有的返回值。

另一种解决方案是让调用者传入保存结果的空间：

```
char *itoa(int n, char *retbuf)
{
    sprintf(retbuf, "%d", n);
    return retbuf;
}

...

char str[20];
itoa(123, str);
```

还有一种方法是使用malloc：

```
#include <stdlib.h>

char *itoa(int n)
{
    char *retbuf = malloc(20);
    if(retbuf != NULL)
        sprintf(retbuf, "%d", n);
    return retbuf;
}

...

char *str = itoa(123);
```

这种情况下，调用者必须记住在不使用的时候释放返回的指针。参见问题7.8、12.23和20.1。

参考资料：[35, Sec. 3.1.2.4]

[8, Sec. 6.1.2.4]

*7.8

问：那么返回字符串或其他聚集的正确方法是什么呢？

答：返回指针必须是静态分配的缓冲区（如问题7.7的答案所述），或者调用者传入的缓冲区，或者用malloc()获得的内存，但不能是局部（自动）数组。

参见问题20.1。

调用 malloc

如果需要比静态分配更加灵活的数据，就要使用动态内存分配。通常使用malloc。本节的问题包含了malloc调用的基本情况，下一节会涉及malloc调用失败的情况。

7.9

问：为什么在调用malloc()时报出了 "waring: assignment of pointer from integer lacks a cast"？

答：你包含了<stdlib.h>或者正确声明了malloc()吗？如果没有，编译器会认为它返回int（参见问题1.25），而这是错误的。（对于calloc和realloc也有同样的问题。）参见问题7.19。

参考资料：[11, Sec. 4.7 p. 101]

7.10

问：为什么有些代码小心翼翼地把malloc返回的值转换为分配的指针类型？

答：在ANSI/ISO标准C引入void *通用指针类型之前，这种类型转换通常用于在不兼容的指针类型间赋值时消除警告（或许也可能导致转换）。

在ANSI/ISO标准C下，这些转换不再需要，而且事实上现在的实践也不鼓励这样做，因为它们可能掩盖malloc()声明错误时产生的重要警告。参见上面的问题7.9。况且，定义明确的、低风险的隐式类型转换（例如C语言中一直进行的整数和浮点数之间的那种转换）也常常被看做是一种功能。

另一方面，有些程序员更希望显式表达每一次类型转换，以示他们对每种情况都考虑周到且明确决定应该发生什么（参见问题17.5）。本书中使用显式的类型转换主要是为了让书中的代码对使用ANSI前编译器的读者更加容易理解。

（顺便提及，K&R2的6.5和7.8.5节建议必须进行这种转换其实有点"过于热心"了。）

（但是，因为这样那样的原因，为求与C++兼容，C程序中常常能见到这样的转换。在C++中从void *的显式转换是必需的。）

是否进行这样的类型转换是个风格问题。参见第17章。

参考资料：[11, Sec. 16.1 pp. 386-387]

*7.11

问：在调用malloc()的时候，错误"不能把void *转换为int *"是什么意思？

答：说明你用的是C++编译器而不是C编译器。参见问题7.10。

7.12

问：我看到下面这样的代码：
```
char *p = malloc(strlen(s) + 1);
strcpy(p, s);
```
难道不应该是malloc((strlen(s) + 1) * sizeof(char))吗？

答：永远也不必乘上sizeof(char)，因为根据定义，sizeof(char)严格为1。另一方面，乘上sizeof(char)也没有害处，有时候还可以帮忙为表达式引入size_t类型。参见问题8.9和8.10。

参考资料：[8, Sec. 6.3.3.4]
[11, Sec. 7.5.2 p. 195]

7.13

问：我为malloc写了一个小小的封装函数。它为什么不行？
```
#include <stdio.h>
#include <stdlib.h>

mymalloc(void *retp, size_t size)
{
    retp = malloc(size);
    if(retp == NULL) {
        fprintf(stderr, "out of memory\n");
        exit(EXIT_FAILURE);
    }
}
```

答：参见问题4.8。（在这里，你需要让myalloc返回分配的指针。）

7.14

问：我想声明一个指针并向它分配一些内存，但是不行。这样的代码有什么问题？
```
char *p;
*p = malloc(10);
```

答：参见问题4.2。

7.15

问：我如何动态分配数组？

答：参见问题6.14和6.16。

7.16

问：怎样判断还有多少内存？

答：参见问题19.27。

7.17

问：`malloc(0)`是返回空指针还是指向0个字节的指针？

答：参见问题11.28。

7.18

问：我听说有的操作系统在程序使用的时候才真正分配malloc申请的内存。这合法吗？

答：很难说。标准没有说操作系统可以这样做，但它也没有明确说不能。（这样"延迟失败"的实现好像不能满足标准的隐含要求。）

很明显的问题是，当程序需要使用那块内存的时候，可能已经没有内存了。这种情况下，程序通常应该被操作系统中断，因为C语言本身并没有提供这样的机制。（显然，如果没有内存，malloc应该返回一个空指针，只要程序检查了malloc的返回值，它就不会试图使用并不存在的内存。）

这样进行"懒惰分配"的系统通常会提供额外的信号，表明内存已经低到危险，但是可移植或不健壮的程序可能并不会捕捉到它们。有些"懒惰分配"的系统会提供基于进程或用户的关掉它的方法（恢复传统的malloc语义），但是具体的细节在每个系统上都不尽相同。

参考资料：[35, Sec. 4.10.3]
　　　　　　[8, Sec. 7.10.3]

有关 **malloc** 的问题

7.19

问：为什么malloc返回了离谱的指针值？我的确读过问题7.9，而且也在调用之前包含了extern void *malloc();声明。

答：malloc的参数是size_t类型的，它被定义成了unsigned long。如果你传入int（或者甚至unsigned int）类型，malloc收到的可能是垃圾（类似地，如果size_t是int，而你传入了long型，同样会出错）。

一般而言，通过包含正确的头文件来声明标准库函数比自己直接键入extern声明要安全得多。参见问题7.20。

有个相关的问题是，用printf的%d格式打印size_t的值（包括sizeof的结果）也是不安全的。可移植的方法是使用显式的（unsigned long）转换和%lu格式：printf("%lu\n",(unsignedlong)sizeof(int))。参见问题15.3。

参考资料：[35, Sec. 4.1.5, Sec. 4.1.6]
[8, Sec. 7.1.6, Sec. 7.1.7]

7.20

问： 我用一行这样的代码分配一个巨大的数组，用于数值运算：
```
double *array = malloc(256 * 256 * sizeof(double));
```
malloc()并没有返回空指针，但是程序运行得有些奇怪，好像改写了某些内存，或者malloc()并没有分配我申请的那么多内存。为什么？

答： 注意256×256等于65 536，这在你乘上sizeof(double)以前就已经不能放入16位的int型变量中了。如果你需要分配这样大的内存空间，可得小心。如果在你的机器上size_t(malloc()接受的类型)是32位，而int为16位，你可以写256 * (256 * sizeof(double))来避免这个问题。（参见问题3.16。）否则，必须把数据结构分解为更小的块，或者使用32位的机器或编译器，或者使用某种非标准的内存分配函数。参见问题19.28。

7.21

问： 我的PC机有8兆内存。为什么我只能分配640K左右的内存？

答： 在PC机兼容的分段结构下，很难透明地分配超过640K以上的内存，尤其是在MS-DOS下。参见问题19.28。

7.22

问： 我的应用程序非常依赖数据结构的节点的动态分配，而malloc/free的代价成了瓶颈。我该怎么做？

答： 一个改进方案是将不使用的节点放入你自己的释放列表中，而不是真正调用free去释放它们。如果所有的节点都一样大，这样做尤其有吸引力。（如果在程序的内存使用中，一种数据结构占有绝对多数，那么这种方法效果很好。但是如果释放列表中的内存大多不能用于程序的其他用途，恐怕就得不偿失了。）

7.23

问： 我的程序总是崩溃，显然发生在malloc内部的某个地方。但是我看不出哪里有问题。是malloc有bug吗？

答： 很不幸，`malloc`的内部数据结构很容易被破坏，而由此引发的问题会十分棘手。最常见的问题来源是向`malloc`分配的区域写入比所分配的还多的数据。一个常见的bug是用`malloc(strlen(s))`而不是`strlen(s)+1`[①]。其他的问题还包括使用指向已经释放了的内存的指针（参见问题7.24），分配大小为0的对象（参见问题11.28），重分配空指针（参见问题7.34），释放未从`malloc`获得的指针、空指针或者已经释放的指针。（其中有些已经被标准接纳：在兼容ANSI的系统中，可以安全地分配大小为0的对象，可以重分配或释放空指针。但是在较老的实现中往往有各种问题。）这些错误的后果可能会在真正出错很久以后才显现出来或在不相关的代码段出现，从而导致诊断这些问题十分困难。

多数`malloc`的实现在这些问题面前显得十分脆弱，因为它们直接在它们返回的内存旁边存储至关重要的内部信息片段，这些信息很容易被用户指针破坏。

参见问题7.19、7.30、16.9和18.2。

释放内存

用`malloc`分配的内存会一直存在。它永远也不会自动释放（除非你的程序退出。参见问题7.28）如果你的程序只是暂时使用内存，它能够也应该通过调用`free`回收。

7.24

问： 动态分配的内存一旦释放之后就不能再使用，是吧？

答： 是的。有些早期的`malloc()`文档提到释放的内存中的内容会"保留"，但这个欠考虑的保证并不普遍，而且也不是C标准所要求的。

几乎没有哪个程序员会有意使用已释放的内存，但是意外的使用却是常有的事。考虑下面释放单链表的（正确）代码：

```
struct list *listp, *nextp;
for(listp = base; listp != NULL; listp = nextp) {
    nextp = listp->next;
    free(listp);
}
```

请注意如果在循环表达式中没有使用临时变量`nextp`，而使用`listp = listp->next`会产生什么恶劣后果。

参考资料：[19, Sec. 7.8.5 p. 167]
[8, Sec. 7.10.3]
[14, Sec. 4.10.3.2]
[11, Sec. 16.2 p. 387]
[22, Sec. 7.10 p. 95]

---

① 一个更微妙的bug是`malloc(strlen(s+1))`。`P = malloc(sizeof(p))`也是个常见的错误。

7.25

问：为什么在调用 free() 之后指针没有变空？使用（赋值、比较）释放之后的指针有多么不安全？

答：当你调用 free() 的时候，传入的指针指向的内存被释放，但调用函数的指针值可能保持不变，因为 C 的按值传参的语义意味着被调函数永远不会永久改变参数的值。参见问题 4.8。

严格地讲，被释放的指针值是无效的，对它的任何使用，即使没有解引用（就是说，即便是表面上无伤大雅的赋值和比较），理论上也可能带来问题。（尽管作为一种实现质量的表现，多数实现都不会对无伤大雅的无效指针使用产生例外，但是标准明确表示不能确保任何事情，而某些系统体系下，这样的意外是很容易出现的。）

当程序中反复分配和释放指针的时候，通常最好在释放之后立即将它们置为 NULL，以明确它们的状态。

参考资料：[8, Sec. 7.10.3]
　　　　　[14, Sec. 3.2.2.3]

7.26

问：当我调用 malloc() 为一个函数的局部指针分配内存时，我还需要用 free() 显式地释放吗？

答：是的。记住指针和它所指向的东西是完全不同的。局部变量在函数返回时就会释放，但是在指针变量这个问题上，这表示指针被释放，而不是它所指向的对象。用 malloc() 分配的内存在你显式释放它之前都会保留在那里。一般地，每一个 malloc() 都必须有个对应的 free() 调用。

7.27

问：我在分配一些结构，它们包含指向其他动态分配的对象的指针。我在释放结构的时候，还需要释放每一个下级指针吗？

答：是的。malloc 和 free 函数对结构声明或分配内存的内容一无所知，尤其是它们不知道分配的内存中是否包含指向其他分配内存的指针。一般情况下，你必须分别向 free() 传入 malloc() 返回的每一个指针，仅仅一次（如果它的确要被释放的话）。

一个好的经验法是，对于程序中的每一个 malloc() 调用，你都可以找到一个对应的 free() 调用以释放 malloc() 分配的内存。

参见问题 7.28。

7.28

问：我必须在程序退出之前释放分配的所有内存吗？

答：你不必这样做。一个真正的操作系统毫无疑问会在程序退出的时候回收所有的内存和其他资源。（严格地讲，向操作系统返还内存甚至都不是`free`的任务。）然而，有些个人电脑据称不能可靠地释放内存，除非它在退出前被释放，从ANSI/ISO C的角度来看这不过是一个"实现的质量问题"。

　　无论如何，显式地释放所有分配的内存是一种好的实践——例如，万一程序被改写成多次执行其主要任务（可能是在图形用户界面下）[①]。另一方面，有些程序（如解释器）在它们退出之前并不知道哪些内存已经处理完（即可以释放）。况且，既然退出的时候会释放所有的内存，让程序显式地释放所有的内存显得不必要，可能代价昂贵，而且很容易出错。

参考资料：[35, Sec. 4.10.3.2]

　　　　　　[8, Sec. 7.10.3.2]

7.29

问：我有个程序分配了大量的内存，然后又释放了。但是从操作系统看，内存的占用率却并没有变回去。

答：多数`malloc`/`free`的实现并不把释放的内存返回操作系统，而是留着供同一程序的后续`malloc()`使用。

分配内存块的大小

　　每一块用`malloc`分配的内存显然都有一个已知的、固定的大小，但是一旦分配，就不能询问`malloc`包这个大小到底是多少。（首先，如果能够询问，那么它是该告诉请求的大小呢，还是它实际给的更大的大小呢？）

7.30

问：`free()`怎么知道有多少字节需要释放？

答：`malloc`/`free`的实现会在分配的时候记下每一块的大小，所以在释放的时候就不必再考虑它的大小了。（通常，这个大小就记录在分配的内存块旁边，因此，对超出分配内存块边界的内存哪怕是轻微的改写，也会导致严重的后果。参见问题7.23。）

7.31

问：那么我能否查询`malloc`包，以查明可分配的最大块是多大？

答：很遗憾，没有标准的或可移植的办法。某些编译器提供了非标准的扩展。

7.32

问：为什么`sizeof`不能告诉我它所指的内存块的大小？

[①] 同时，如果程序不释放它分配的所有内存，内存泄漏检查工具也很难检查出真正的内存泄漏（参见问题18.2）。

答： sizeof操作符并不知道你使用了malloc为指针分配内存，sizeof只能得到指针本身的大小。没有什么可移植的办法得到malloc分配的内存块的大小。

其他分配函数

多数动态内存分配都使用malloc和free，但是标准函数的完整集中还包括realloc和calloc。

7.33

问： （像问题6.14中那样）动态分配数组之后，还能改变它的大小吗？

答： 是的。这正是realloc的用武之地。要改变动态分配数组（例如，问题6.14中的dynarray）的大小，可以使用下边的代码：

```
dynarray = (int *)realloc((void *)dynarray, 20 *sizeof(int));
```

注意，realloc并不一定能在原地扩大①内存区域。如果能够，它就返回传入的指针而已；但是，如果它必须到内存中的其他地方去寻找足够大的连续空间，则它会返回一个不同的指针，而原有的指针值会变得不可用。

如果realloc根本就不能找到足够的空间，则它会返回空指针，而原来分配的内存会保留②。因此，通常不应该立即将新指针赋给旧指针。最好使用一个临时指针：

```
#include <stdio.h>
#include <stdlib.h>

int *newarray = (int *)realloc((void *)dynarray, 20 * sizeof(int));
if(newarray != NULL)
    dynarray = newarray;
else {
    fprintf(stderr, "Can't reallocate memory\n");
    /* dynarray remains allocated */
}
```

重新分配内存的时候，如果有其他指针指向同一块内存，尤其要注意：如果realloc必须在别的地方安排新的内存块，则其他的指针也应该相应地修改。下边是一个假想的例子（它同时也忽视了malloc的返回值）：

```
#include <stdio.h>
#include <stdlib.h>
#include <string.h>

char *p, *p2, *newp;
int tmpoffset;

p = malloc(10);
```

---

① 但它可以在原地缩小内存区域。
② 要注意，有些ANSI前的编译器不是总能在realloc失败的时候保留原来的空间。

```
strcpy(p, "Hello,");        /* p is a string */
p2 = strchr(p, ',');        /* p2 points into that string */

tmpoffset = p2 - p;
newp = realloc(p, 20);
if(newp != NULL) {
    p = newp;                   /* p may have moved */
    p2 = p + tmpoffset;         /* relocate p2 as well */
    strcpy(p2, ", world!");
}

printf("%s\n", p);
```

　　像这样根据偏移量来重新计算指针是最安全的。另一种方法是通过计算在realloc调用前后基指针的差值newp - p来重置指针，但不能保证正确，因为指针减法的定义只有当它们指向相同的对象时才有效。参见问题7.25和7.34。

参考资料：[19, Sec. B5 p. 252]
　　　　　[35, Sec. 4.10.3.4]
　　　　　[8, Sec. 7.10.3.4]
　　　　　[11, Sec. 16.3 pp. 387-388]

7

7.34

问： 向realloc()的第一个参数传入空指针合法吗？你为什么要这样做？

答： ANSI C批准了这种用法（以及相关的realloc(..., 0)用于释放），尽管一些早期的实现不支持，因此可能不完全可移植。向realloc()传入置空的指针可以更容易地写出自开始（self-starting）的递增分配算法。

　　例如，下边的函数将任意长度的行读入动态分配的内存，在必要的时候它会对传入的缓冲区进行再分配。（调用者必须在不需要的时候释放返回的指针。）

```
#include <stdio.h>
#include <stdlib.h>

/* read a line from fp into malloc'ed memory */
/* returns NULL on EOF or error */
/* (use feof or ferror to distinguish) */

char *agetline(FILE *fp)
{
    char *retbuf = NULL;
    size_t nchmax = 0;
    register int c;
    size_t nchread = 0;
    char *newbuf;

    while((c = getc(fp)) != EOF) {
        if(nchread >= nchmax) {
            nchmax += 20;
```

```
            if(nchread >= nchmax) {
                free(retbuf);
                return NULL;
            }

            newbuf = realloc(retbuf, nchmax + 1);
                            /* +1 for \0 */
            if(newbuf == NULL) {
                free(retbuf);
                return NULL;
            }

            retbuf = newbuf;
        }

        if(c == '\n')
            break;

        retbuf[nchread++] = c;
    }

    if(retbuf != NULL) {
        retbuf[nchread] = '\0';

        newbuf = realloc(retbuf, nchread + 1);
        if(newbuf != NULL)
            retbuf = newbuf;
    }

    return retbuf;
}
```

在成品代码中，像nchmax += 20这样的代码可能麻烦不小，因为这个函数可能会进行很多次的重分配。很多程序员喜欢倍增的重分配，如nchmax *= 2。但这样显然就不是很像自开始了，而且如果需要分配巨大的数组而内存又有限，就会有问题了。

参考资料：[35, Sec. 4.10.3.4]

　　　　　[8, Sec. 7.10.3.4]

　　　　　[11, Sec. 16.3 p. 388]

7.35

问：calloc()和malloc()有什么区别？应该用哪一个？利用calloc的零填充功能安全吗？free()可以释放calloc()分配的内存吗，还是需要一个cfree()？

答：calloc(m, n)本质上等价于

```
p = malloc(m * n);
memset(p, 0, m * n);
```

除了参数个数不同和用零填充之外，这两个函数并无其他重要的区别[1]。

---

[1] 有人认为，calloc的全零填充可以确保立即分配。参见问题7.18。

用哪个函数都很方便。不要太依赖calloc的零填充，通常最好自己按域初始化数据结构，尤其是有指针域的时候。因为calloc采用的零填充是全零填充，它可以确保用0初始化所有的整数类型（包括用'\0'初始化字符类型）。但它不能确保生成有用的空指针值或浮点零值（参见第5章）。

free()可以安全地用来释放calloc()分配的内存，没有标准的cfree函数。

malloc和calloc的另一个想象出来的并不重要的区别在于分配一个元素还是元素的数组。尽管calloc的两个参数的调用形式表明它应该用来分配m个n大小的元素的数组，但事实上并没有这样的要求。用calloc来分配一个元素（传入一个为1的参数）是完全允许的。用malloc来分配一个数组也没有问题，只是需要自己计算相关的乘法。参见问题6.14中的代码片段。（结构填充也不是问题，使结构数组正确工作的任何填充都会被编译器正确处理。这可以由sizeof反映出来。参见问题2.14。）

参考资料：[35, Sec. 4.10.3 to 4.10.3.2]
　　　　　[8, Sec. 7.10.3 to 7.10.3.2]
　　　　　[11, Sec. 16.1 p. 386, Sec. 16.2 p. 386]
　　　　　[12, Sec. 11 pp. 141-142]

7.36

问：alloca是什么？为什么不提倡使用它？

答：在调用alloca的函数返回的时候，非标准alloca函数所分配的内存会自动释放。也就是说，用alloca分配的内存在某种程度上局限于函数的"栈帧"或上下文中。

alloca不具可移植性，而且在没有传统栈的机器上很难实现[1]。当它的返回值直接传入另一个函数时会带来问题，如fgets(alloca(100), 100, stdin)[2]。

由于这些原因，alloca不合标准，不宜使用在必须广泛可移植的程序中，不管它可能多么有用。既然C99支持变长数组（VLA），它可以用来更好地完成alloca以前的任务。

参见问题7.26。

参考资料：[14, Sec. 4.10.3]

---

[1] 在公共领域有一个"几乎可移植"的alloca实现，但其作者声称这只是个权宜之计，并不推荐在新的代码中使用。

[2] 如果在另一个函数（这里就是fgets）的参数列表的准备过程中，在同一个栈上用alloca去分配内存，则参数列表可能会受到影响。

第 8 章

字符和字符串

C语言没有内建的字符串类型，传统上都是用以'\0'结束的字符数组来表示字符串的。而且，C语言也没有什么真正的字符类型，字符是用它在机器字符集中的整数值来表示的。因为这些表示都暴露在外，对C程序完全可见，所以程序对字符和字符串的操作有大量的控制。这样的缺点就是，在某种程度上，程序必须努力控制：程序员必须记住一个小整数是解释成整数值还是字符（参见问题8.6），也必须正确维护包含字符串的数组（及为它们分配的内存块）。

也可参见问题13.1到13.7。这些问题讲述了用于字符串操作的库函数。

8.1

问： 为什么 `strcat(string, '!');` 不行？

答： 字符和字符串的区别显而易见，而 `strcat()` 用于拼接字符串。

像 `'!'` 这样的字符常量表示一个字符。双引号之间的字符串字面量通常表示多个字符。尽管像 `"!"` 这样的字符串字面量看起来好像只有一个字符，但它实际上包含两个字符：一个是你要求的!，另一个是用作C中所有字符串结束符的\0。

C中的字符用与它们的字符集值对应的小整数表示，参见下边的问题8.6。字符串用字符数组表示，通常操作的是字符数组的第一个字符的指针。二者永远不能混用。要为一个字符串附加!，需要使用

```
strcat(string, "!");
```

参见问题1.34、7.2和16.7。

参考资料：[22, Sec. 1.5 pp. 9-10]

8.2

问： 我想检查一个字符串是否跟某个值匹配。为什么这样不行？

```
char *string;
...
if(string == "value") {
    /* string matches "value" */
    ...
}
```

答：C语言中的字符串用字符的数组表示，C语言不会把数组作为一个整体来操作（赋值、比较等）[①]。上面代码段中的==操作符比较的是两个指针——指针变量string的值和字符串字面量 "value"的指针值——看它们是否相等，也就是说，看它们是否指向同一个位置。它们可能并不相等，所以比较绝不会成功。

要比较两个字符串，一般使用库函数strcmp()：

```
if(strcmp(string, "value") == 0) {
    /* string matches "value" */
    ...
}
```

8.3

问：如果我可以写

```
char a[] = "Hello, world!";
```

那为什么不能写

```
char a[14];
a = "Hello, world!";
```

答：字符串是数组，而不能直接对数组赋值。可以使用strcpy()代替：

```
strcpy(a, "Hello, world!");
```

参见问题1.34、4.2和7.2。

8.4

问：为什么我的strcat不行？我试了

```
char *s1 = "Hello,";
char *s2 = "world!";
char *s3 = strcat(s1, s2);
```

可得到的结果很奇怪。

答：参见问题7.2。

8.5

问：这两个初始化有什么区别？

```
char a[] = "string literal";
char *p = "string literal";
```

当我对p[i]赋值的时候，程序崩溃了。

答：参见问题1.34。

[①] 嗯，几乎从不，除了将数组封装在结构或联合中进行整体赋值。

8.6

问: 我怎么得到与字符相对应的数字（即ASCII或其他字符集下的）值？反过来又该怎么做？

答: 在C语言中字符用与它们的字符集值对应的小整数表示。因此，不需要任何转换函数：如果有字符，就有它的值。

这段代码

```
int c1 = 'A', c2 = 65;
printf("%c %d %c %d\n", c1, c1, c2, c2);
```

在ASCII机器上会输出

```
A 65 A 65
```

当在数字字符和它们对应的0~9的整数之间相互转换时，只需加上或减去常数'0'，即字符值'0'.

参见问题13.1、8.9和20.11。

8.7

问: C语言有类似其他语言的"substr"（提取子串）这样的函数吗？

答: 参见问题13.3。

8.8

问: 我将用户键入的字符串读入数组，然后再显示出来。当用户键入 \n 这样的序列时，为什么不能正确处理呢？

答: \n这样的字符序列是在编译时解释的。当反斜杠和相邻的n出现在字符常量或字符串字面量中的时候，它们立即被转换成一个换行字符。（当然，对其他的转义字符序列也会进行类似的转换。）但是，当从用户或者文件读入字符串的时候，并没有进行这样的转换：反斜杠和其他的字符一样被读入和显示，没有进行任何特别的转换。（在运行时I/O过程中倒是有些换行符会被转换，但那是由于完全不同的原因。参见问题12.43。）

参见问题12.7。

8.9

问: 我注意到sizeof('a')是2而不是1（即不是 sizeof(char)），是不是我的编译器有问题？

答: 可能有些令人吃惊，但C语言中的字符常量是int型，因此sizeof('a')是sizeof(int)，这是另一个与C++不同的地方。参见问题7.12。

参考资料： [35, Sec. 3.1.3.4]
　　　　　　[8, Sec. 6.1.3.4]

[11, Sec. 2.7.3 p. 29]

8.10

问：我正开始考虑多语言字符集的问题。是否有必要担心sizeof(char)会被定义为2，以便表达16位的字符集呢？

答：就算 char型被定义为16位，sizeof(char)依然是1，而<limits.h>中的CHAR_BIT会被定义为16。届时将不能声明（或用malloc分配）一个8位的对象。

传统上，一个字节并不一定是8位，它不过是一小段内存，通常适于存储一个字符。C标准遵循了这种用法，因此malloc和sizeof所使用的字节可以是8位以上。① （标准不允许低于8位。）

为了不用扩展char型就能操作多语言字符集，ANSI/ISO C定义了"宽"字符类型wchar_t以及对应的宽字符常量和宽字符串字面量，同时也提供了操作和转换宽字符串的函数。

参见问题7.12。

参考资料：[35, Sec. 2.2.1.2, 3.13.4, 4.1.5, 4.10.7, 4.10.8]
　　　　　[8, Sec. 5.2.1.2, 6.13.4, 7.1.5, 7.10.7, 7.10.8]
　　　　　[14, Sec. 2.2.1.2]
　　　　　[11, Sec. 2.7.3 pp. 29-30, Sec. 2.7.4 p. 33, Sec. 11.1 p. 293, Secs. 11.7, 11.8 pp. 303-310]

8

---

① 8位的字节正式称为八位字节（octet）。

第 9 章

布尔表达式和变量

9

C语言没有正式的、内建的布尔类型。布尔值不过是整数（但是其范围大大缩小了！），因此它们可以放入任何整型中。C语言将0值解释为假，而将任何非零值解释为真。关系和逻辑操作符==、!=、<、>、>=、&&和||返回1表示真，因此1作为真值比其他非零值更著名些（但请参考问题9.2）。

9.1

问：C语言中布尔值该用什么类型？为什么它不是一个标准类型？我应该用 #define或enum定义真值和假值吗？

答：C语言没有提供标准的布尔类型，部分原因在于选择一个这样的类型涉及最好由程序员来决定的空间/时间折中。（使用int型可能更快，而char型可能更节省数据空间。[①]然而，如果需要和int型反复转换，那么更小的类型也可能生成更大或更慢的代码。）

可以任意使用#define或枚举常量定义真/假，无伤大雅（参见问题2.23和17.10）。使用以下任何一种形式：

```
#define TRUE        1          #define YES        1
#define FALSE       0          #define NO         0

enum bool {false, true};       enum bool {no, yes};
```

或直接使用1和0，只要在同一程序或项目中保持一致即可。如果调试器在查看变量的时候能够显示枚举常量的名字，可能使用枚举更好。

同样也可以使用typedef：

```
typedef int bool;
```

或

```
typedef char bool;
```

或

```
typedef enum {false, true} bool;
```

[①] 位域可能会更紧凑，参见问题2.27。需要使用无符号位域，1位的有符号位域不能可移植地保存值+1。

有些人更喜欢这样的定义：

```
#define TRUE (1==1)
#define FALSE (!TRUE)
```

或者定义这样的"辅助"宏：

```
#define Istrue(e) ((e) != 0)
```

但这样做于事无益，参见下边的问题9.2、5.12和10.2。

9.2

问：既然在C语言中所有的非零值都被看作"真"，那是不是把TRUE定义为1很危险？如果某个内建的函数或关系操作符"返回"不是1的其他值怎么办？

答：尽管C语言中任何非零值都都被看作真，但这仅限于"输入"，也就是说，仅限于需要布尔值的地方。当内建操作符（如==、!=和<=）生成布尔值时，可以保证为1或0。因此，这样的测试

```
if((a == b) == TRUE)
```

能如愿运行（只要TRUE为1），但这显然很傻。事实上，跟TRUE和FALSE的直接比较都不合适，因为有些库函数（如isupper()、isalpha()等）在成功时返回非零值，但不一定为1。（再说，如果你认为"if((a == b) == TRUE)"比"if(a == b)"好，那为什么就此打住呢？为什么不使用"if(((a == b) == TRUE) == TRUE)"或"if((((a == b) == TRUE) == TRUE) == TRUE)"呢？也可参见Lewis Carroll的文章"What the Tortoise Said to Achilles"。

　　既然 if(a == b)是个完全合法的条件表达式，那么这也是完全合法的：

```
#include <ctype.h>
...
if(isupper(c))
{ ... }
```

原因是已知isupper为假/真时返回零/非零值。类似地，这样的代码也可以放心使用：

```
int is vegetable;                  /* really a bool */
...
if(is vegetable)
{ ... }
```

或

```
extern int fileexist(char *);     /* returns true / false */
...
if(fileexist(outfile))
{ ... }
```

在这些例子中，isvegetable和fileexists()都是"概念上的布尔型"。

　　这样的写法

```
if(isvegetable == TRUE)
```

或

```
if(fileexists(outfile) == YES)
```

实际并没有任何改进。（可以认为它们"更安全"或"风格更好"，也可以认为它们有风险或风格很糟。反正它们读起来并不那么顺畅。参见问题17.10。）

一个很好的经验法则是，只有在向布尔变量赋值或作为函数参数或作为布尔函数的返回值的时候使用TRUE和FALSE（或类似的宏），绝不要在比较中使用。

参见问题5.3。

参考资料：[18, Sec. 2.6 p. 39, Sec. 2.7 p. 41]

[19, Sec. 2.6 p. 42, Sec. 2.7 p. 44, Sec. A7.4.7 p. 204, Sec. A7.9 p. 206]

[8, Sec. 6.3.3.3, Sec. 6.3.8, Sec. 6.3.9, Sec. 6.3.13, Sec. 6.3.14, Sec. 6.3.15, Sec. 6.6.4.1, Sec. 6.6.5]

[11, Sec. 7.5.4 pp. 196-197, Sec. 7.6.4 pp. 207-208, Sec. 7.6.5 pp. 208-9, Sec. 7.7 pp. 217-218, Sec. 7.8 pp. 218-219, Sec. 8.5 pp. 238-239, Sec. 8.6 pp. 241-244]

9.3

问： 当p是指针时，`if(p)`是合法的条件表达式吗？

答： 是的。参见问题5.3。

9.4

问： 我该使用像TRUE和FALSE这样的符号名称还是直接用1和0来作布尔常量？

答： 选择权在你。使用这些预处理宏是为了提高代码的可读性，而不是因为它所代表的值可能改变。使用符号名称还是直接用1/0关乎风格，但不涉及对错。（同样的论断也适用于NULL宏。参见问题5.10和17.10。）

一方面，使用符号名称（如TRUE或FALSE）会提示读者使用了布尔值。另一方面，布尔值和定义可能会令人很迷惑，有些程序员觉得TRUE和FALSE宏不过让这些迷惑变得更加复杂而已。（参见问题5.9。）

9.5

问： 我准备使用的一个第三方头文件定义了自己的TRUE和FALSE，它们跟我已经开发的部分不兼容。我该怎么办？

答： 参见问题10.10。

第 10 章

C预处理器

C语言的预处理器为很多软件工程和配置管理问题提供了合理的解决方案，但它的语法跟C语言的其他方面颇不相同。正如它的名称暗示的，预处理器在正式解析和编译之前操作。因为它不知道编译器的其他部分所识别的代码结构，所以它也不能作出任何跟声明的类型和函数结构有关的处理。

本章的前半部分围绕主要的预处理指令#define（问题10.1到10.5）、#inlcude（问题10.6到10.11）和#if（问题10.12到10.19）展开。问题10.20到10.25包含了奇异的宏替换，而问题10.26和10.27则讨论了跟预处理器缺乏可变长宏参数列表相关的一些问题。

宏定义

10.1

问：我想定义一些函数式的宏，例如：

```
#define square(x) x * x
```

但它们并不总是正确的。为什么？

答：宏扩展是纯粹的文本扩展。为了避免意外，在定义函数式的宏的时候，请记住下边所列的三条规则。

(1) 宏扩展必须使用括号，以便保护表达式中低优先级的操作符。例如对于上边问题中（错误）的square()宏，调用

```
1 / square(n)
```

会被扩展为

```
1 / n * n
```

这等价于(1 / n) * n。而你需要的是

```
1 / (n * n)
```

在这里，问题出在结合性而不是优先级上，但效果是一样的。

(2) 在宏定义内部，所有参数的出现都必须用括号括起来，以便保护实参中任何低优先级的操作符不受宏扩展其他部分的影响。同样以square()为例，调用

```
square(n + 1)
```

会被扩展为

```
n + 1 * n + 1
```

但你需要的是

```
(n + 1) * (n + 1)
```

(3) 如果一个参数在扩展中出现了多次，而实参是带副作用的表达式，则宏可能不能正确运行。再以 square() 宏为例，调用

```
square(i++)
```

会被扩展为

```
i++ * i++
```

而这是未定义的（参见问题3.2）。

遵循规则(1)和规则(2)的正确的 square 宏的定义应该是

```
#define square(x) ((x) * (x))
```

满足规则(3)更加困难一些。有时候，小心地利用&&、||或?:操作符（参见问题3.7）的短路行为可以确保出现多次的参数只会被求值一次。有时候，仅仅需要在文档中表明宏不安全，从而让用户避免使用有副作用的表达式作为实参。其他时候，如果不能保证安全，最好不要创建函数式的宏。

作为一个风格传统，宏名称通常定义为首字母大写或所有字母大写，以表明它们是宏。如果函数式的宏的确模拟了函数，而且也符合这三个规则，用全部小写的名称也未尝不可。因为我们讨论的 square 宏并不满足这些规则，所以如果真的需要，它应该定义成这个样子：

```
#define Square(x) ((x) * (x))              /* UNSAFE */
```

参考资料：[18, Sec. 4.11 p. 87]

[19, Sec. 4.11.2 p. 90]

[11, Sec. 3.3.6, 3.3.7 pp. 49-50]

[22, Sec. 6.2 pp. 78-90]

10.2

问：这里有一些预处理宏：

```
#define begin      {
#define end        }
```

使用它们，我可以写出更像Pascal的C代码。你觉得怎么样？

答：使用这样的宏，虽然表面看上去很吸引人，但实际上并不推荐。严重的情况下，这种用法被称为"预处理器滥用"。试图重定义一种语言的语法以适应个人的偏好或模仿其他的语言没有什么好处。你的偏好不大可能被以后的代码读者或维护者共享，而对其他语言的任何模拟也难以完美（宣称的方便和效用恐怕还抵不上记住不足带来的麻烦。）

作为一条一般规则，让预处理宏遵守C语言的语法规则是个好主意。没有参数的宏应该看起来像变量或其他标识符，有参数的宏应该像函数调用。问自己这样的问题："如果我不经过预处理就让编译器编译，这段代码会产生多少语法错误？"（当然，你会得到很多未定义标识符和非常数的数组维度，但这些不是语法错误。）这条规则意味着，加上宏调用的C代码看起来还应该是C代码。所谓的非语法宏，如begin和end或者CTRL(D)（参见问题10.21），只会让C代码看着像官样文章一样（参见问题20.42）。当然，这很大程度上是个风格问题。参见第17章。

10.3

问：怎么写一个交换两个值的通用宏？

答：对于这个问题没有什么好的答案。如果这两个值是整数，可以使用异或的技术，但是这对浮点值或指针却不行，对两个值是同一个变量也无能为力。（参见问题3.4和20.18。）如果希望这个宏用于任何类型的值（通常的目标），那么任何使用临时变量的解决方案都有问题，下面列出了原因。

❑ 很难找到一个不跟其他名称冲突的临时变量名称。你所选择的任何名称都有可能正巧是需要交换的变量之一的名称。可以用##拼接两个实参的名称，以确保跟任何一个都不相同，但是如果拼接成的名称大于31个字符[①]，它还是可能不唯一，而且也不允许交换非简单标识符（如a[i]）。可能可以使用像_tmp这样处于用户和实现命名空间之间的"无人地带"的名称。参见问题1.30。

❑ 要么这个临时变量不能声明为正确的类型（因为标准C没有提供typeof操作符），要么（如果它使用memcpy按字节将对象复制到sizeof计算出来的临时数组）这个宏就不能用于声明为register的操作数。

❑ 最好的全面解决方案可能就是忘掉宏这回事，除非你还准备把类型作为第三个参数传入。（而且，如果准备交换整个结构或数组，可能交换指针会更好。）

❑ 如果你被一劳永逸地解决这个问题的热切愿望所吸引，你恐怕需要三思，因为还有更值得付出宝贵精力的其他问题。

10.4

问：书写多语句宏的最好方法是什么？

答：通常的目标是能够像一个包含函数调用的表达式语句一样调用宏：

```
MACRO(arg1, arg2);
```

这意味着"调用者"需要提供最终的分号，而宏体则不需要。因此宏体不能为简单的括号包围的复合语句，因为这个宏可能会用于带else分支的if/else语句的if分支：

```
if(cond)
```

---

① C标准没有要求编译器扫描标识符的前31个字符以后的字符。

```
    MACRO(arg1, arg2);
else    /* some other code */
```

如果宏扩展为一个简单的复合语句，则用户提供的最终的分号就会成为语法错误：

```
if(cond)
    {stmt1; stmt2;};
else    /* some other code */
```

所以，传统的解决方案就是这样：

```
#define MACRO(arg1, arg2) do {           \
    /* declarations */                   \
    stmt1;                               \
    stmt2;                               \
    /* ... */                            \
    } while(0)           /* (no trailing; ) */
```

当调用者加上分号后，宏在任何情况下都会扩展为一个语句。（优化的编译器会去掉条件为0的"无效"测试或分支，而 lint 可能会警告。）

另一种可能的方案是：

```
#define MACRO(arg1, arg2) if(1) {        \
    stmt1;                               \
    stmt2;                               \
    } else
```

但这种方案要差些，因为如果调用者碰巧忘了在调用时加上分号，它就会静悄悄地破坏周围的代码。

如果宏体内的语句都是简单语句，没有声明或循环，那么还有一种技术，就是写一个使用一个或多个逗号操作符的表达式，放在括号中：

```
#define FUNC(arg1, arg2)(expr1, expr2, expr3)
```

问题10.26的第一个 DEBUG() 宏就是一个例子。这种技术还可以"返回"一个值（这里就是 expr3）。

有些编译器，如 gcc，可以使用非标准的"inline"关键字或其他扩展自动地或根据程序员的请求内联扩展小函数。

参考资料：[11, Sec. 3.3.2 p. 45]

[22, Sec. 6.3 pp. 82-83]

10.5

问：用 typdef 和预处理宏生成用户定义类型有什么区别？

答：参见问题1.13。

头文件

10.6

问：我第一次把一个程序分成多个源文件，我不知道该把什么放到 .c 文件，把什么放到 .h 文件。

（".h"到底是什么意思？）

答： 作为一般规则，应该把下面所列的内容放入头(.h)文件中：
- ❏ 宏定义（预处理#define）；
- ❏ 结构、联合和枚举声明；
- ❏ typedef声明；
- ❏ 外部函数声明（参见问题1.11）；
- ❏ 全局变量声明。

当声明或定义需要在多个文件中共享时，把它们放入一个头文件中尤其重要。不要在两个或多个源文件的顶部重复声明或定义宏。应该把它们放入一个头文件，然后在需要的时候用#include包含进来。这样做的原因并不仅仅是减少打字输入——这样可以保证在声明或定义变化的时候，只需要修改一处即可将结果一致地传播到各个源文件中。（特别是，永远不要把外部函数原型放到.c文件中。参见问题1.7。）

另一方面，如果定义或声明为一个源文件私有，则最好留在该文件中。（作用域限于单文件的私有函数和变量应该声明为static。参见问题2.4。）

最后，不能把实际的代码（如函数体）或全局变量定义（即定义和初始化实例）放入头文件中。而且，当用多个源文件创建一个项目的时候，应该单独编译每个文件（使用特定的编译选项，只进行编译），然后用连接器将生成的目标文件连接起来。（如果是集成开发环境，这些事情可能已经不用你自己操心了。）不要试图用#include把你的源文件"连接"成一个整体。#include是用来引入头文件而不是.c文件的。

参见问题1.7、10.7和17.2。

参考资料：[19, Sec. 4.5 pp. 81-82]
　　　　　[11, Sec. 9.2.3 p. 267]
　　　　　[22, Sec. 4.6 pp. 66-67]

10.7

问： 可以在一个头文件中包含另一头文件吗？

答： 这是个风格问题，因此有不少的争论。很多人认为"嵌套包含文件"应该避免，盛名远播的"印第安山风格指南"（Indian Hill Style Guide，参见问题 17.9）对此嗤之以鼻。它让相关定义更难找到。如果一个文件被包含了两次，它会导致重复定义错误，同时它也会令Makefile的人工维护十分困难。

但另一方面，嵌套包含文件使模块化使用头文件成为一种可能（一个头文件可以包含它所需要的一切，而不是让每个源文件都包含需要的头文件）。类似grep的工具（或tags文件）使搜索定义十分容易，无论它在哪里。一种流行的头文件定义技巧是：

```
#ifndef HFILENAME_USED
#define HFILENAME_USED
... 头文件内容 ...
```

```
#endif
```

每一个头文件都使用了一个独一无二的宏名。这令头文件可自我识别，以便可以被安全地多次包含。而自动的Makefile维护工具（无论如何，在大型项目中都是必不可少的。参见问题18.1）可以很容易地处理嵌套包含文件的依赖问题。

参见问题17.10。

参考资料：[14, Sec. 4.1.2]

10.8

问：完整的头文件搜索规则是怎样的？

答：准确的行为是由实现定义的。（这也意味着应该有文档说明。参见问题11.35。）通常，用 <> 命名的头文件会先在一个或多个标准位置搜索。① 用""命名的头文件会首先在"当前目录"搜索，然后（如果没有找到）再在标准位置搜索。（标准只规定了用""命名的文件也会按照 <>文件的方式搜索。）

另一个区别在于""文件的"当前目录"的定义。传统上（尤其是在UNIX编译器下），当前目录是包含#include指令的文件所在的目录。而在其他编译器下，当前目录是编译器启动的目录。（没有目录或没有当前目录概念的系统下的编译器当然还有可能使用其他的规则。）

使用某种方法向标准位置的搜索列表增加其他的目录（通常是一个包含大写I的命令行参数或某个环境变量）也是很常见的。参考你的编译器文档。

参考资料：[19, Sec. A12.4 p. 231]
　　　　　[35, Sec. 3.8.2]
　　　　　[8, Sec. 6.8.2]
　　　　　[11, Sec. 3.4 p. 55]

10.9

问：我在文件的第一个声明就遇到奇怪的语法错误，但是看上去没什么问题。

答：可能你包含的最后一个头文件的最后一行缺一个分号。参见问题2.19、11.31和16.2。

10.10

问：我使用了来自两个不同的第三方库的头文件，它们都定义了相同的宏，如 TRUE、FALSE、Min()和Max()等，但是它们的定义相互冲突，而且跟我在自己的头文件中的定义也有冲突。我该怎么办？

答：这的确是个讨厌的事情。这是个典型的命名空间问题。参见问题1.9和1.30。理想状态下，第

---

① 严格地讲，<> 头文件甚至都不必一定是文件。<> 语法通常都保留给系统定义的头文件。

三方库的厂商在定义符号（预处理宏、全局变量和函数名称）的时候应该尽责地确保不会发生命名空间冲突。最好的解决方案是让厂商修改他们的头文件。作为一种迂回措施，有时你也可以在发生冲突的#include指令之间解除或重新定义冲突的宏。

10.11

问： 我在编译一个程序，看起来我好像缺少需要的一个或多个头文件。谁能发给我一份？

答： 根据"缺少的"头文件的种类，有几种情况。

如果缺少的头文件是标准头文件（即由ANSI C标准定义的头文件，如<stdio.h>），那么你的编译器有问题。可能编译器没有正确安装，也可能你的项目没有配置好以找到标准头文件。你得向你的厂商或者精通你的编译器的人求助。

如果（缺少的是）非标准的头文件，则问题更复杂一些。有些头文件（如<dos.h>）完全是系统或编译器特有的。某些是完全没有必要的，而且应该用它们的标准等价物代替。例如，用<stdlib.h>代替<malloc.h>。其他的头文件，如跟流行的附加库相关的，则可能有相当的可移植性。

标准头文件存在的部分原因就是提供适合你的编译器、操作系统和处理器的定义。你不能从别人那里随便复制一份就指望它能工作，除非这个人跟你使用的是同样的环境。你可能事实上有移植性问题（参见第19章）或者编译器问题。否则，参见问题18.20。

10

条件编译

10.12

问： 怎样构造比较字符串的#if预处理表达式？

答： 你不能直接这样做，#if预处理指令只处理整数。有一种替代的方法是定义几个整数值不一样的宏，用它们来实现条件比较。

```
#define RED            1
#define BLUE           2
#define GREEN          3

#if COLOR == RED
/* red case */
#else
#if COLOR == BLUE
/* blue case */
#else
#if COLOR == GREEN
/* green case */
#else
/* default case */
#endif
#endif
```

```
#endif
```

（标准C定义了一个新的#elif指令，可以让if/else链看起来更清楚一些。）参见问题20.20。

参考资料：   [19, Sec. 4.11.3 p. 91]

[35, Sec. 3.8.1]

[8, Sec. 6.8.1]

[11, Sec. 7.11.1 p. 225]

10.13

问：sizeof操作符可以用在#if预处理指令中吗？

答：不行。预处理在编译过程之前进行，此时尚未对类型名称进行分析。作为替代，可以考虑使用ANSI的<limits.h>中定义的常量，或者使用"配置"（configure）脚本。当然，更好的办法是编写与类型大小无关的代码。参见问题1.1和1.3。

参考资料：   [35, Sec. 2.1.1.2, 3.8.1, footnote 83]

[8, Sec. 5.1.1.2, 6.8.1]

[11, Sec. 7.11.1 p.225]

10.14

问：我可以像这样在#define行里使用#ifdef来定义两个不同的东西吗？

```
#define a b \
#ifdef whatever
    c d
#else
    e f g
#endif
```

答：不行。不能"让预处理器自己运行"。你能做的就是根据#ifdef设置使用两个完全不同的#define行中的一个。

```
#ifdef whatever
#define a b c d
#else
#define a b e f g
#endif
```

参考资料：   [35, Sec. 3.8.3, Sec. 3.8.3.4]

[8, Sec. 6.8.3, Sec. 6.8.3.4]

[11, Sec. 3.2 pp. 40-41]

10.15

问：对typedef的类型定义有没有类似#ifdef的东西？

答：很遗憾，没有。（也不会有，因为类型和typedef不能在预处理的时候解析。）可以保存一套预处理宏（如MY_TYPE_DEFINED）来记录某个类型是否用typedef声明了。参见问题1.13和10.13。

参考资料：[35, Sec. 2.1.1.2, Sec. 3.8.1 footnote 83]
　　　　　[8, Sec. 5.1.1.2, Sec. 6.8.1]
　　　　　[11, Sec. 7.11.1 p. 225]

10.16

问：我如何用#if表达式来判断机器是高字节在前还是低字节在前？

答：恐怕不能。判断机器字节顺序的代码技术通常都要使用char型数组或者联合，但预处理运算仅仅使用长整型，而且没有寻址的概念。况且，在预处理#if表达式中使用的整数格式也不一定跟运行时的一样。

　　你是否真的需要明确机器的字节顺序呢？通常写出与字节顺序无关的代码更好（参见问题12.45中的代码片段）。也可参见问题20.9。

参考资料：[35, Sec. 3.8.1]
　　　　　[8, Sec. 6.8.1]
　　　　　[11, Sec. 7.11.1 p. 225]

10

10.17

问：为什么在我用#ifdef关掉的代码行中报出了奇怪的语法错误？

答：参见问题11.21。

10.18

问：我拿到了一些代码，里边有太多的#ifdef。我不想使用预处理器把所有的#include和#ifdef都扩展开，有什么办法只保留一种条件的代码呢？

答：有几个程序unifdef、rmifdef和scpp（selective C preprocessor）正是完成这种工作的。参见问题18.20。

10.19

问：如何列出所有的预定义宏？

答：尽管这是种常见的需求，但却没有什么标准的办法。gcc提供了和-E一起使用的-dM选项，其他编译器也有类似的选项。如果编译器文档没有帮助，那么可以使用类似UNIX strings的实用程序取出编译器或预处理生成的可执行文件中的可打印字符串。请注意，很多传统的系统相关的预定义标识符（如"unix"）并不标准（因为和用户的命名空间冲突），因而会被删除或改名。（无论如何，尽量少地使用条件编译是明智之举。）

奇异的处理

宏替换可能非常复杂——有时候简直就是太复杂了。对以前偶然能使用（如果真的能的话）的两种流行技巧，即"符号粘贴"（token pasting）和字符串字面量内部替换，ANSI C 都引入了明确定义的支持机制。

10.20

问： 我有些旧代码，试图用这样的宏来构造标识符：

```
#define Paste(a, b) a/**/b
```

但是现在不行了。为什么？

答： 这个宏只是碰巧能用。这是一些早期预处理器实现（如 Reiser）的未公开的功能，定义中的注释会完全消失，因而可以用来粘贴标识符。但 ANSI 确认（如 K&R1 所言）用空白代替注释，因此它们不能在 Pascal() 宏中可移植地使用。然而对粘贴标识符的需求却十分自然和广泛，因此 ANSI 引入了一个明确定义的符号粘贴操作符——##，它可以这样使用：

```
#define Paste(a, b) a##b
```

在 ANSI 前的编译器中，你还可以试试这种粘贴标识符的方法：

```
#define XPaste(s) s
#define XPaste(a, b)  XPasete(a)b
```

参见问题 11.19。

参考资料： [35, Sec. 3.8.3.3]
[8, Sec. 6.8.3.3]
[14, Sec. 3.8.3.3]
[11, Sec. 3.3.9 p. 52]

10.21

问： 我有一个旧宏：

```
#define CTRL(c) ('c' & 037)
```

现在不能用了。为什么？

答： 这个宏在代码中的使用是这样的：

```
tchars.t_eofc = CTRL(D);
```

基于"参数 c 的真实值即使在单引号引起来的字符常量中也会被替换"这个假设，这行可望被扩展为：

```
tchars.t_eofc = ('D' & 037);
```

但预处理器从来都没有设计成这样工作，CTRL()这样的宏能工作不过是个意外。ANSI C定义了一个新的"字符串化"操作符，但并没有对应的"字符化"操作符。

　　这个问题最好的解决方案可能是去掉宏定义中的单引号，将宏写成：

```
#define CTRL(c) ((c) & 037)
```

然后在调用宏的时候带上单引号：

```
CTRL ('D')
```

这样做也让这个宏"合乎语法"了。参见问题 10.2。

　　也可以使用字符串化操作符和一些间接（indirection）：

```
#define CTRL(c) (*#c & 037)
```

或

```
#define CTRL(c) (#c[0] & 037)
```

但是，这两种都不如原来的好，因为它们不能用作case行标，也不能用来初始化全局变量。（全局变量的初始化和case行标需要某种特殊的常量表达式，而不允许字符串字面量和间接。）

　　参见问题11.20。

参考资料：　[35, Sec. 3.8.3 footnote 87]
　　　　　　[8, Sec. 6.8.3]
　　　　　　[11, Sec. 7.11.2, 7.11.3 pp. 226-227]

10

10.22

问：为什么宏

```
#define TRACE(n) printf("TRACE: \%d\n", n)
```

报出警告 "macro replacement within a string literal"？它似乎把 TRACE(count);扩展成了

```
printf("TRACE: \%d\count", count);
```

答：参见问题11.20。

10.23

问：如何在宏扩展的字符串字面量中使用宏参数？

答：参见问题11.20。

10.24

问：我想用ANSI的"字符串化"预处理操作符#将符号常量的值放入消息中，但它总是对宏名称而不是它的值进行字符串化。这是什么原因？

答：参见问题11.19。

10.25

问: 我想用预处理器做某件事情,但却不知道如何下手。

答: C的预处理器并不是一个全能的工具。注意,甚至都不能保证它是一个单独的可运行的程序。与其强迫它做一些不适当的事情,还不如考虑自己写一个专用的预处理工具。可以很容易就得到一个类似make那样的实用程序帮助你自动运行。

　　如果你要处理的不是C程序,可以考虑使用一个多用途的预处理器。(在多数UNIX系统上都可用的一个较老的预处理器是m4。)

可变参数列表的宏

　　让函数接受可变参数是颇有道理的(典型的例子是 printf。参见第15章)。基于同样的理由,有时候也希望函数式的宏可以接受可变参数。有个特别的想法就是希望写出类似printf那样的通用DEBUG()宏。

10.26

问: 怎样写可变参数宏? 如何用预处理器 "关掉" 具有可变参数的函数调用?

答: 一种流行的技巧是用一个用括号括起来的 "参数" 定义和调用宏,参数在宏扩展的时候成为类似printf()那样的函数的整个参数列表。

```
#define DEBUG (args) (printf("DEBUG: "), printf args)

if(n != 0) DEBUG(("n is %d\n", n));
```

　　明显的缺陷是调用者必须记住使用一对额外的括号。另一个问题是宏扩展不能放入其他的参数(就是说,DEBUG()宏不能扩展成类似fprintf(debugd, ...)的形式)。

　　GNU C编译器有一个扩展,可以让函数式的宏接受可变参数。但这不是标准。下面列出了其他可能的解决方案。

  ❑ 根据参数的数量使用不同的宏(DEBUG1、DEBUG2等)。
  ❑ 用逗号玩个这样的花招:

```
#define DEBUG(args) (printf("DEBUG: "), printf(args))
#define _ ,

DEBUG("i = %d" _ i);
```

  ❑ 用不匹配的括号玩弄可怕的花招:

```
#define DEBUG fprintf(stderr,

DEBUG %d, x);
```

(这些方法都需要使用者小心对待,而且它们都丑陋不堪。)[①]

[①]　C99引入了对具有可变参数列表的函数式宏的正式支持。在宏 "原型" 的末尾加上符号 ... (就像在可变参数的函数定义中),宏定义中的伪宏__VA_ARGS__就会在调用时替换成可变参数。

最后，你总是可以使用真实的函数，接受定义明确的可变参数。参见问题15.4和15.5。
如果你想关掉调试输出，可以使用调试宏的另一个版本：

```
#define printf myprintf
```

若使用真正的函数调用，还是可以用更多的预处理技巧去掉函数名称但保留参数。例如：

```
#define DEBUG (void)
```

或

```
#define DEBUG if(1) {} else printf
```

或

```
#define DEBUG 1 ? 0 : (void)
```

这些技巧都基于这样一种假设，即一个好的优化程序会去掉所有的"死"printf调用或者
让转换为void的带括号的逗号表达式退化。参见问题10.14。

参考资料：[9, Sec. 6.8.3, Sec. 6.8.3.1]

10.27

问： 如何在通用的调试宏中包含__FILE__和__LINE__宏？

答： 这个问题可以最终归结为问题10.26。一种方案是将你的调试宏写成变参函数（参见问题15.4
和15.5）和用静态变量隐藏__FILE__和__LINE__宏的辅助函数，例如：

```
#include <stdio.h>
#include <stdarg.h>

void debug(const char *, ...);
void dbginfo(int, const char *);
#define DEBUG dbginfo(__LINE__, __FILE__), debug

static char *dbgfile;
static int dbgline;

void dgbinfo(int line, const char *file)
{
    dgbfile = file;
    dbgline = line;
}

void debug(const char *fmt, ...)
{
    va_list argp;
    fprintf(stderr, "DEBUG:\"%s\", line %d: ", dbgfile, dbgline);
    va_start(argp, fmt);
    vfprintf(stderr, fmt, argp);
    va_end(argp);
    fprintf(stderr, "\n");
}
```

有了这套机制以后，这样的调用

```
DEBUG("i is %d", i);
```

会被扩展为

```
dbginfo ( __LINE__ , __FILE__ ) , debug("i is %d", i) ;
```

从而输出

```
DEBUG: "x.c", line 10: i is 42
```

让辅助函数返回一个变参函数的指针是个更妙的想法：

```
void debug(char *, ...) ;
void (*dgbinfo(int, char *))(char *, ...);
#define DEBUG (*dbginfo(__LINE__, __FILE__))

void (*dbginfo(int line, char *file ))(char *, ...)
{
    dbgfile = file;
    dbgline = line;
    return debug;
}
```

使用这样的定义，DEBUG("i is %d", i);会扩展为：

```
(*dbginfo(__FILE__, __FILE__ ))("i is %d", i);
```

另一种可能更简单的方式是：

```
#define DEBUG printf("DEBUG: \"%s\", line %d: ", \
    __FILE__, __LINE__), printf
```

这样，DEBUG("i is %d", i);直接扩展为：

```
printf("DEBUG: \"%s\", line %d: ",
    __FILE__, __LINE__), printf("i is %d", i);
```

第 11 章

ANSI/ISO标准C

1990年ANSI C标准（X3.159-1989）（现在被ISO 9899:1990及正在进行的修正①取代）的发布使C语言作为一种稳定语言广为接受。标准澄清了语言中存在的许多模糊之处，但同时也引入了一些新的功能和定义，有时这也会带来问题。在澄清模糊问题的过程中，如果跟某人以前的经验不同，或者用ANSI之前的编译器来编译标准广泛接受以后写出的代码，都可能产生误解。

有几种途径可以查到标准C。它原来是由美国国家标准协会（ANSI）委托的一个委员会（X3J11）起草的，因此它被称为"ANSI C"。ANSI C标准被国际标准化组织（ISO）接受，因此有时也被称为"ISO C"。而ANSI最终又接受了ISO的版本（替代了原来的版本），因此现在经常也称"ANSI/ISO C"。除非你想强调 ISO 修改之前的原ANSI标准，否则这些称谓之间没有什么实质的区别，可以简单地称其为"C标准"或"标准C"。（如果在C语言的上下文中讨论，那么直接使用"标准"一词也可以接受。）

标准

11.1

问：什么是"ANSI C标准"？

答：1983年，美国国家标准协会（ANSI）委任一个委员会X3J11对C语言进行标准化。经过长期艰苦的过程，该委员会的工作于1989年12月14日被正式批准为ANSI X3.159-1989并于1990年春天颁布。ANSI C主要对现存的实践进行标准化，同时增加了一些来自C++的内容（主要是函数原型）并支持多语言字符集（包括备受争议的三字符序列）。ANSI C标准同时规定了C运行库例程的标准。

一年左右以后，该标准被接受为国际标准，称为 ISO/IEC 9899:1990，这个标准甚至在美国国内代替了早先的X3.159（新标准在美国称作ANSI/ISO 9899-1990 [1992]）。ISO标准的章节编号和ANSI不太一样（简单地说，ISO标准的5到7章大致跟原ANSI标准的2到4章对应）。作为一个ISO标准，它会以发行技术勘误和标准附录的形式不断更新。

---

① 作者写此书正在进行的修正，现在早已完成。——译者注

1994年，技术勘误1（TC1）修正了标准中约40处地方，多数都是小的修改或说明，而标准附录1（NA1）增加了大约50页的新材料，多数是规定国际化支持的新库函数。1995年，TC2增加了更多的小修改。

最近，该标准的一个重大修订，C99，已经完成并被接受。[①]

该标准的数个版本，包括C99和原始的ANSI标准，都包含了一个"基本原理"（Rationale），解释它的许多决定并讨论了很多细节问题，包括本文中提及的某些内容。

11.2

问： 如何得到一份标准的副本？

答： 可以用18美元从www.ansi.org在线购买一份电子副本（PDF）。在美国可以从以下地址获取印刷版本：

❑ American National Standards Institute
11 W. 42nd St., 13th floor
New York, NY   10036   USA
(+1) 212 642 4900

和

❑ Global Engineering Documents
15 Inverness Way E
Englewood, CO   80112 USA
(+1) 303 397 2715
(800) 854 7179 (U.S. & Canada)

其他国家，可以联系适当的国内标准组织，或日内瓦的 ISO 组织，地址是：

❑ ISO Sales
Case Postale 56
CH-1211 Geneve 20
Switzerland

或者参见URL http://www.iso.ch 或查阅 comp.std.internat FAQ列表的Standards.Faq。

由Herbert Schild注释的名不副实的*Annotated ANSI C Standard*包含ISO 9899的多数内容。这本书由Osborne/McGraw-Hill出版，ISBN为0-07-881952-0，在美国售价大约40美元。有人认为这本书的注解并不值它和官方标准的差价，因为里边错漏百出，有些标准本身的内容甚至都不全。网上有很多人甚至建议完全忽略里边的注解。在 http://www.lysator.liu.se/c/schildt.html可以找到Clive Feather对该注解的评论（"注解的注解"）。

"ANSI基本原理"（ANSI Rationale）的最初文本可以从ftp://ftp.uu.net/doc/standards/ansi/X3.159-1989匿名ftp下载（参见问题18.20），也可以在万维网从http://www.lysator.liu.se/c/rat/

---

① 原书出版的时候，C9X的修订尚在进行中。本书中文版出版的时候，C99已经修订完成。

title.html得到。这本基本原理由Silicon Press出版，ISBN为0-929306-07-4。

C9X的公众评论草案可以从ISO/IEC JTC1/SC22/WG14的网站得到，地址为http://www.dkuug. dk /JTC1/SC22/WG14/。

参见问题11.3。

*11.3

问：我在哪里可以找到标准的更新？

答：你可以在以下网站找到相关信息（包括C9X草案）：http://www.lysator.liu.se/c/index.html、http://www.dkuug.dk/JTC1/SC22/WG14/和http://www.dmk.com/。

函数原型

ANSI C标准中引入的最重要的内容就是函数原型（function prototype，从C++中借鉴而来的），它用于声明函数的参数类型。为了保持兼容，无原型声明依然可以接受，这使得函数原型的规则有些复杂。

11.4

问：为什么我的ANSI编译器在遇到以下代码时都会警告类型不匹配？

```
extern int func(float);

int func(x)
float x;
{ ... }
```

答：你混用了新型的原型声明"extern int func(float);"和老式的定义"int func(x) float x;"。通常这两种风格可以混用（参见问题 11.5），但是这种情况下不行。

旧的C编译器（包括未使用原型和可变参数列表的 ANSI C，参见问题15.2）会"放宽"传入函数的某些参数。float被提升为double，char型和short型被提升为int。对于旧式的函数定义，如果在函数中那样声明了，则参数值会在被调函数的内部自动转换为对应的较窄的类型。因此问题中的旧式定义实际表明func接受double型，但在函数内会被转回float型。

这个问题有两种解决方案。一种是在定义中使用新的语法：

```
int func(float x) { ... }
```

另一种是把新型原型声明改成跟旧式定义一致：

```
extern int func(double);
```

这种情况下，如果可能，最好把旧式定义也改成使用double。[1]

---

[1] 如果参数的地址已经确定，且有一个特定类型，那么改变一个参数的类型可能需要其他改变。

毫无疑问，在函数参数和返回值中避免使用"窄"（char、short int和float）类型
要安全得多。

参见问题1.25。

参考资料：[18, Sec. A7.1 p. 186]
        [19, Sec. A7.3.2 p. 202]
        [8, Sec. 6.3.2.2, Sec. 6.5.4.3]
        [14, Sec. 3.3.2.2, Sec. 3.5.4.3]
        [11, Sec. 9.2 pp. 265-267, Sec. 9.4 pp. 272-273]

*11.5

问：能否混用旧式的和新型的函数语法？

答：这样做是合法的，并且对于后向兼容是有用的，但还是小心为妙（特别参见问题11.4）。现
代的做法是在声明和定义的时候都用原型形式。旧式的语法被认为已经废弃，所以对它的官
方支持某一天可能会取消。

参考资料：[8, Sec. 6.7.1, Sec. 6.9.5]
        [11, Sec. 9.2.2 pp. 265-267, Sec. 9.2.5 pp. 269-270]

11.6

问：为什么下述声明报出了一个奇怪的警告信息"Struct X declared inside parameter list"？

```
extern int f(struct x *p);
```

答：与C语言通常的作用域规则大相径庭的是，在原型中第一次声明（甚至提到）的结构不能和
同一源文件中声明的其他结构兼容。问题在于结构和标签在原型的结束时就超出了作用域。
参见问题1.30。

　　要解决这个问题，可能需要重新安排，将结构的真实声明放到使用它的函数原型之前。
（通常函数原型和结构声明会放到同一个头文件中，以便二者相互引用。）如果真的要在函数
原型中使用还没有遇到过的结构，则需要在同一源文件的原型之前放上这样的声明：

```
struct x;
```

它在文件作用域内提供了一个（不完整的）结构x的声明，这样，后续用到结构x的声明至少
能够确定它们引用的是同一个结构x。

参考资料：[8, Sec. 6.1.2.1, Sec. 6.1.2.6, Sec. 6.5.2.3]

11.7

问：有个问题一直困扰着我，它是由这一行

```
printf("%d", n);
```

导致的，因为n是个long int型。难道 ANSI 的函数原型不能检查这种函数的参数不匹配问题吗？

答：参见问题15.3。

11.8

问：我听说必须在调用printf之前包含<stdio.h>。为什么？

答：参见问题15.1。

const 限定词

从C++引入的另一个特性是类型系统的另一个维度：类型限定词。类型限定词可以修改指针类型（从而影响指针或所指的对象），因此被限定的指针声明有些技巧。（本节的问题涉及const，但多数问题也适用于其他限定词，如volatile。）

11.9

问：为什么不能在初始化和数组维度中使用const值？例如

```
const int n = 5;
int a[n];
```

答：const限定词真正的含义是"只读"，用它限定的对象通常是运行时不能被赋值的对象。因此用const限定的对象的值并不完全是一个真正的常量，不能用作数组维度、case行标或类似环境。在这点上C和C++不一样。如果你需要真正的编译时常量，使用预处理宏#define（或enum）。

参考资料：[35, Sec. 3.4]
　　　　　 [8, Sec. 6.4]
　　　　　 [11, Secs. 7.11.2, 7.11.3 pp. 226-227]

11.10

问："const char *p"、"char const *p"和"char * const p"有何区别？

答：前两个可以互换。它们声明了一个指向字符常量的指针（这意味着不能改变它所指向的字符的值）；"char * const p"声明一个指向（可变）字符的指针常量，就是说，你不能修改指针。"从里到外"看就可以理解它们。参见问题1.21。

参考资料：[35, Sec. 6.5.4.1]
　　　　　 [8, Sec. 6.5.4.1]
　　　　　 [14, Sec. 3.5.4.1]

[11, Sec. 4.4.4 p. 81]

11.11

问： 为什么不能向接受const char **的函数传入char **？

答： 可以向接受const T的指针的地方传入T型的指针（任何类型T都适用）。但是，这种允许在被限定的指针类型上轻微不匹配的规则（明显的例外）却不能递归应用，只能用于最上层。（因为const char **是const char的指针的指针，所以这个例外规则并不适用。）

不能向const char **指针赋char **值的原因有些晦涩。const限定词既然存在，就是为了让编译器帮助你保证不修改const值。这就是为什么可以将char *赋向const char *，但反过来却不行。显然，使普通指针"常数化"是安全的，但反之就危险了。但是，假如进行下边这样更加复杂的一系列赋值：

```
const char c = 'x';        /* 1 */
char *p1;                   /* 2 */
const char **p2 = &p1;      /* 3 */
*p2 = &c;                   /* 4 */
*p1 = 'X';                  /* 5 */
```

在第3行，我们将char **值赋给const char **。（编译器应该会报警。）在第4行，将const char *值赋给const char *变量，这是完全合法的。第5行中，我们又修改了char *指向的对象——这也应该是合法的。但是，p1最终却指向了c，而c却是const的。这发生在第4行，因为*p2实际就是p1。而这又是由第3行导致的。因此，第3行的赋值形式是不允许的。①

向const char **赋char **值（如第3行和问题中的代码）并不会立即导致危险。但它会营造一种环境，使得p2的承诺——即最终所指的值不能修改——无法遵守。如果必须赋值或传递除了在最上层还有限定词不匹配的指针，你必须使用显式的类型转换（本例中，使用(const char **)），不过，通常需要使用这样的转换意味着还有转换所不能修复的深层次问题。

参考资料：[35, Sec. 3.1.2.6, Sec. 3.3.16.1, Sec. 3.5.3]
　　　　　[8, Sec. 6.1.2.6, Sec. 6.3.16.1, Sec. 6.5.3]
　　　　　[11, Sec. 7.9.1 pp. 221-222]

11.12

问： 我这样声明：

```
typedef char *charp;
const charp p;
```

---

① C++对const限定的指针的赋值规则更加复杂，可以允许更多种类的赋值而不会引起编译警告，同时又能防止无意中修改const值的企图。C++ 依然不允许向const char **赋char **值，但可以把char **值赋给const char * const 类型。

为什么是p而不是它所指向的字符为const？

答： typedef的替换并不完全是基于文本的。（这正是typedef的优点之一。参见问题1.13。）在声明

```
const charp p;
```

中，p被声明为const的原因跟const int i将i声明为const的原因一样。p的声明不会"深入"typdef 的内容来发现涉及了指针。

参考资料：[11, Sec 4.4.4 pp. 81-82]

main( )函数的使用

尽管根据定义，每个C程序都必须提供一个名为main的函数，但main函数声明却很特别，因为它有两种合法的参数列表，而声明的其余部分（特别是返回值类型）又是由程序外的因素（即真正调用main的启动代码）所控制。

11.13

问： 能否通过将main声明为void来关掉"main没有返回值"的警告？

答： 不能。main必须声明为返回int、接受0个或两个适当类型的参数。换言之，只有两种合法的声明：

```
int main(void);
int main(int agrc, char **argv);
```

但是这些声明的书写方式却有好几种。第2个参数可以声明为char *argv[]（参见问题6.4），可以使用任何名称来代替这两个参数，也可以使用旧式的语法：

```
int main ()

int main(argc, argv)
int argc; char **argv;
```

最后，int返回值可以省略，因为int是缺省的返回值（参见问题1.25）。

如果调用了exit但还是有警告，恐怕得插入一条冗余的return语句（或者使用存在的某种"未到达"（not reached）指令）。

将函数声明为void不仅关掉或重新排列了警告信息，它可能还会导致跟调用者（对main来说，就是C的运行时启动代码）的期望不同的函数调用/返回序列。就是说，如果返回void和返回int值的函数调用序列不同，则启动代码会使用返回int的调用序列调用main函数。如果main被错误地声明为void，它可能不能运行。（参见问题2.19。）

（注意，这里的讨论仅适用于"宿主"实现，对于"独立"实现并不适用。后者可能甚至都没有main函数。然而，独立实现相对较少，如果你使用的是独立实现，你可能应该很清楚。如果你从来没有听说过这样的区别，恐怕你使用的正是宿主实现，那么这些规则就适

用了。）

参考资料：[35, Sec. 2.1.2.2.1 Sec. F.5.1]
　　　　　[8, Sec. 5.1.2.2.1 Sec. G.5.1]
　　　　　[11, Sec. 20.1 p. 416]
　　　　　[22, Sec. 3.10 pp. 50-51]

11.14

问： `main()` 的第 3 个参数 `envp` 是怎么回事？

答： 这是一个（尽管很常见但却）不标准的扩展。如果真的需要用标准的 `getenv()` 函数提供的方法之外的办法访问环境变量，可能使用全局变量 `environ` 会更好　（尽管它也同样并不标准）。

参考资料：[35, Sec. F.5.1]
　　　　　[8, Sec. G.5.1]
　　　　　[11, Sec. 20.1 pp. 416-417]

11.15

问： 我觉得把 `main()` 声明为 `void` 也不会失败，因为我调用了 `exit()` 而不是 `return`，况且我的操作系统也忽略了程序的退出/返回状态。

答： 这跟 `main()` 函数返回与否以及是否使用返回状态都没有关系。问题是如果 `main()` 声明得不对，它的调用者（运行时的启动代码）可能甚至都不能正确调用它（因为可能产生调用习惯冲突。参见问题 11.12）。

　　你的操作系统可能会忽略退出状态，而 `void main()` 在你那里也许可行，但这不可移植而且不正确。

*11.16

问： 那么到底会出什么问题？真的有什么系统不支持 `void main()` 吗？

答： 有人报告用 BC++4.5 编译使用 `void main()` 的程序会崩溃。某些编译器（包括 DEC C V4.1 和启用某些警告的 gcc）会对 `void main()` 发出警告。

11.17

问： 为什么以前流行的那些 C 语言书总是使用 `void main()`？

答： 可能这本书的作者把自己也归为目标读者的一员。很多书不负责任地在例子中使用 `void main()`，并宣称这样是正确的。但他们错了。或者他们假定每个人都在恰巧能工作的系统上编写代码。

11.18

问：在main()中调用exit(status)和返回同样的status真的等价吗？

答：是，也不是。标准声称它们等价。但是如果在退出的时候需要使用main()的局部数据，那么从main()中return恐怕就不行了。参见问题16.5。少数非常古老的、不符合标准的系统可能对其中的某种形式在使用时出现问题。最后，在main()函数的递归调用时，二者显然不能等价。

参考资料：[19, Sec. 7.6 pp. 163-164]
　　　　　[8, Sec. 5.1.2.2.3]

预处理功能

ANSI C向C语言预处理器引入了几项新的功能，包括"字符串化"和"符号粘贴"操作符及#pragma指令。

11.19

问：我试图用ANSI"字符串化"预处理操作符'#'向信息中插入符号常量的值，但它字符串化的总是宏的名字而不是它的值。为什么？

答：#的定义表明它会立即字符串化宏参数，而不会进行进一步的扩展（如果宏参数正好又是另一个宏的名称）。可以用下面这样的两步方法迫使宏既字符串化又扩展：

```
#define Str(x) #x
#define Xstr(x) Str(x)
#define OP plus
char *opname = Xstr(OP);
```

这段代码把opname置为"plus"而不是"OP"。（这样可行是因为Xstr()宏扩展了它的参数，然后str()又对它进行了字符串化。）

在使用符号粘贴操作符##连接两个宏的值(而不是名字)时也要采用同样的"迂回战术"。

另外注意#和##都只能用于预处理宏扩展。不能在普通的源码中使用它们，只能在宏定义中使用。

参考资料：[35, Sec. 3.8.3.2, Sec. 3.8.3.5 example]
　　　　　[8, Sec. 6.8.3.2, Sec. 6.8.3.5]

11.20

问：警告信息 "warning: macro replacement within a string literal" 是什么意思？

答：有些ANSI前的编译器/预处理器把下面这样的宏定义：

```
#define TRACE(var, fmt) printf("TRACE: var = fmt\n", var)
```

解释为

```
TRACE(i, %d);
```

这样的调用会被扩展为

```
printf("TRACE: i = %d\n", i);
```

换言之，字符串字面量内部也作了宏参数扩展。（这种解释甚至可能就是早期实现的一个意外，但对这样的宏却正好有用。）

　　K&R和标准C都没有定义这样的宏扩展。（这样做会很危险而且令人困惑，参见问题10.22。）当你希望把宏参数转成字符串时，可以使用新的预处理操作符#和字符串字面量拼接（ANSI的另一个新功能）：

```
#define TRACE(var, fmt) \
    printf("TRACE: " #var " = " #fmt "\n", var)
```

参见问题11.19。

参考资料：[11, Sec. 3.3.8 p. 51]

11.21

问：为什么在我用#ifdef去掉的代码里出现了奇怪的语法错误？

答：在ANSI C中，被#if、#ifdef或#ifndef"关掉"的代码仍然必须包含"合法的预处理符号"。这意味着字符"和'必须像在真正的C代码中那样严格配对，且这样的配对不能跨行。特别要注意缩略语中的撇号看起来很像字符常量的开始。因此，自然语言的注释和伪代码必须写在"正式的"注释分隔符/*和*/中。但是请参见问题20.23和10.25。

参考资料：[35, Sec. 2.1.1.2, Sec. 3.1]
　　　　　[8, Sec. 5.1.1.2, Sec. 6.1]
　　　　　[11, Sec. 3.2 p. 40]

11.22

问：#pragma是什么，有什么用？

答：#pragam指令提供了一种定义明确的"救生舱"，可以用作各种（不可移植的）实现相关的控制和扩展：源码表控制、结构压缩和警告去除（就像lint的老/* NOTREACHED */注释）等。

参考资料：[35, Sec. 3.8.6]
　　　　　[8, Sec. 6.8.6]
　　　　　[11, Sec. 3.7 p. 61]

11.23

问："#pragma once"是什么意思？我在一些头文件中看到了它。

答：这是某些预处理器实现的用于使头文件自我识别的扩展，也就是说，当头文件被多次包含的时候，它会确保其内容只被处理一次。它跟问题10.7中讲到的#ifndef技巧等价，不过移植性差些。有人声称pragma once可以实现得更"高效"（当然，此处只涉及编译时的效率），但事实上，如果预处理器真的那么在乎编译的效率，它完全可以用同样的方法处理能够移植的#ifndef技巧。

其他的 ANSI C 问题

11.24

问：char a[3] = "abc"; 合法吗？它是什么意思？

答：尽管只在极其有限的环境下有用，可它在ANSI C（可能也包括一些ANSI之前的系统）中是合法的。它声明了一个长度为3的数组，把它的3个字符初始化为'a'、'b'和'c'，但却没有通常终止的'\0'字符。因此该数组并不是一个真正的C字符串，从而不能用在strcpy、printf %s等语句当中。

多数时候，应该让编译器计算数组初始化的初始值个数，在初始值"abc"中，计算得到的长度当然应该是4。

参考资料：[35, Sec. 2.5.7]
　　　　　[8, Sec. 6.5.7]
　　　　　[11, Sec. 4.6.4 p. 98]

11

11.25

问：既然对数组的引用会退化为指针，那么，如果array是数组，array和&array之间有什么区别呢？

答：参见问题6.12。

11.26

问：为什么我不能对 void *指针进行算术运算？

答：编译器不知道所指对象的大小。（请记住，指针的算术运算总是基于所指对象的大小的。参见问题4.4。）因此不允许对void *指针进行算术运算（尽管有些编译器作为扩展允许这种运算）。在作运算之前，可以把指针转化为char *型或你准备操作的其他指针类型，但是请参考问题4.5和16.8。

参考资料：[35, Sec. 3.1.2.5, Sec. 3.3.6]
　　　　　[8, Sec. 6.1.2.5, Sec. 6.3.6]
　　　　　[11, Sec. 7.6.2 p. 204]

11.27

问： memcpy()和memmove()有什么区别？

答： 如果源和目的参数有重叠，memmove()能提供有保证的行为，而memcpy()则不能提供这样的保证，因此可以实现得更加有效率。如果有疑问，最好使用memmove()。

实现memmove()好像很容易，只需一个额外的检测即可对重叠参数提供有效的保证：

```
void *memmove(void *dest, void const *src, size_t n)
{
    register char *dp = dest;
    register char const *sp = src;
    if(dp < sp){
        while(n-- > 0) {
            *dp++ = *sp++;
        }
    } else {
        dp += n;
        sp += n;
        while(n-- > 0)
            *--dp = *--sp;
    }
    return dest;
}
```

这段代码的问题在于额外的检测。指针比较(dp < sp)的可移植性不好（它所比较的两个指针所指向的位置不一定在同一个对象中），而且也可能不像看起来那么代价低廉。在某些机器上，尤其是分段体系下，实现起来可能需要更多技巧，而且也会更低效。[①]

参考资料：　[19, Sec. B3 p. 250]
　　　　　　[35, Sec. 4.11.2.1, Sec. 4.11.2.2]
　　　　　　[8, Sec. 7.11.2.1, Sec. 7.11.2.2]
　　　　　　[14, Sec. 4.11.2]
　　　　　　[11, Sec. 14.3 pp. 341-342]
　　　　　　[12, Sec. 11 pp. 165-166]

11.28

问： malloc(0)有什么用？返回一个空指针还是指向0字节的指针？

答： ANSI/ISO标准声称它可能返回任意一种，其行为由实现定义（参见问题11.14）。可移植的代码要么别调用malloc(0)，要么做好它可能返回空指针的处理。

参考资料：　[35, Sec. 4.10.3]
　　　　　　[8, Sec. 7.10.3]
　　　　　　[12, Sec. 16.1 p. 386]

---

① 例如，在分段体系下正确实现这个测试可能就需要对指针进行规范化。

11.29

问：为什么ANSI标准规定了外部标识符的长度和大小写限制？

答：问题在于连接器既不受ANSI/ISO标准的控制也不遵守C编译器开发者的规定。限制仅限于标识符开始的几个字符而不是整个标识符。在原来的ANSI标准中限制为6个字符，但在C99中放宽到了31个字符。

参考资料：[8, Sec. 6.1.2, Sec. 6.9.1]
　　　　　[14, Sec. 3.1.2]
　　　　　[9, Sec. 6.1.2]
　　　　　[11, Sec. 2.5 pp. 22-23]

11.30

问：noalias是怎么回事？在它身上发生了什么？

答：类型限定词noalias（跟const和volatile处于同一个语法类）本意是用来断言一个对象没有被别的指针所指向（即没有"别名"）。主要的应用领域是让函数的实参对大数组进行运算。如果不能确保源数组和目的数组没有重叠，编译器通常就不能利用（超级计算机的）向量化和其他并行硬件。

关键字noalias没有什么"预演"，它是在评估和批准阶段才引入的。对它进行准确定义和一致的解释十分困难，从而引发了广泛而激烈的争论。它的潜在影响十分广泛，尤其是对某些库函数，进行相应的修改并不容易。

由于noalias广受批评，而且准确定义noalias十分困难，委员会拒绝接受它，尽管表面上它看起来很有吸引力。（撰写标准的时候，不能随随便便就引入某种特性。它的完全整合、所有影响都必须充分考虑。）对非重叠操作的并行实现的支持的需求依然未能满足，不过在这个问题上已经做了一些工作了。

参考资料：[35, Sec. 3.9.6]
　　　　　[8, Sec. 6.9.6]

老的或非标准的编译器

尽管ANSI C主要是对现存的实践进行了标准化，但它也引入了一些新的功能，可能导致ANSI 代码在某些老的编译器上无法编译。而且，任何编译器都可能提供非标准的扩展或者接受（并认可）标准认为有疑义的代码。

11.31

问：为什么我的编译器对最简单的测试程序都报出了一大堆的语法错误？对这段代码的第一行就报错了：

```
main(int argc, char **argv)
{
    return 0;
}
```

答：可能是个ANSI前的编译器，不能接受函数原型或类似的东西。参见问题1.32、10.9、11.32和16.2。

如果没有ANSI编译器，你需要转换某些新代码（像本书中出现的这些代码）才能编译。步骤如下。

(1) 去掉函数原型声明中的参数类型信息，将原型风格的函数定义转换成旧的风格。新式的声明

```
extern int f1(void);
extern int f2(int);
int main(int argc, char **argv) {...}
int f3(void) {...}
```

需要改写为

```
extern int f1();
extern int f2();
int main(argc, argv) int argc; char **argv {...}
int f3() {...}
```

（请注意"窄"类型的参数。参见问题11.4。）

(2) 用char *替换void *。

(3) 也许还要在"通用"指针（刚刚用char *替换的void *）和其他指针类型转换的时候加上显式的类型转换（例如调用malloc、free的时候以及qsort比较函数等）。参见问题7.10和13.9。

(4) 向函数传入"错误"的数值类型的时候，进行类型转换。如sqrt((double)i)。

(5) 去掉const和volatile限定词。

(6) 修改任何初始化的自动聚集（参见问题1.32）。

(7) 使用旧的库函数（参见问题13.24）。

(8) 修改任何涉及#和##的预处理宏。参见问题10.20、10.21和11.20。

(9) 将 <stdarg.h>的工具转为<varars.h>（参见问题15.7）。

(10) 可能需要修改以NULL或0为第一个或第二个参数的realloc调用。（参见问题7.34）。

(11) 可能需要修改涉及#elif的条件编译。

(12) 祈祷。（换言之，这里所列的步骤并不一定足够，还可能需要任何转换指南都没有提及的其他复杂变化。）

参见问题11.33。

11.32

问：为什么有些ASNI/ISO标准库函数未定义？我明明使用的就是ANSI编译器。

答：你很可能有一个接受ANSI语法的编译器，但并没有安装兼容ANSI的头文件或运行库。事实上，这种情形在使用非厂商提供的编译器（如gcc）时非常常见。参见问题11.31、12.27和13.26。

11.33

问：谁有可以在旧的C程序和ANSI C之间相互转换的工具，或者自动生成原型的工具？

答：有两个程序protoize和unprotoize可以在有原型和无原型的函数定义和声明之间相互转换。这些程序不能完全完成"经典"C和ANSI C之间的转换。这些程序是FSF的GNU C编译器发布的一部分。参见问题18.3。

　　unproto程序（ftp.win.tue.nl上的pub/unix/unpoto5.shr.Z）是位于预处理器和下一个编译流程之间的过滤器。它可以在运行时将ANSI C转换为传统C。

　　GNU GhostScript包提供了一个叫ansi2knr的程序。

　　在ANSI C向旧式代码转化之前，请注意这样的转化不能总是安全的和自动的。ANSI C引入了K&R C没有提供的诸多新功能和复杂性。你得特别小心有原型的函数调用，也可能需要插入显式的类型转换。参见问题11.4和11.31。

　　存在几个原型生成器，其中多数都是对lint的修改。1992年3月在comp.sources.misc上发布了一个叫做CPROTO的程序。还有一个叫做"cextract"的程序。很多厂商都会随他们的编译器提供类似的小实用程序。参见问题18.20。但在为"窄"参数的旧函数生成原型时要小心。参见问题11.4。

　　最后，你是否真的需要将很多旧代码转化为ANSI C呢？旧式的函数语法仍然可以接受，而仓促的转换则很容易引入错误。（参见问题11.4。）

11.34

问：为什么声称兼容ANSI的编译器不能编译这些代码？我知道这些代码是 ANSI 的，因为gcc可以编译。

答：许多编译器都支持一些非标准的扩展，gcc尤甚。你能确认被拒绝的代码不依赖这样的扩展吗？编译器可能有个选项可以关掉扩展，如果不能确认你的代码是否兼容ANSI C，最好关掉扩展。（gcc正好有个-pedantic选项，可以关掉扩展并严格遵循ANSI C的规范。）

　　通常用特定的编译器试验来确定一种语言的特性是个坏主意，使用的标准可能允许变化，而编译器也可能有错。参见问题11.38。

兼容性

　　很显然，设立标准就是为了让程序和编译器都和它兼容（从而相互兼容）。然而兼容性却并不是一个非此即彼的简单问题。有几种程度的兼容性，而标准范围内的规定有时并不那么详尽如愿。为了保证"C的精神"，有些特性没有明确规定，可移植的程序自然需要避免依赖这些特性。

11.35

问：人们好像有些在意实现定义的（implementation-defined）、不确定的（unspecified）和未定义的（undefined）行为的区别。它们的区别到底在哪里？

答：首先，这3种情况都代表了 C 语言标准中没有明确要求某个特定的构造或使用它的程序必须完成的事情的领域。C语言定义中的这种松散性是传统的，也是经过深思熟虑的，它允许编译器作者：(1)选择某些构造可以按照"硬件完成的方式"生成高效的代码（参见问题14.4）；(2)忽略某些太难准确定义、可能在良好书写的程序中没有什么实际用处（例如问题3.1、3.2和3.3中的代码片段）的边界构造。

这3种"标准中没有准确定义的"行为的定义如下。

(1) 实现定义的：实现必须选择某种行为。对程序不能编译失败。（使用这种构造的程序并不错误。）这种选择必须有文档说明。标准对此可以提供一些允许的行为供选择，也可能不强加任何特定要求。

(2) 不确定的：跟未定义类似，但无需提供文档。

(3) 未定义的：任何事情都可能发生。标准对此没有任何要求。程序可能编译失败、运行错误（崩溃或静悄悄地生成错误结果）或者幸运地如程序员所愿。

注意，既然标准对编译器面对未定义行为的实例时的行为没有任何强制要求，那么编译器（更重要的是，它生成的代码）就可以作出任何行为。特别是，没有任何保证让程序只在未定义的部分出错而其他部分正常运行。在程序中忍受未定义行为的想法是极其危险的。未定义行为比你想象的还要未定义。（问题3.2有个相对简单的例子。）

如果你对书写可移植代码有兴趣，可以忽略它们的区别，因为通常你都希望避免依赖3种行为中的任何一种。

参见问题3.10和11.37。

第4种不那么严格定义的行为是"特定于区域设置的"（locale-specific）。

参考资料：[35, Sec. 1.16]

[8, Sec. 3.10, Sec. 3.16, Sec. 3.17]

[14, Sec. 1.6]

*11.36

问：一个程序"合法（legal）"、"有效（valid）"或"符合标准的"（conforming）到底是什么意思？

答：简单地说，标准谈到了3种符合性：符合标准的程序、严格符合标准的程序和符合标准的实现。

"符合标准的程序"是可以由符合标准的实现接受的程序。

"严格符合标准的程序"是完全按照标准规定使用语言，不依赖任何实现定义、不确定或未定义行为的程序。

"符合标准的实现"是按标准声称的实现的程序。

参考资料：[14, Sec. 1.7]

11.37

问：我很吃惊，ANSI标准竟然有那么多未定义的东西。标准的唯一任务不就是让这些东西标准化吗？

答：某些构造随编译器和硬件的实现而变化，这一直是C语言的一个特点。这种有意的不严格可以让编译器生成效率更高的代码，而不必让所有程序为了不合理的情况承担额外的负担。因此，标准只是把现存的实践整理成文。

编程语言标准可以看作是语言使用者和编译器实现者之间的协议。协议的一部分是编译器实现者同意提供、用户可以使用的功能。而其他部分则包括用户同意遵守和编译器实现者认为会被遵守的规则。只要双方都恪守自己的保证，程序就可以正确运行。如果任何一方违背它的诺言，则结果肯定失败。

参见问题11.38。

参考资料：[14, Sec. 1.1]

11.38

问：有人说i = i++的行为是未定义的，但是我刚在一个兼容ANSI的编译器上测试，得到了我希望的结果。它真的是未定义的吗？

答：面对未定义行为的时候（包括范围内的实现定义行为和不确定行为），编译器可能做任何实现，其中也包括你所有期望的结果。但是依赖这个实现却不明智。

Roger Miller提供了看待这个问题的另一个角度：

"有人告诉我打篮球的时候不能抱着球跑。我拿了个篮球，抱着就跑，一点问题都没有。显然他并不懂篮球。"

参见问题7.4、11.34、11.35和11.37。

第 12 章

标准输入输出库

程序如果不能接受你的指令并返回处理的结果就没有多少用处。因此几乎所有的程序都会做些输入输出。C语言的输入输出是通过库函数实现的——这些函数在标准输入输出（或称"stdio"）库[①]中——这些库函数因此也是C语言库中最常用的一部分。

基于C语言的最小化原则，标准库采纳了一种简单、直接的输入输出模型，可以打开、读取、写入文件。文件被当作有序字节流进行处理，当然也可以定位。在有意义的情况下，也可以区分文本和二进制文件。使用字符串来代表文件的任意名称或路径名，然后由底层的操作系统来对它进行解释。除了在路径名称之外，没有目录的概念，也没有什么标准的方法来创建目录或获取目录内容（参见第19章）。程序隐含打开3个标准输入输出流。可以从stdin中读取，通常这是一个交互键盘，可以向stdout或stderr写入，这两个通常都是用户的显示屏。但是，几乎没有什么预定义的功能可以处理键盘和屏幕的具体细节（参见第19章）。

本章的很多问题都跟printf（问题12.7到12.12）和scanf（问题12.13到12.22）有关。问题12.23到12.34涉及了stdio库中的其他函数。当需要访问一个具体文件时，可以用fopen（问题12.29到12.34）打开它，也可以把一个标准流重定向到它（问题12.35到12.38）。如果对文本输入输出不满意，还可以求助于"二进制"流（问题12.40到12.45）。当然，在深入这些具体的细节之前还有一些简单的、介绍性的输入输出问题。

基本输入输出

12.1

问：这样的代码有什么问题？

```
char c;
while((c = getchar()) != EOF) ...
```

答：首先，保存getchar的返回值的变量必须是int型。EOF是getchar返回的"超出范围"的特殊值，它跟getchar可能返回的其他任何字符值都不一样。（在时新的系统上，文件中已经不再保存真正的文件结束符了，EOF只不过是一个没有更多字符的信号而已。）getchar

---

① 当我们谈到"stdio"库的时候，我们的实际意思是"标准C运行库中的stdio函数"或者说"<stdio.h>描述的函数"。

返回的值必须保存在一个比char型大的变量中，这样才能保存所有的char值和EOF。

像前面的代码片段那样将getchar的返回值赋给char可能产生两种失败情况。

(1) 如果char型有符号而EOF（像通常那样）定义为-1，则十进制值为255的字符（'\377'或'\Xff'）会被符号扩展，跟EOF比较的时候会相等，从而过早地结束输入。[①]

(2) 如果char型无符号，则EOF会被截断（扔掉最高位，可能变成255或0xff）而不再被识别为EOF，从而导致无休止的输入[②]。

然而，如果char型有符号而输入的又都是7位的字符，则这个错误可能持续很长时间而不被发现。（普通char型是否有符号由实现定义。）

参考资料：[18, Sec. 1.5 p. 14]
　　　　　[19, Sec. 1.5.1 p. 16]
　　　　　[35, Sec. 3.1.2.5, Sec. 4.9.1, Sec. 4.9.7.5]
　　　　　[8, Sec. 6.1.2.5, Sec. 7.9.1, Sec. 7.9.7.5]
　　　　　[11, Sec. 5.1.3 p. 116, Sec. 15.1, Sec. 15.6]
　　　　　[22, Sec. 5.1 p. 70]
　　　　　[12, Sec. 11 p. 157]

12.2

问：我有个读取直到EOF的简单程序，但是我如何才能在键盘上输入那个"\EOF"呢？我看<stdio.h>中定义的EOF是-1，是不是说我该输入-1？

答：考虑一下就知道，你输入的绝不能是-1，因为-1是两个字符，而getchar每次读入一个字符。事实上，在你的C程序中看到的EOF值和你在键盘上发出文件结束符的按键组合之间并没有什么关系。EOF不过是向程序发出的一个信号，指明输入不再有任何字符了，不论什么原因（磁盘文件结束、用户结束输入、网络流关闭和I/O错误等。）根据你的操作系统，你可能使用不同的按键组合来表示文件结束，通常是Ctrl-D或Ctrl-Z。操作系统和标准输入输出库安排你的程序接收EOF值。（然而请注意，这一路有好几个转换。通常情况下，你不能自己检查Ctrl-D或Ctrl-Z值，你在stdio.h文件中也不会发现EOF宏定义成了这样的值。）

12

12.3

问：为什么这些代码把最后一行复制了两遍？

```
while(!feof(infp)){
    fgets(buf, MAXLINE, infp);
    fputs(buf, outfp);
}
```

答：在C语言中，只有输入例程试图读取并失败以后才能得到EOF。（换言之，C的I/O和Pascal的

---

① 值255假设char为8位。某些系统上char型可能更大，但类似的失败情况不可避免。
② 跟前一段一样，值255假设char为8位。某些系统上char型更大，但类似的失败情况不可避免。

不一样。）通常只需要检查输入例程的返回值：

```
while(fgets(buf, MAXLINE, infp) != NULL)
    fputs(buf, outfp);
```

一般说来，完全没有必要使用feof。（偶尔可以用feof或ferror在stdio调用返回EOF或NULL之后判断是文件结束条件还是读取错误。）

参考资料： [19, Sec. 7.6 p. 164]
           [35, Sec. 4.9.3, Sec. 4.9.7.1, Sec. 4.9.10.2]
           [8, Sec. 7.9.3, Sec. 7.9.7.1, Sec. 7.9.10.2]
           [11, Sec. 15.14 p. 382]

12.4

问：我用fgets将文件的每行内容读入指针数组。为什么结果所有的行都是最后一行的内容呢？

答：参见问题7.6。

12.5

问：我的程序的屏幕提示和中间输出有时没有在屏幕上显示，尤其是当我用管道通过另一个程序输出的时候。为什么？

答：在输出需要显示的时候最好使用显式的fflush(stdout)调用。①有几种机制会努力帮助你在"适当的时机"执行fflush，但这仅限于stdout为交互终端的时候。参见问题12.26。

参考资料： [35, Sec. 4.9.5.2]
           [8, Sec. 7.9.5.2]

12.6

问：我怎样才能不等待回车键而一次输入一个字符？

答：参见问题19.1。

printf 格式

12.7

问：如何在printf的格式串中输出一个'%'字符？我试过\%，但是不行。

答：只需要重复百分号：%%。

    用printf输出%之所以困难是因为%正是printf的转义字符。任何时候printf遇到%，

---

① 另一种方法是用setbuf和setvbuf关掉输出流的缓冲。但缓冲是个好东西，完全关掉它可能引发极度的低效率。

它都会等待下一个字符，然后决定如何处理。而双字符序列%%就被定义成了单独的%字符。

要理解为什么\%不行，得知道反斜杠\是编译器的转义字符，它控制编译器在编译时对源代码中字符的解释。而这里我们的问题是printf如何在运行时控制它的格式串。在编译器看来，\%可能没有定义或者代表一个%字符。就算printf会对\特殊处理，\和%在printf中都有效的可能性也不大。

参见问题8.8和19.20。

参考资料：　[18, Sec. 7.3 p. 147]
　　　　　　[19, Sec. 7.2 p. 154]
　　　　　　[35, Sec. 4.9.6.1]
　　　　　　[8, Sec. 7.9.6.1]

12.8

问：为什么这么写不对？

```
long int n = 123456;
printf("%d\n", n);
```

答：任何时候用printf输出long int型都必须在printf的格式串中使用l（小写的"ell"）修饰符（例如%ld）。因为printf不知道传入的数据类型，必须通过使用正确的格式说明符让它知道。

12.9

问：有人告诉我不能在printf中使用%lf。为什么printf()用%f输出double型，而scanf却用%lf呢？

答：printf的%f说明符的确既可以输出float型又可以输出double型。[①]根据"默认参数提升"规则（在printf这样的函数的可变参数列表中[②]，不论作用域内有没有原型，都适用这一规则）float型会被提升为double型。因此printf()只会看到双精度数。参见问题15.2。

对于scanf，情况就完全不同了，它接受指针，这里没有类似的类型提升。（通过指针）向float存储和向double存储大不一样，因此，scanf区别%f和%lf。

下表列出了printf和scanf对于各种格式说明符可以接受的参数类型。

格　式	printf	scanf
%c	int	char *
%d, %i	int	int *
%o, %u, %x	unsigned int	unsigned int *

---

① 此处的描述同样适用于%e和%g以及对应的scanf格式%le和%lg。

② 实际上，默认参数提升仅适用于可变参数列表的可变部分。参见第15章。

（续）

格　式	printf	scanf
%ld, %li	long int	long int *
%lo, %lu, %lx	unsinged long int	unsigned long int *
%hd, %hi	int	short int *
%ho, %hu, %hx	unsigned int	unsigned short int *
%e, %f, %g	double	float *
%le, %lf, %lg	n/a	double *
%s	char *	char *
%[...]	n/a	char *
%p	void	void **
%n	int *	int *
%%	none	none

（严格地讲，%lf在printf下是未定义的，但是很多系统可能会接受它。要确保可移植性，就要坚持使用%f。）

参见问题12.15和15.2。

参考资料：[18, Sec. 7.3 pp. 145-47, Sec. 7.4 pp. 147-150]
　　　　　[19, Sec. 7.2 pp. 153-44, Sec. 7.4 pp. 157-159]
　　　　　[35, Sec. 4.9.6.1, Sec. 4.9.6.2]
　　　　　[8, Sec. 7.9.6.1, Sec. 7.9.6.2]
　　　　　[11, Sec. 15.8 pp. 357-364, Sec. 15.11 pp. 366-378]
　　　　　[22, Sec. A.1 pp. 121-133]

*12.10

问：对于size_t那样的类型定义，当我不知道它到底是long还是其他类型的时候，我应该使用什么样的printf格式呢？

答：把那个值转换为一个已知的长度够大的类型，然后使用与之对应的printf格式。例如，输出某种类型的长度，可以使用

```
printf("%lu", (unsigned long)sizeof(thetype));
```

12.11

问：如何用printf实现可变的域宽度？就是说，我想在运行时确定宽度而不是使用%8d？

答：使用printf("%*d", width, x)。格式说明符中的星号表示，参数列表中的一个int值用来表示域的宽度。（注意，在参数列表中，宽度在输出的值之前。）

参见问题12.17。

参考资料：[18, Sec. 7.3]

[19, Sec. 7.2]
[35, Sec. 4.9.6.1]
[8, Sec. 7.9.6.1]
[11, Sec. 15.11.6]
[22, Sec. A.1]

12.12

问：如何输出在千位上用逗号隔开的数字？货币格式的数字呢？

答：<locale.h>提供了一些函数可以完成这些操作，但是没有完成这些任务的标准方法。（printf唯一一处对应自定义区域设置的地方就是改变它的小数点字符。）

这个小函数可以格式化逗号分隔的数字，如果区域设置有千位分隔符，它也会利用：

```
#include <locale.h>

char *commaprint(unsigned long n)
{
    static int comma = '\0';
    static char retbuf[30];
    char *p = &retbuf[sizeof(retbuf)-1];
    int i = 0;

    if(comma == '\0') {
        struct lconv *lcp = localeconv();
        if(lcp != NULL) {
            if(lcp->thousands_sep != NULL &&
                *lcp->thousands_sep != '\0')
                comma = *lcp->thousands_sep;
            else
                comma = ',';

        }
    }

    *p = '\0';
    do {
        if(i%3 == 0 && i != 0)
            *--p = comma;
        *--p = '0' + n % 10;
        n /= 10;
        i++;
    } while(n != 0);

    return p;
}
```

更好的实现应该使用lconv的grouping域而不该直接假设按3位分组。对于retbuf更安全的大小可能是4*(sizeof(long)*CHAR_BIT+2)/3/3+1。参见问题12.23。

参考资料：[35, Sec. 4.4]

[8, Sec. 7.4]

[11, Sec. 11.6 pp. 301-304]

12.13

问：为什么 scanf("%d", i) 调用不行？

答：传给 scanf 的参数必须是指针：对于每个转换的值，scanf 都会写入你传入的指针指向的位置（参见问题 20.1。）。改为 scanf("%d", &i) 即可修正上面的问题。

12.14

问：为什么

```
char s[30];
scanf("%s", s);
```

不用 & 也可以？我原以为传给 scanf 的每个变量都要带 &。

答：总是需要指针，但并不表示一定需要 & 操作符。当向 scanf 传入一个数组的时候，不需要使用 &，因为不论是否带 & 操作符，数组总是以指针形式传入函数的。参见问题 6.3 和 6.4（如果你使用了显式的 &，你会得到错误的指针类型。参见问题 6.11。）

12.15

问：为什么这些代码不行？

```
double d;
scanf("%f", &d);
```

答：跟 printf 不同，scanf 用 %lf 代表 double 型，用 %f 代表 float 型。[①] %f 格式告诉 scanf 准备接收 float 型指针，而不是你提供的 double 型指针。要么使用 %lf，要么将接收变量声明为 float。参见问题 12.9。

12.16

问：为什么这段代码不行？

```
short int s;
scanf("%d", &s);
```

答：在转换 %d 的时候，scanf 需要 int 型指针。要转换成 short int，则应该使用 %hd。（参见问题 12.9 中的表格。）

*12.17

问：怎样在 scanf 格式串中指定可变的宽度？

---

① 关于 %e、%g 及对应的格式 %le 和 %lg 也有这样的区别。

答：不能。scanf格式串中的星号表示禁止赋值。可以使用ANSI的字符串化和字符串拼接操作符，基于一个包含特定宽度的预处理宏构造一个常量格式说明符：

```
#define WIDTH 3

#define Str(x) #x
#define Xstr(x) Str(x)        /* see question 11.19 */

scanf("%" Xstr(WIDTH) "d", &n);
```

但是，如果宽度是运行时变量，就只能在运行时创建格式说明符了：

```
char fmt[10];
sprintf(fmt, "%%%dd", width);
scanf(fmt, &n);
```

（对于标准输入这样的scanf格式不太可能，但对于fscanf和sscanf恐怕还有些用处。）

参见问题11.19和12.11。

12.18

问：怎样从特定格式的数据文件中读取数据？怎样读入10个float而不用使用包含10次%f的奇怪格式？如何将一行的任意多个域读入一个数组中？

答：一般来说，主要有3种分析数据行的方法：

- 使用带有正确格式串的fscanf和sscanf。虽然有本章提及的各种局限性（参见问题12.22），但scanf族的函数功能还是很强大的。尽管空白分隔的域总是最容易处理的，scanf格式串也可以用来处理更紧凑的、基于列的、FORTRAN风格的数据。例如：

  ```
  1234ABC5.678
  ```

  就可以用"%d%3s%f"读出。（参见问题12.21的最后一个例子。）

- 用strtok或等价的其他工具（参见问题13.6）将数据行分解为用空白（或其他分隔符）隔开的域，然后，用atoi或atol等函数单独处理每个域。（一旦数据行被分解为域以后，处理这些域的代码就跟传统的main()函数处理argv数组的形式类似了。参见问题20.3。）这种方法尤其适用于将任意多个（即事先不知道数量）域的一行读入一个数组中。

  这里有个简单例子，可以将最多10个浮点数的（用空白分隔的）一行读入一个数组：

  ```
  #include <stdlib.h>
  #define MAXARGS 10

  char *av[MAXARGS];
  int ac, i;
  double array[MAXARGS];
  char line[] = "1 2.3 4.5e6 789e10";

  ac = makeargv(line, av, MAXARGS);
  ```

12

```
for(i = 0; i < ac; i++)
    array[i] = atof(av[i]);
```

（makeargv的定义参见问题13.6。）

□ 使用任何就手的指针操作和库函数进行特别处理。（ANSI的strol和strtod函数对这类解析特别有用，因为它们能返回一个表明它们停止读取的位置的指针。）这是最一般的方法，但同时也是最困难和容易出错的方法，因为很多C程序中最痛苦的部分就是那些使用大量的指针技巧分解字符串的代码。

设计数据文件和输入格式的时候，尽量避免那些神秘的操作，最好采用比较简单的方法（如1和2）进行解析。这样，处理文件的时候就会轻松很多了。

scanf 问题

尽管scanf看起来好像不过是和printf互补的函数，但它却有许多基本的限制，有的程序员建议干脆完全避免使用它。

12.19

问：我像这样用"%d\n"调用scanf从键盘读取数字：

```
int n;
scanf("%d\n", &n);
printf("you typed %d\n", n);
```

好像要多输入一行才返回。为什么？

答：可能令人吃惊，\n在scanf格式串中不表示等待换行符，而是读取并放弃连续的空白字符。（事实上，scanf格式串中的任何空白字符都表示读取并放弃空白字符。而且，诸如%d这样的格式也会扔掉前边的空白，因此你通常根本不需要在scanf格式串中加入显式的空白。）

因此，"%d\n"中的\n会让scanf读到非空白字符为止，而它可能需要读到下一行才能找到这个非空白字符。这种情况下，去掉\n仅仅使用"%d"即可（但你的程序可能需要跳过那个没有读入的换行符。参见问题12.20。）

scanf函数是设计来读取自由格式的输入的，而在读取键盘输入的时候，你所得到的往往并不是你所想要的。"自由格式"意味着scanf在处理换行符的时候跟其他的空白一样。格式"%d%d%d"既可读入

```
1   2   3
```

又可以读入

```
1
2
3
```

（比较一下就可得知，C、Pascal和LISP的源码是自由格式的，而BASIC和FORTRAN的则不是。）

如果你真的要坚持，`scanf`的确可以用"scanset"指令读取换行符：

```
scanf("%d%*[\n]", &n);
```

scanset尽管功能强大，但还是不能解决所有的scanf问题。参见问题12.22。

参考资料：[19, Sec. B1.3 pp. 245-246]
　　　　　[35, Sec. 4.9.6.2]
　　　　　[8, Sec. 7.9.6.2]
　　　　　[11, Sec. 15.8 pp. 357-364]

12.20

问：我用`scanf`和`%d`读取一个数字，然后再用`gets()`读取字符串：

```
int n;
char str[80];

printf("enter a number: ");
scanf("%d", &n);
printf("enter a string: ");
gets(str);
printf("you typed %d and \"%s\"\n", n, str);
```

但是编译器好像跳过了`gets()`调用！

答：如果你向问题中的程序输入两行：

```
42
a string
```

scanf会读取42，但却不会读到紧接其后的换行符。换行符会保留在输入流中，然后被`gets()`读取，后者会读入一个空行。而第二行的"a string"则根本不会被读取。

如果你在同一行输入数字和字符串：

```
42 a string
```

则代码会多少如你所愿地运行。

作为一个一般规则，不能混用scanf和gets或任何其他的输入例程的调用，scanf对换行符的特殊处理几乎一定会带来问题。要么就用scanf处理所有的输入，要么干脆不用。

参见问题12.22和12.25。

参考资料：[35, Sec. 4.9.6.2]
　　　　　[8, Sec. 7.9.6.2]
　　　　　[11, Sec. 15.8 pp. 357-364]

12.21

问：我发现如果坚持检查返回值以确保用户输入的是我期待的数值，则scanf的使用会安全很多。

```
int n;
```

```
while(1) {
    printf("enter a number: ");
    if(scanf("%d", &n) == 1)
        break;
    printf("try again: ");
}

printf("you typed %d\n", n);
```

但有的时候好像会陷入无限循环。[①]为什么?

答: 在scanf转换数字的时候,它遇到的任何非数字字符都会终止转换并被保留在输入流中。因此,除非采用了其他的步骤,那么未预料到的非数字输入会不断"阻塞"scanf,因为scanf永远都不能越过错误的非数字字符而处理后边的合法数字字符。如果用户在应对前文的代码时输入类似'x'的字符,那么代码会永远循环提示"try again",但却不会给用户重试的机会。

你可能很奇怪为什么scanf会把未匹配的字符留在输入流中。假如你有一个紧凑的数据文件,包含了由数字和字母代码组成的不带空白的行:

123CODE

你可能希望用"%d%s"格式的scanf来解析这行文本。但是,如果%d不把未匹配的字符保留在输入流中,则%s会错误地读入"ODE"而不是"CODE"。这是词法分析中的一个标准问题:在扫描任意长度的数字常量或字母数字标识符的时候,只有读到"超越"位置,你才能知道它已经结束。(这也正是ungetc存在的原因。)

参见问题12.22。

参考资料: [35, Sec. 4.9.6.2]
          [8, Sec. 7.9.6.2]
          [11, Sec. 15.8 pp. 357-364]

12.22

问: 为什么大家都说不要使用scanf?那我该用什么来代替呢?

答: scanf有很多问题,可参见问题12.19、12.20和12.21。而且,它的%s格式有着和gets()一样的问题(参见问题12.25),即很难保证接收的缓冲区不溢出。[②]

更一般地讲,scanf的设计适用于相对结构化的、格式整齐的输入。设计上,它的名称就是来自"scan formatted"。如果你注意,它会告诉你成功或失败,但它只能提供失败的大致位置,至于失败的原因,就无从得知了。对scanf做错误恢复几乎是不可能的。

而交互的用户输入又是最缺乏格式化的输入。设计良好的用户界面应该允许用户输入各种东西——不仅仅是在等待数字的时候输入了字母或标点,还包括输入过短、过长、根本没

---

① 如果不能用Control-C退出或者准备重启,千万不要尝试运行问题中的代码。
② 指明域宽度,如%20s,可能会有帮助。参见问题12.17。

有字符输入（例如，直接按了回车键）、提前的EOF或其他任何东西。使用scanf来优雅地处理所有这些潜在问题几乎不可能。可以先用fgets这样的函数读入整行，然后再用scanf或其他技术进行解释。（strtol、strtok和atoi等函数通常有用。参见问题12.18和13.6。）如果真的要用scanf的任何变体，一定要检查返回值，以确定是否找到了期待的值。而使用%s格式的时候,一定要小心缓冲区溢出。

另外要注意，对scanf的种种诟病并不一定也适用于fscanf和sscanf。scanf读入的标准输入通常都是交互的键盘，因此所受约束最少也导致问题最多。而如果数据文件的格式已知，则使用fscanf就可能很合适了。（只要检查了返回值）用sscanf来处理字符串也很适宜，因为如果不能匹配可以很容易地恢复控制、重启扫描或放弃输入。

参考资料：[19, Sec. 7.4 p. 159]

其他 **stdio** 函数

12.23

问: 我怎样才知道对于任意的sprintf调用需要多大的目标缓冲区？怎样才能避免sprintf目标缓冲区溢出？

答: 对这两个极好的问题（暂时还）没有什么好答案。而这也可能正是传统stdio库最大的弱点。

当用于sprintf的格式串已知且相对简单时，有时可以预测出缓冲区的大小。如果格式串中包含一个或两个%s，你可以数出固定字符的个数（或用sizeof计算）再加上对插入的字符串的strlen调用的返回值。对于整型，%d输出的字符数不会超过

```
((sizeof(int) * CHAR_BIT + 2) / 3 + 1)    /* +1 for '-' */
```

CHAR_BIT在<limits.h>中定义，但是这个计算可能有些过于保守了。它计算的是数字以八进制存储需要的字节数，十进制的存储可以保证使用同样或更少的字节数。

当格式串更复杂或者在运行前未知的时候，预测缓冲区大小会变得跟重新实现sprintf一样困难，而且会很容易出错。有一种最后防线的技术，就是用fprintf向一块内存区或临时文件输出同样的内容，然后检查fprintf的返回值或临时文件的大小，但请参见问题19.13，并提防写文件错误。

如果不能确保缓冲区足够大，就不能调用sprintf，以防缓冲区溢出后改写其他的内存区。如果格式串已知，可以用%.Ns控制%s扩展的长度，或者使用%.*s。参见问题12.11。

要避免溢出问题，可以使用限制长度的sprintf版本，即snprintf。这样使用：

```
snprintf(buf, bufsize, "You typed \"%s\"", answer);
```

snprintf在几个stdio库中已经提供好几年了，包括GNU和4.4bsd。在C99中已经被标准化了。

还有一个好处是，C99的snprintf提供了预测任意sprintf调用所需的缓冲区大小的方法。C99的snprintf返回它可能放到缓冲区的字符数，而它又可以用空指针和缓冲区大

12

小0进行调用。因此，

```
nch = snprintf(NULL, 0, fmtstring, /*other arguments*/);
```

这样的调用就可以预测出格式串扩展后所需要的字符数。

另一个（非标准的）选择是asprintf函数，在BSD和GNU的C库中都有提供，它调用malloc为格式串分配空间，并返回分配内存区的指针。这样使用：

```
char *buf;
asprintf(&buf, "%d=%s", 42, "forty-two");
    /*now buf points to malloc'ed space containing formatted string*/
```

参考资料：[9, Sec. 7.13.6.6]

12.24

问：sprintf的返回值是什么？是int还是char *？

答：标准声称它返回int值（写入的字符数，跟printf和fprintf一样）。曾经有段时间，在某些C语言的库中，sprintf用char *返回它的第一个参数，指向完成的结果（即跟strcpy的返回值类似）。

12.25

问：为什么大家都说不要使用gets？

答：跟fgets不同，gets不能被告知输入缓冲区的大小，因此一旦输入行太长，则无法避免缓冲区的溢出——墨菲定律告诉我们，迟早都会出现超长的输入行[1]。作为一个一般规则，永远使用fgets。（你可能会认为，由于这样那样的原因，你的程序中不会出现超过最大限制的输入行，但是也可能出错[2]，况且，不管怎么说，用fgets和gets一样简单。）

fgets和gets的另一个区别是fgets保留'\n'，但可以很容易地将它扔掉。问题7.1中有一段代码，演示了如何用fgets代替gets。参见问题7.1 中用fgets代替gets的代码片段。

参考资料：[14, Sec. 4.9.7.2]
[11, Sec. 15.7 p. 356]

12.26

问：我觉得我应该在一长串的printf调用之后检查errno，以确定是否有失败的调用：

---

[1]　在讨论gets的缺点的时候，人们会习惯性地指出1988年的"因特网蠕虫"是利用了UNIX finger程序的gets调用作为攻击手段之一的。它用仔细设计的二进制数据使gets溢出，从而改写了栈上的一个返回地址，导致控制流转向了二进制数据。

[2]　你可能会认为你的操作系统会限制最大的键盘输入行长度，可如果输入是从文件重定向的呢？

```
errno = 0;
printf("This\n");
printf("is\n");
printf("a\n");
printf("test.\n");
if(errno != 0)
    fprintf(stderr, "printf failed: %s\n", strerror(errno));
```

为什么当我将输出重定向到文件的时候会输出奇怪的 "printf failed: Not a typewriter" 信息？

答： 如果stdout是终端，stdio库的很多实现都会对其行为进行细微的调整。为了做出判断，这些实现会执行某些当stdout不为终端时会失败的操作。尽管输出操作成功完成，errno还是会被置入错误代码。这种行为确实有点令人困惑，但严格地讲，它并不错误，因为只有当函数报告错误之后检查errno的内容才有意义。（更严格地讲，只有当库函数在出错时设置errno并返回错误代码的时候，errno才有意义。）

一般来说，最好通过检查函数的返回值来检测错误。要检查一连串的stdio调用之后的累积错误，可以使用ferror。参见问题12.3和20.4。

参考资料：[8, Sec. 7.1.4, Sec. 7.9.10.3]
[22, Sec. 5.4 p. 73]
[12, Sec. 14 p. 254]

12.27

问： fgetops/fsetops和ftell/fseek之间有什么区别？fgetops和fsetops到底有什么用处？

答： ftell和fseek用long int型表示文件内的偏移量（位置），因此，偏移量被限制在2G($2^{31}-1$)以内。而新的fgetpos和fsetpos函数使用了一个特殊的类型定义fpos_t来表示偏移量。适当选择这个类型后，fgetpos和fsetpos可以表示任意大小的文件偏移量。fgetpos和gsetpos也可以用来记录多字节流式文件的状态。参见问题1.4。

参考资料：[19, Sec. B1.6 p. 248]
[35, Sec. 4.9.1, Secs. 4.9.9.1, 4.9.9.3]
[8, Sec. 7.9.1, Secs. 7.9.9.1, 7.9.9.3]
[11, Sec. 15.5 p. 252]

12.28

问： 如何清除用户的多余输入，以防止在下一个提示符下读入？用fflush(stdin)可以吗？

答： 在标准C中，fflush()仅对输出流有效。因为它对 "flush" 的定义是用于完成缓冲字符的写入（而不是扔掉他们），放弃未读取的输入并不是fflush在输入流上的类比意义。

没有什么标准的方法用来放弃输入流中未读取的数据。有些厂商的确实现`fflush`，让`fflush(stdin)`放弃未读取的字符，但可移植程序不能依靠这样的实现。（有些版本的stdio库实现了`fpurge`和`fabor`调用，可以完成同样的工作，但这些也不是标准的。）同时应该注意，仅仅清空标准输入的缓冲区并不一定足够，未读取的字符还可能在其他操作系统级的缓冲区上累积。

如果你需要清空输入，得使用某种系统特有的技术，如`fflush(stdin)`（如果它碰巧能完整这项工作）或其他操作系统相关的例程（如问题19.1和19.2）。不过要记住，如果你扔掉了用户输入太快的字符，他/她可能会感觉十分受挫。

参考资料：[35, Sec. 7.9.5.2]

[8, Sec. 7.9.5.2]

[11, Sec. 15.2]

打开和操作文件

12.29

问：我写了一个函数用来打开文件：

```
myfopen(char *filename, FILE *fp)
{
    fp = fopen(filename, "r");
}
```

可我这样调用的时候：

```
FILE *infp;
myfopen("filename.dat", infp);
```

`infp`指针并没有正确设置。为什么？

答：C语言的函数总是接收参数的副本，因此函数永远不能通过向参数赋值"返回"任何东西。参见问题4.8。

对于这个例子，一种解决方法是让`myfopen`返回`FILE *`：

```
FILE *myfopen(char *filename)
{
    FILE *fp = fopen(filename, "r");
    return fp;
}
```

然后这样调用：

```
FILE *infp;
infp = myfopen("filename.dat");
```

另外，也可以让`myfopen`接受`FILE *`的指针（`FILE`的指针的指针）：

```
myfopen(char *filename, FILE **fpp)
{
    FILE *fp = fopen(filename, "r");
```

```
        *fpp = fp;
    }
```

然后这样调用：

```
FILE *infp;
myfopen("filename.dat", &infp);
```

12.30

问：连一个最简单的fopen调用都不成功！这个调用有什么问题？

```
FILE *fp = fopen(filename, 'r');
```

答：问题在于fopen的mode参数必须是字符串，如"r"，而不是字符（'r'）。参见问题8.1。

12.31

问：为什么我不能用完整路径名打开一个文件？这个调用总是失败：

```
fopen("c:\newdir\file.dat", "r");
```

答：你可能需要重复那些反斜杠。参见问题19.20。

12.32

问：我想用fopen模式"r+"打开一个文件，读出一个字符串，修改之后再写入，从而就地更新一个文件。可是这样不行。为什么？

答：确保在写操作之前先调用fseek，回到你准备覆盖的字符串的开始，况且在读写"+"模式下的读和写操作之间总是需要fseek或fflush。同时，记住改写同样数量的字符，而且在文本模式下改写可能会在改写处把文件长度截断，因而你可能需要保存行长度。参见问题19.16。

参考资料：[35, Sec. 4.9.5.3]
　　　　　[8, Sec. 7.9.5.3]

12

12.33

问：如何在文件中间插入或删除一行（一条记录）？

答：参见问题19.16。

12.34

问：怎样从打开的流中恢复文件名？

答：参见问题19.17。

重定向 **stdin** 和 **stdout**

12.35

问：怎样在程序里把stdin或stdout重定向到文件？

答：使用freopen。如果你希望通常写入stdout的函数f()将输出发送到一个文件，而又不能改写f的代码，可以使用这样的调用序列：

```
freopen(file, "w", stdout);
f();
```

但请参见问题12.36。

参考资料：[35, Sec. 4.9.5.4]
　　　　　[8, Sec. 7.9.5.4]
　　　　　[11, Sec. 15.2 pp. 347-348]

12.36

问：一旦使用freopen之后，怎样才能恢复原来的stdout（或stdin）？

答：没有什么好办法。如果你需要恢复回去，那么最好一开始就不要使用freopen。可以使用你自己的可以随意赋值的输出（输入）流变量，而不要去动原来的stdout（或stdin）。例如，声明一个全局变量

```
FILE *ofp;
```

然后用fprintf(ofp,...)代替printf(...)调用。（很明显，你还需要检查putchar和puts调用。）然后就可以将ofp置为stdout或其他任何东西了。

你也许在想是否可以这样完全跳过freopen：

```
FILE *savestdout = stdout;
stdout = fopen(file, "w");              /*WRONG*/
```

然后再用

```
stdout = savestdout;                    /*WRONG*/
```

来恢复stdout。

这样的代码恐怕不行，因为stdout（及stdin和stderr）通常都是常量，不能被赋值（乍看起来，这也正是freopen存在的原因）。

有一种不可移植的办法，可以在调用freopen()之前保存流的信息，以便其后恢复原来的流。一种办法是使用系统相关的调用如dup()、dup2()等。另一种办法是复制或查看FILE结构的内容，但是这种方法完全没有可移植性，而且很不可靠。

某些系统下，你可以显式地打开控制终端（参见问题12.38），但这也不一定就是你所需要的，因为原来的输入或输出（即在调用freopen之前的stdin和stdout）可能已经在命

令行被重定向了。

　　如果你想获取一个子程序的执行结果，freopen可能无论如何都不行。可以参见问题19.35。

12.37

问：如何判断标准输入或输出是否经过了重定向，即是否在命令行上使用了"<"或">"？

答：不能直接判断，但是通常可以查看其他东西以帮助你做出判断。如果你希望你的程序在没有输入文件的时候从stdin获取输入，那么只要argv没有提供输入文件或者提供了占位符（如"-"）而不是文件名，就可以从stdin获取输入了。如果你希望在输入不是来自交互终端的时候禁止输出，那么在某些系统（如UNIX和MS-DOS）下，可以使用isatty(0)或isatty(fileno(stdin))来做出判断。

12.38

问：我想写个像"more"那样的程序。怎样才能在stdin被重定向之后再回到交互键盘？

答：没有可移植的办法来完成这个任务。在UNIX下，可以打开特殊文件/dev/tty。在MS-DOS下，可以尝试打开"文件"CON或使用BIOS调用，如getch。无论是否进行了输入重定向，它都会获取键盘输入。

*12.39

问：怎样同时向两个地方输出，如同时输出到屏幕和文件？

答：直接做不到这点。但是你可以写出你自己的printf变体，把所有的内容都输出两次。下边有个简单的例子：

```
#include <stdio.h>
#include <stdarg.h>

void f2printf(FILE *fp1, FILE *fp2, char *fmt,...)
{
    va_list argp;
    va_start(argp, fmt); vfprintf(fp1, fmt, argp); va_end(argp);
    va_start(argp, fmt); vfprintf(fp2, fmt, argp); va_end(argp);
}
```

这里的f2printf就跟fprintf一样，只是它接受两个文件指针（如stdout和logfp）并同时输出到两个文件。

　　参见问题15.5。

"二进制"输入输出

普通的流包含可打印的文本，可能会被适当地转换以适应底层的操作系统习惯。如果想准确无误地读写任意数据，拒绝任何转换，需要"二进制"输入输出。

12.40

问： 我希望按字节在内存和文件之间直接读写数字，而不像fprintf和fscanf进行格式化。我该怎么办？

答： 你想完成的一般称为"二进制"输入输出。首先，确保你使用了"b"（"rb"、"wb"等。参见问题12.41）修饰符调用fopen。然后用&和sizeof操作符获取准备传输的字节序列的句柄。通常，需要使用fread和fwrite函数。参见问题2.12的例子。

但是注意，fread和fwrite并不一定代表二进制输入输出。如果你已经用二进制方式打开了文件，就可以在其上使用任何输入输出调用了（参见问题12.45 中的例子）。如果用文本方式打开了文件，也可以在方便的时候使用fread和fwrite。

最后，注意二进制文件不太可移植。参见问题20.5。

参见问题12.43。

12.41

问： 怎样正确地读取二进制文件？有时看到0x0a和0x0d容易混淆，而且如果数据中包含0x1a的话，我好像会提前遇到EOF。

答： 读取二进制数据文件的时候应该用"rb"调用fopen，以确保不会发生文本文件的解释。类似地，写二进制文件时使用"wb"。（在类似UNIX那样的不区分文本文件和二进制文件的系统中，"b"可以省略，但加上也没有什么坏处。）

注意文本/二进制区别只是发生在文件打开时，一旦文件打开之后，在其上调用何种I/O函数无关紧要。

参见问题12.43、12.45和20.5。

参考资料：[35, Sec. 4.9.5.3]

[8, Sec. 7.9.5.3]

[11, Sec. 15.2.1 p. 348]

12.42

问： 我在写一个二进制文件的"过滤器"，但是stdin和stdout却被作为文本流打开了。怎样才能把它们的模式改为二进制？

答： 没有标准的方法来完成这个任务。类UNIX系统没有文本/二进制文件的区别，因此也就没有修改模式的必要。有些MS-DOS编译器提供setmode调用。其他情况下，你就只能靠自己了。

12.43

问：文本和二进制输入输出有什么区别？

答：文本模式下，文件应该包含可打印的字符行（可能包括tab字符）。stdio库的例程（getc、putc和其他函数）完成C程序中的\n和底层操作系统的行结束符之间的转换。因此读写文本文件的C程序无需考虑底层系统换行符习惯。当C程序写入'\n'的时候，底层库会写入正确的换行字符，而stdio库检测到行结束的时候，它也会向调用程序返回入'\n'。[①]

　　而二进制方式下，数据在程序和文件之间读写的时候没有经过任何解释。（在MS-DOS系统下，二进制方式也会关掉对Control-Z作为文件结束符的检测。）

　　文本方式的转换也会在读入的时候影响到文件表面上的大小。因为文本方式下读出和写入的字符不一定和文件中的字符完全相同，磁盘文件的大小也不一定和可以读出的字符数相等。而且，基于类似的原因，fseek和ftell处理的也不一定是从文件开始的纯的字节数。（严格地讲，在文本方式下，fseek和ftell使用的偏移值根本就不能解释。ftell的返回值只能再用作fseekd的参数，而fseekd的参数也只能使用ftell的返回值。）

　　二进制方式下，fseek和ftell的确使用纯的字节偏移。但是，某些系统可能会在二进制文件的尾部添加一些空字节，用以补全一条记录。

　　参见问题12.40和19.13。

参考资料：[35, Sec. 4.9.2]
　　　　　　[8, Sec. 7.9.2]
　　　　　　[14, Sec. 4.9.2]
　　　　　　[11, Sec. 15 p. 344, Sec.15.2.1 p. 348]

12.44

问：如何在数据文件中读写结构？

答：参见问题2.12。

12.45

问：怎样编写符合旧的二进制数据格式的代码？

答：由于机器字大小和字节顺序差别、浮点数格式以及结构填充等问题，要这么做很困难。要控制这些细节，你可能得一次一字节地读写，边看边调整。（这并不一定像听上去那么坏，至少它让你写出可移植的代码，同时又能全盘掌控。）

---

① 有些系统可能会以空格填充的记录的方式保存文本文件。在这些系统上，尾部空格在以文本方式读取的时候会被丢弃，因此显式写入的任何尾部空格也会在再读入的时候丢失。

例如，假设你要从流fp读入一个数据结构（包含一个字符、一个32位整数和一个16位整数）到C结构，

```
struct mystruct {
    char c;
    long int i32;
    int i16;
};
```

可以使用这样的代码：

```
s.c = getc(fp);

s.i32 = (long)getc(fp) << 24;
s.i32 |= (long)getc(fp) << 16;
s.i32 |= (unsigned)(getc(fp) << 8);
s.i32 |= getc(fp);

s.i16 = getc(fp) << 8;
s.i16 |= getc(fp);
```

这段代码假设getc读取8位字符而且数据以高字节在前（"大端"）方式存储。转换成(long)可以确保16位和24位移位作用在long型值上（参见问题3.16），转换成(unsigned)可以防止符号扩展。（一般而言，写这类代码的时候都使用unsigned类型会更安全。但请参见3.21。

编写这个结构的对应代码如下：

```
putc(s.c, fp);

putc((unsigned)((s.i32 >> 24) & 0xff), fp);
putc((unsigned)((s.i32 >> 16) & 0xff), fp);
putc((unsigned)((s.i32 >> 8) & 0xff), fp);
putc((unsigned)(s.i32 & 0xff), fp);


putc((s.i16 >> 8) & 0xff, fp);
putc(s.i16 & 0xff, fp);
```

参见问题2.13、12.41和20.5。

第 13 章

库 函 数 *13*

从前，特定的运行库并不是C语言的正式部分。ANSI/ISO C出现以后，很多传统的运行库（包括第12章中的stdio库函数）都成了标准。

有些特别重要的库函数有专门的章节：第7章讲述了内存分配的函数（malloc、free等），第12章讲述了<stdio.h>描述的"标准输入输出"函数。本章的组织如下：

字符串函数	13.1～13.7
排序	13.8～13.11
日期和时间	13.12～13.14
随机数	13.15～13.21
其他库函数	13.22～13.28

最后几个问题（13.25～13.28）涉及连接时出现的问题（如"未定义的外部函数"错误等）。

字符串函数

13.1

问：怎样把数字转为字符串（与atoi相反）？有itoa函数吗？

答：用sprintf就可以了：

```
sprintf(string, "%d", number);
```

（不需担心用sprintf会小题大作，也不必担心会浪费运行时间或代码空间，实践中它工作得挺好。）参见问题7.7答案中的实例以及问题8.6和12.23。

同理，也可以用sprintf把long型或浮点数转换成字符串（使用%ld或%f）。也就是说，可以把sprintf看成是atol和atof的反函数。同时，你也有一定的格式控制。因为这些原因，C提供sprintf作为通用解决方法，而不是itoa。

如果必须编写itoa函数，有以下几点需要注意。

(1) K&R提供了一个示例实现。

(2) 你需要考虑返回缓冲区的分配。参见问题7.7。

(3) 简单实现往往不能正确处理最小负整数（INT_MIN，通常为–32 768或–2 147 483 648）。

参见问题12.23和20.11。

参考资料：[18, Sec. 3.6 p. 60]
　　　　　[19, Sec. 3.6 p. 64]

13.2

问：为什么strncpy不能总在目标串放上终止符'\0'？

答：strncpy最初被设计为用来处理一种现在已经废弃的数据结构——定长、不必以'\0'结束的"字符串"，[①]其他环境中使用strncpy有些麻烦，因为必须经常在目的串末尾手工加'\0'。

　　可以用strncat代替strncpy来绕开这个问题。如果目的串开始时为空（就是说，如果先用*dest='\0'），strncat就可以完成你希望strncpy完成的事情。

```
*dest = '\0';
strncat(dest, source, n);
```

这段代码最多复制n个字符，而且总是添加\0。

　　另外一个方法是用

```
sprintf(dest, "%.*s", n, source)
```

但是严格来讲，这个方法只能担保在n<=509的时候工作正常。

　　如果需要复制任意字节（而不是字符串），memcpy是个比strncpy更好的选择。

13.3

问：C语言有类似于其他语言中的"substr"（取出子串）的例程吗？

答：没有。其中一个原因在问题7.2和第8章中提到，C没有可控的字符串类型。

　　要从字符串的POS位置取长度为LEN的子串，可以用：

```
char dest[LEN+1];
strncpy(dest, &source[POS], LEN);
dest[LEN] = '\0';              /* ensure \0 termination */
```

或者使用问题13.2中的技巧：

```
char dest[LEN+1] = "";
strncat(dest, &source[POS], LEN);
```

或者使用指针代替数组标记。

```
strncat(dest, source + POS, LEN);
```

表达式source+POS和&source[POS]在定义上是一样的。参见第6章。

---

① 例如，早期的C编译器和连接器在符号表中使用8个字符的定长字符串，许多版本的UNIX还在使用14个字符长的文件名。strncpy的另一个相关的怪癖是它会用多个'\0'填充短串，直到达到指定的长度。这样允许更有效的字符串比较。只要比较n个字节而不用查找'\0'。

13.4

问：怎样把一个字符串中所有字符转换成大写或小写？

答：某些函数库有例程strupr和strlwr或strupper和strlower，但是它们不是标准的，也不可移植。使用<ctype.h>中提供的宏toupper和tolower可以很直接地实现大小写转换。参见问题13.5。唯一需要慎重考虑的是让函数直接修改目标字符串还是返回新字符串。参见问题7.7。

还要注意，使用多语言字符集时，大小写的转换是非常复杂的。

参考资料：[18, Sec. 2.7 p. 40]
[19, Sec. 2.7 p. 43]

13.5

问：为什么有些版本的toupper对大写字符会有奇怪的反应？为什么有的代码在调用toupper前先调用islower？

答：在早期，toupper是个类似函数的宏，而且它的定义只对小写字母有效。当遇到数字、标点符号或是大写字母时，它就会行为失常。同样tolower只对大写字母有效。所以，老的代码（或者为了增加可移植性而写的代码）习惯上在调用toupper之前调用tolower，或调用tolower之前先调用toupper。

在标准C中规定toupper和tolower必须对所有的字符正常处理，也就是说，不需转换的字符保留不变。

参考资料：[35, Sec. 4.3.2]
[8, Sec. 7.3.2]
[11, Sec. 12.9 pp. 320-321]
[12, p. 182]

13

13.6

问：怎样将字符串分割成用空白分隔的字段？怎样实现类似main处理argc和argv的过程？

答：标准中唯一用于这种分割的函数是strtok，虽然用起来需要些技巧[①]，而且不一定能做到你要求的所有事。（例如，它不能处理引用。）这里有个简单的例子，它打印出提取出来的每一个字段：

```
#include <stdio.h>
#include <string.h>
char string[] = "this is a test";        /* not char *; see Q 16.7 */
char *p;
```

---

① 而且，strtok在一系列调用中依赖于一些内部的状态，所以不是可重入函数。

```
for(p = strtok(string, " \t\n"); p != NULL; p = strtok(NULL, " \t\n"))
    printf("\"%s\"\n", p);
```

作为另一个选择，这是我用来一次性构建argv的例程：

```
#include <ctype.h>

int makeargv(char *string, char *argv[], int argvsize)
{
    char *p = string;
    int i;
    int argc = 0;

    for(i = 0; i < argvsize; i++) {
        /* skip leading whitespaces */
        while(isspace(*p))
            p++;

        if(*p != '\0')
            argv[argc++] = p;
        else {
            argv[argc] = 0;
            break;
        }

        /* scan over arg */
        while(*p != '\0' && !isspace(*p))
            p++;
        /* terminate arg: */
        if(*p != '\0' && i < argvsize-1)
            *p++ = '\0';
    }

    return argc;
}
```

makeargv的调用很简单：

```
char *av[10];
int i, ac = makeargv(string, av, 10);
for(i = 0; i < ac; i++)
    printf("\"%s\"\n", av[i]);
```

如果你希望每个分隔符都起作用，例如想在一行内用两个制表符来表示要忽略的字段，使用strchr更直观些：

```
#include <stdio.h>
#include <string.h>

char string[] = "this\thas\t\tmissing\tfield";
char *p = string;

while(1) {               /* break in middle */
    char *p2 = strchr(p, '\t');
    if(p2 != NULL)
        *p2 = '\0';
```

```
    printf("\"%s\"\n", p);
    if(p2 == NULL)
        break;
    p = p2 + 1;
}
```

　　这里用的代码都会修改输入字符串，用\0替代分隔符来终止每个字段，这意味着字符串必须可写，参见问题1.34。如果你需要用到原来的字符串，分割前先复制一份。

参考资料：[19, Sec. B3 p. 250]
　　　　　[35, Sec. 4.11.5.8]
　　　　　[8, Sec. 7.11.5.8]
　　　　　[11, Sec. 13.7 pp. 333-334]
　　　　　[12, p. 178]

13.7

问：哪里可以找到处理正则表达式或通配符匹配的代码？

答：首先，确认你知道以下区别。

　　❑ 传统正则表达式，其变体常用在UNIX实用程序（如ed或grep）中。在正则表达式中，一个点（.）通常和单个字符匹配，而序列.*通常可以匹配任意字符串。（当然，完全的正则表达式有比这两个例子更多的特征。）

　　❑ 文件名通配符，大多数操作系统都使用某些变体。有相当多的变体，但通常?匹配单个字符，*匹配任意字符串。

　　有一些匹配正则表达式的包可以利用。很多包都是用成对的函数，一个"编译"正则表达式，另一个"执行"它，即用它比较字符串。查查系统中是否有头文件<regex.h>或<regexp.h>和函数regcmp/regex、regcomp/regexec或re_comp/re_exec。这些函数可能在一个regexp库中。在ftp://ftp.cs.toronto.edu/pub/regexp.shar.Z或其他地方可以找到Henry Spencer开发的广受欢迎的regexp包，这个包也可自由再发布。GNU工程有一个叫做rx的包。[①]参见问题18.20。

　　文件名通配符匹配（有时称之为"globbing"）在不同的系统上有不同的实现。在UNIX上，shell会在进程调用之前自动扩展通配符，因此，程序几乎从不需要专门考虑它们。在MS-DOS下的编译器中，通常都可以在建立argv的时候连接一个用来扩展通配符的特殊目标文件。有些系统（包括MS-DOS和VMS）会提供通配符指定文件的列表和打开的系统服务。可参阅编译器和函数库的文档。参见问题19.25 和20.3。

　　这儿有个由ArjanKenter编写的小巧、快速的通配符匹配例程：

```
int match(char *pat, char *str)
{
    switch(*pat) {
```

[①] 也可以将正则表达式的处理下放到别的程序做，例如grep或perl写的脚本。参见问题19.35。

```
        case '\0':    return !*str;
        case '*':     return match(pat+1, str) || *str && match(pat, str+1);
        case '?':     return *str && match(pat+1, str+1);
        default:      return *pat == *str && match(pat+1, str+1);
    }
}
```

用这个定义，调用match("a*b.c", "aplomb.c")会返回1。

参考资料：[30, Sec. 3 pp. 35-71]

排序

13.8

问：我想用strcmp作为比较函数，调用qsort对一个字符串数组排序，但是不行。为什么？

答：你说的"字符串数组"实际上是"字符指针数组"。qsort比较函数的参数是被排序对象的指针，在这里，也就是字符型指针的指针。然而strcmp只接受字符指针。因此，不能直接使用strcmp。要用下边这样的间接比较函数：

```
/* compare strings via pointers */
int pstrcmp(const void *p1, const void *p2)
{
    return strcmp(*(char * const *)p1, *(char * const *)p2);
}
```

比较函数的参数表示为"通用指针"const void *。它们被转换回本来表示的类型（char **），再解引用，生成可以传入strcmp的char *。（在ANSI前的编译器中，需要将指针参数声明为char *而不是void *，并且去掉前边的const限定词。qsort可以用以下形式调用：

```
#include <stdlib.h>
char *strings[NSTRINGS];
int nstrings;
/* nstrings cells of strings[] are to be sorted */
qsort(strings, nstrings, sizeof(char *), pstrcmp);
```

（不要被文献[19] 5.11节119~120页的讨论所误导，那里讨论的不是标准库中的qsort，而且隐含了char *和void *等价的假设。）

问题13.9中有关于qsort比较函数更多的信息，例如它们是如何调用以及必须如何定义等。

参考资料：[35, Sec. 4.10.5.2]
　　　　　[8, Sec. 7.10.5.2]
　　　　　[11, Sec. 20.5 p. 419]

13.9

问：我想用qsort()对一个结构数组排序。我的比较函数接受结构指针，但是编译器认为这个函数不是qsort需要的类型。我要怎样转换这个函数指针才能避免这样的警告？

答：正如上文问题13.8中所讨论的，这个转换必须在比较函数中进行，而函数必须定义为接受"通用指针"（const void *）类型。假定一个日期的数据结构：

```
struct mystruct {
    int year, month, day;
};
```

比较函数可能像这个样子[①]：

```
int mystructcmp(const void *p1, const void *p2)
{
    const struct mystruct *sp1 = p1;
    const struct mystruct *sp2 = p2;
    if(sp1->year < sp2->year) return -1;
    else if(sp1->year > sp2->year) return 1;
    else if(sp1->month < sp2->month) return -1;
    else if(sp1->month > sp2->month) return 1;
    else if(sp1->day < sp2->day) return -1;
    else if(sp1->day > sp2->day) return 1;
    else return 0;
}
```

（从通用指针到mystruct结构的指针的转换过程发生在sp1 = p1和sp2 = p2的初始化中；由于p1和p2都是void指针，编译器隐式地进行了类型转换。在ANSI前的编译器下必须进行显式的类型转换并使用char *指针。参见问题7.10）

对于这个版本的mystructcmp，qsort的调用是这样的：

```
#include <stdlib.h>
struct mystruct dates[NDATES];
int ndates;
/* ndates cells of dates[] are to be sorted */
qsort(dates, ndates, sizeof(struct mystruct), mystructcmp);
```

另一方面，如果你对结构的指针进行排序，则如问题13.8所示，需要使用间接。比较函数的开始会是这个样子：

```
int myptrstructcmp(const void *p1, const void *p2)
{
    struct mystruct *sp1 = *(struct mystruct * const *)p1;
    struct mystruct *sp2 = *(struct mystruct * const *)p2;
```

函数调用会是这样：

```
struct mystruct *dateptrs[NDATES];
qsort(dateptrs, ndates, sizeof(struct mystruct *), myptrstructcmp);
```

要理解为什么qsort的比较函数中必须进行奇怪的指针转换，以及为什么在调用qsort时再进行函数指针转换并不起作用，很有必要理解qsort的工作原理：qsort并不知道，它只是在一段段内存块中进行移动。qsort从它的第3个参数中得到内存块的大小，这也是它

---

① 这个版本的mystructcmp用了明确的比较，而不是更明显的减法，来决定返回负数、零或正数。一般来讲，这么写的比较函数较安全。当一个很大的正数和一个很小的负数作比较，减法很容易就会溢出，从而导致程序退出或得到错误的结果。当然在这个例子中，溢出基本上是不会出现的。

唯一知道的。为了确定两个内存块是否需要进行交换，qsort 要调用比较函数。它使用等价于 memcpy 的函数进行交换。

　　因为 qsort 用了通用的方式来处理未知类型的内存块，所以它用通用指针（void *）来引用它们。当 qsort 调用比较函数时，它把将要比较的两块内存以两个通用指针的形式传入你的函数。因为它使用通用指针，比较函数必须接受通用指针，然后在使用前（例如，进行比较前），将其转换回它们本来的类型。一个 void 指针和结构指针是不一样的，在某些机器上还可能有不同的大小或表示，这也是必须进行类型转换的原因。

　　假设要对一个结构数组进行排序，而你有一个接受结构指针的比较函数：

```
int mywrongstructcmp(struct mystruct *, struct mystruct *);
```

如果这样调用 qsort：

```
qsort(dates, ndates, sizeof(struct mystruct),
    (int (*)(const void *, const void *))mywrongstructcmp);  /* WRONG */
```

　　类型转换 (int (*)(const void *, const void *)) 除了让编译器安静、不再告诉你这个比较函数不能用于 qsort 之外，没有别的任何作用。当 qsort 到了调用你的比较函数时候，当初调用 qsort 时作的类型转换关系已经被遗忘，它还是用 const void * 来作为调用参数，这也是你的函数必须接受的。没有一个原型的机制可以做到在 qsort 内调用 mywrongstructmcp 之前进行从 void 指针到 struct mystruct 指针的转换。

　　一般而言，为了让编译器“闭嘴”而进行类型转换是一个坏主意。编译器的警告信息通常希望告诉你某些事情，忽略或轻易去掉会让你陷入危险，除非你明确知道自己在做什么。参见问题 4.9。

参考资料：[35, Sec. 4.10.5.2]
　　　　　[8, Sec. 7.10.5.2]
　　　　　[11, Sec. 20.5 p. 419]

13.10

问：怎样对一个链表排序？

答：有时侯，在建立链表时就一直保持链表的顺序要简单些（或者用树代替）。插入排序和归并排序算法用链表最合适了。

　　如果你希望用标准库函数，可以分配一个临时的指针数组，填入链表中所有节点的地址，再调用 qsort()，最后依据排序后的数组重新建立链表。

参考资料：[21, Sec. 5.2.1 pp. 80-102, Sec. 5.2.4 pp. 159-168]
　　　　　[31, Sec. 8 pp. 98-100, Sec. 12 pp. 163-175]

13.11

问：怎样对大于内存容量的数据排序？

答：你可以用"外部排序"法，文献[21]第3卷中有详细论述。基本的思想是对数据分块进行排序，每次的大小尽可能多地填入内存中，把排好序的数据块存入暂时文件中，再归并它们。如果你的操作系统提供一个通用排序工具，可以从程序中调用：参见问题19.32和19.35，以及19.33中的例子。

　参考资料：　[21, Sec. 5.4 pp. 247-378]
　　　　　　　[31, Sec. 13 pp. 177-187]

日期和时间

13.12

问：怎样在C程序中取得当前日期或时间？

答：只要使用函数time、ctime、localtime和/或strftime就可以了[①]。下面是个简单的例子：

```
#include <stdio.h>
#include <time.h>

int main()
{
    time_t now;
    time(&now);
    printf("It's %s", ctime(&now));
    return 0;
}
```

localtime和strftime的调用如下：

```
struct tm *tmp = localtime(&now);
char fmtbuf[30];
printf("It's %d:%02d:%02d\n",
    tmp->tm_hour, tmp->tm_min, tmp->tm_sec);
strftime(fmtbuf, sizeof fmtbuf, "%A, %B %d, %Y", tmp);
printf("on %s\n", fmtbuf);
```

注意这些函数接受一个time_t的指针变量，虽然它们并不改变它的值[②]。

如果需要小于秒的解析度，参见问题19.42。

　参考资料：　[19, Sec. B10 pp. 255-257]
　　　　　　　[35, Sec. 4.12]
　　　　　　　[8, Sec. 7.12]
　　　　　　　[11, Sec. 18]

13

13.13

问：我知道库函数localtime可以把time_t转换成结构struct tm，而ctime可以把time_t转

---

① 注意，根据文献[35]，time有可能失败，返回(tiem_t)(-1)。

② 这些指针基本上是早期C遗留下来的。在long型发明以前，时间的值存储在一个含两个int型的数组中。

换成为可打印的字符串。怎样才能进行反向操作，把struct tm或一个字符串转换成time_t?

答：ANSI C提供了库函数mktime，它把struct tm转换成time_t。

把一个字符串转换成time_t比较难，这是由于可能遇到各种各样的日期和时间格式。某些系统提供函数strptime，基本上是strftime的反函数。其他常用的函数有partime（与RCS包一起被广泛地发布）和getdate（还有少数其他函数，发布在C语言新闻组）。参见问题18.20。

参考资料：[19, Sec. B10 p. 256]
　　　　　[35, Sec. 4.12.2.3]
　　　　　[8, Sec. 7.12.2.3]
　　　　　[11, Sec. 18.4 pp. 401-402]

13.14

问：怎样在日期上加n天？怎样取得两个日期的时间间隔？

答：ANSI/ISO标准C函数mktime和difftime对这两个问题提供了一些有限的支持。mktime接受没有规范化的日期，所以可以用一个日期的struct tm结构，直接在tm_mday域进行加或减，然后调用mktime对年、月、日域进行规范化，同时也转换成了time_t值。可以用mktime来计算两个日期的time_t值，然后用difftime计算两个time_t值的秒数差。

但是，这些方法只有当日期在time_t表达范围内才保证工作正常。tm_mday域是个int型，所以日偏移量超出32 736就会上溢（后面会提供另一个不含限制的方案）。还要注意，在夏令时转换的时候，一天并不是24小时，所以用86 400秒/天时要特别注意。

这里是一段计算1994年10月24日后90天的日期的代码片段：

```
#include <stdio.h>
#include <time.h>

tm1.tm_mon = 10 - 1;
tm1.tm_mday = 24;
tm1.tm_year = 1994 - 1900;
tm1.tm_hour = tm1.tm_min = tm1.tm_sec = 0;
tm1.tm_isdst = -1;

tm1.tm_mday += 90;

if(mktime(&tm1) == -1)
    fprintf(stderr, "mktime failed\n");
else
    printf("%d/%d/%d\n",
        tm1.tm_mon+1, tm1.tm_mday, tm1.tm_year+1900);
```

设置tm_isdst为-1有助于防止夏令时引起的转换问题。设置tm_housr为12也起同样作用。

下面是一段计算从2000年2月28日到3月1日的日差值的程序：

```
struct tm tm1, tm2;
time_t t1, t2;

tm1.tm_mon = 2 - 1;
tm1.tm_mday = 28;
tm1.tm_year = 2000 - 1900;
tm1.tm_hour = tm1.tm_min = tm1.tm_sec = 0;
tm1.tm_isdst = -1;

tm2.tm_mon = 3 - 1;
tm2.tm_mday = 1;
tm2.tm_year = 2000 - 1900;
tm2.tm_hour = tm2.tm_min = tm2.tm_sec = 0;
tm2.tm_isdst = -1;

t1 = mktime(&tm1);
t2 = mktime(&tm2);

if(t1 == -1 || t2 == -1)
    fprintf(stderr, "mktime failed\n");
else {
    long d = (difftime(t2, t1) + 86400L/2) / 86400L;
    printf("%ld\n", d);
}
```

另外加上的86400L/2将日差舍入到最近的天数，参见问题14.6。

另一个解决的方法是用"儒略日数（Julian day numbers）"，这可以支持更宽的时间范围。儒略日数表示从公元前4013年1月1日起的天数[1]。ToJul和FromJul的例程原型如下：

```
/* returns Julian for month, day, year */
long ToJul(int month, int day, int year);

/* returns month, day, year for jul */
void FromJul(long jul, int *monthp, int *dayp, int *yearp);
```

计算一个日期n天后的日期：

```
int n = 90;
int month, day, year;
FromJul(ToJul(10, 24, 1994) + n, &month, &day, &year);
```

两个日期间的天数：

```
ToJul(3, 1, 2000) - ToJul(2, 28, 2000);
```

处理儒略日的代码可以在以下地方找到：Snippets收集（参见问题18.18）、Simtel/Oakland站点（文件JULCAL10.ZIP，参见问题18.20）和文献中提到的文章"Dateconversions"[4]。

参见问题13.13，20.37和20.38。

---

[1]　更精确地说，从那天的GMT正午开始。注意儒略日数跟某些数据处理时用的"儒略日期"（Julian dates）不一样，而且都和儒略日历（Julian calendar）无关。

参考资料: [19, Sec. B10 p. 256]

[35, Secs. 4.12.2.2, 4.12.2.3]

[8, Secs. 7.12.2.2, 7.12.2.3]

[11, Secs. 18.4, 18.5 pp. 401-402]

[4]

随机数

13.15

问: 怎么生成一个随机数?

答: 标准C库有一个随机数生成器: rand。你系统上的实现可能并不完美,但写一个更好的实现并不是一件容易的事。

如果你需要实现自己的随机数生成器,有许多这方面的文章可供参考:像下面的文献或sci.math.num-analysis上的FAQ。网上也有许多这方面的软件包:老的、可靠的包有r250、RANLIB和FSULTRA(参见问题18.20),还有由Marsaglia、Matumoto和Nishimura新近的成果"Mersenne Twister",另外就是Don Knuth个人网页上收集的代码。

这是Park和MIller提供的"最小标准"的可移植随机数生成器的C语言实现:

```
#define a 16807
#define m 2147483647
#define q (m / a)
#define r (m % a)

static long int seed = 1;

long int PMrand()
{
    long int hi = seed / q;
    long int lo = seed % q;
    long int test = a * lo - r * hi;
    if(test > 0)
        seed = test;
    else
        seed = test + m;
    return seed;
}
```

(这个"最小标准"已经足够好了。这是一个"其他的都得根据它进行检查"的实现,"除非有更好的随机数生成器",否则都推荐使用这个实现。)

这段代码实现了$a = 16807$、$m = 2147483647$(即$2^{31} - 1$)和$c = 0$的随机数生成器:

$$X \leftarrow (aX + c) \bmod m$$

(因为模是素数,所以这个生成器没有问题13.18中描述的问题。)乘法的计算使用了Schrage描述的一种技术,可以确保中间结果aX不会溢出。上边的实现返回范围[1,2147483647]

内的 long int 型，也就是说，它跟 RAND_MAX 为2147483647的C语言 rand 函数可以对应，只是它不能返回0。要让它（像Park和Miller的论文中那样）返回(0,1)范围内的浮点数，只需将声明改为

```
double PMrand()
```

再将最后一行改为

```
return(double)seed / m;
```

Park和Miller推荐使用 $a = 48271$，这样可以得到稍好一点的统计效果。

参考资料：[19, Sec. 2.7 p. 46, Sec. 7.8.7 p. 168]
[35, Sec. 4.10.2.1]
[8, Sec. 7.10.2.1]
[11, Sec. 17.7 p. 393]
[12, Sec. 11 p. 172]
[21, Vol. 2 Chap. 3 pp. 1-177]
[26]

13.16

问：怎样获得某一范围内的随机整数？

答：直接用这种方法：

```
rand() % N                    /* POOR */
```

（试图返回从0到N-1的整数）不好，因为许多随机数生成器的低位并不随机（参见问题13.18）。一个较好的方法是：

```
(int)((double)rand() / ((double)RAND_MAX + 1) * N)
```

如果你不希望使用浮点数，另一个方法是：

```
rand() / (RAND_MAX / N + 1)
```

两种方法都需要知道 RAND_MAX（ANSI在 `<stdlib.h>` 中定义），而且假设N要远远小于 RAND_MAX。

如果N值接近 RAND_MAX 而随机数生成器的范围又不是N的整倍数（即 (RAND_MAX+1) % N != 0），则这些方法都会失效，某些输出会比其他的频率更高。（使用浮点数也没有帮助。问题在于 rand 返回 RAND_MAX+1 个互不相同的值，这些值不一定总能被均分为N块。）如果出现这种问题，大概唯一能做的就是多次调用 rand 函数，然后丢弃某些值：

```
unsigned int x = (RAND_MAX + 1u) / N;
unsigned int y = x * N;
unsigned int r;
do {
    r = rand();
} while(r >= y);
return r / x;
```

13

在这些技术中，在需要的时候改变生成随机数的范围都很简单，用下边的方式可以生成 [M,N] 范围的随机整数：

```
M + rand() / (RAND_MAX / (N - M + 1) + 1)
```

（顺便提一下，RAND_MAX是个常数，它告诉你C语言库函数rand的固定范围。不能将 RAND_MAX设为其他值，也不能要求rand返回其他范围的值。）

如果你用的随机数生成器返回的是0到1的浮点数（如问题13.15提及的PMrand函数的最后一个版本或问题13.21的drand48函数），要取得范围在0到N-1的整数，只要将随机数乘以 N就可以了：

```
(int)(drand48() * N)
```

参考资料：　[19, Sec. 7.8.7 p. 168]
　　　　　　　[12, Sec.11 p. 172]

13.17

问： 每次执行程序，rand都返回相同的数字序列。为什么？

答： 这是多数伪随机数生成器的一个特征（也是C语言库函数rand的定义特征），它们生成的随机数总是从同一个数字开始，然后是同一个序列。（除了别的考量，增加一点可预测性会让调试变得容易。）如果不需要这种可预测性，可以调用srand用真正随机的值来初始化模拟随机数生成器的种子。常见的种子值可以是当前时间或者用户按键之前过去的时间（当然很难可移植地判断按键时间。参见问题19.42）。这里有个使用当前时间的例子：

```
#include <stdlib.h>
#include <time.h>

srand((unsigned int)time((time_t *)NULL));
```

但是，这个代码并不完美——其中，time()返回的time_t可能是浮点值，转换到无符号整数时有可能上溢，这造成不可移植。参见问题19.42。

还要注意到，在一个程序执行中多次调用srand并不见得有帮助，特别是不要为了试图取得"真随机数"而在每次调用rand前都调用srand。

参考资料：　[19, Sec. 7.8.7 p. 168]
　　　　　　　[35, Sec. 4.10.2.2]
　　　　　　　[8, Sec. 7.10.2.2]
　　　　　　　[11, Sec. 17.7 p. 393]

13.18

问： 我需要随机的真/假值，所以我就直接用rand()%2，可是我得到交替的0, 1, 0, 1, 0⋯。为什么？

答： 低劣的伪随机数生成器在低位中并不很随机。很不幸，某些系统就提供这样的伪随机数生成器。（实际上，周期为2^e的纯线性同余随机数生成器的低n位会以2^n为周期重复。而很多e位机的随机数就是这样写出来的。）因此，最好使用高位。参见问题13.16。

参考资料：[21, Sec. 3.2.1.1 pp. 12-14]

13.19

问：如何获取根本不重复的随机数？

答：你找的是所谓的"随机排列"（random permutation）或"打乱次序"（shuffle）。一种方法是用需要打乱次序的值初始化一个数组，然后随机地将每个元素和后边的某个值交换：

```
int a[10], i, nvalues = 10;

for(i = 0; i < nvalues; i++)
    a[i] = i + 1;

for(i = 0; i < nvalues-1; i++) {
    int c = randrange(nvalues-i);
    int t = a[i]; a[i] = a[i+c]; a[i+c] = t;    /* swap */
}
```

此处的randrange(N)是rand()/(RAND_MAX/(N)+1)或问题13.16中的某个其他表达式。

参考资料：[21, Sec. 3.4.2 pp.137-138]

13.20

问：怎样产生正态分布或高斯分布的随机数？

答：至少有3种方法。

❑ 运用中心极限定理（大数定律）将几个平均分布的随机数加起来：

```
#include <stdlib.h>
#include <math.h>

#define NSUM 25

double gaussrand()
{
    double x = 0;
    int i;
    for(i = 0; i < NSUM; i++)
        x += (double)rand() / RAND_MAX;

    x -= NSUM / 2.0;
    x /= sqrt(NSUM / 12.0);

    return x;
}
```

（不要忽略sqrt(NSUM/12.)的修正。尤其是NSUM等于12的时候很容易忽略。）

❑ 使用由Box和Muller提供的，在Knuth的网上讨论过的方法：

```c
#include <stdlib.h>
#include <math.h>

#define PI 3.141592654

double gaussrand()
{
    static double U, V;
    static int phase = 0;
    double Z;

    if(phase == 0) {
        U = (rand() + 1.) / (RAND_MAX + 2.);
        V = rand() / (RAND_MAX + 1.);
        Z = sqrt(-2 * log(U)) * sin(2 * PI * V);
    } else
        Z = sqrt(-2 * log(U)) * cos(2 * PI * V);

    phase = 1 - phase;

    return Z;
}
```

❑ 使用最初由Marsaglia提供的方法：

```c
#include <stdlib.h>
#include <math.h>

double gaussrand()
{
    static double V1, V2, S;
    static int phase = 0;
    double X;

    if(phase == 0) {
        do {
            double U1 = (double)rand() / RAND_MAX;
            double U2 = (double)rand() / RAND_MAX;

            V1 = 2 * U1 - 1;
            V2 = 2 * U2 - 1;
            S = V1 * V1 + V2 * V2;
        } while(S >= 1 || S == 0);

        X = V1 * sqrt(-2 * log(S) / S);
    } else
        X = V2 * sqrt(-2 * log(S) / S);

    phase = 1 - phase;

    return X;
}
```

这些方法都生成均值为零、标准差为1的数字。（要调整到其他分布，可以乘上标准差再加上均值。）方法1比较差（尤其是NSUM很小的时候），但方法2和方法3都不错。更多信息可以参见参考资料。

参考资料：[21, Sec. 3.4.1 p. 117]
　　　　　[25]
　　　　　[3]
　　　　　[1]
　　　　　[29, Sec. 7.2 pp. 288-290]

13.21

问：我在移植一个程序，里边调用了一个函数drand48，而我的库又没有这个。这是个什么函数？

答：UNIX System V的函数drand48返回半开区间[0,1)内的浮点随机数（可能为48位精度）。（和它对应的种子函数是srand48。这个在C语言标准中也没有。）可以很容易写出一个低精度的替代版本：

```
#include <stdlib.h>

double drand48()
{
    return rand() / (RAND_MAX + 1.);
}
```

要更精确地模拟drand48的语义，可以试试给它提供更接近48位的精度：

```
#define PRECISION 2.82e14    /* 2**48, rounded up */

double drand48()
{

    double x = 0;
    double denom = RAND_MAX + 1.;
    double need;

    for(need = PRECISION; need > 1; need /= (RAND_MAX + 1.))
    {
        x += rand() / denom;
        denom *= RAND_MAX + 1.;
    }

    return x;
}
```

但是在使用这样的代码的时候，要注意它在数学上是有些可疑的，尤其是当rand的周期和RAND_MAX是同一个量级的时候（通常都是这样）。（如果你有像BSD的random函数那样周期更长的随机数生成器，那么在模拟drand48的时候请一定要使用。）

参考资料：[12, Sec.11 p. 149]

其他库函数

13.22

问：exit(status)是否真的跟从main函数返回status等价？

答：参见问题11.18。

13.23

问：memcpy和memmove有什么区别？

答：参见问题11.27。

13.24

问：我想移植这个旧程序。为什么报出这些"undefined external"错误：index?、rindex?、bcopy?、bcmp?、bzero??

答：这些函数都已经过时了。你应该使用对应的strchr、strrchr、memmove（调换前两个参数。参见问题11.27）、memcmp、memset（将第二个参数置为0）。

　　如果你使用的旧系统缺失上边的函数，也可以实现这些函数来替换问题中的那些函数。参见问题12.24和13.21。

　　参考资料：[12, Sec. 11]

13.25

问：我不断得到库函数未定义错误，但是我已经包含了所有用到的头文件了。

答：通常，头文件只包含库函数的外部说明而不是函数本身。头文件在编译时使用，而库文件用在连接时。

　　某些情况下，尤其是使用非标准函数时，你可能需要在连接时指定正确的函数库以得到函数的定义。包含头文件并不能给出定义。（有些系统可能会在连接的时候自动请求你包含的头文件对应的非标准库。但这种技术应用还不广泛。）参见问题10.11、11.32、13.26、14.3和19.45。

13.26

问：虽然我在连接时明确地指定了正确的函数库，我还是得到库函数未定义错误。

答：许多连接器只对目标文件和你明确指出的函数库进行一次扫描，然后从函数库中提取适合当前未定义函数的模块。所以函数库和对象文件（以及对象文件之间）的连接顺序很重要。通常，你都应该最后再搜索函数库。

例如，在UNIX系统中，这样的命令

```
cc -lm myprog.c        # WRONG
```

往往不行。应该把-l参数放在命令行的最后。

```
cc myprog.c -lm
```

如果把库放在前边，编译器就不知道它到底需要从库里提取哪些模块，因而就会直接跳过。参见问题13.28。

13.27

问：一个最简单的程序，不过在一个窗口里打印出"Hello,World"，为什么会编译出巨大的可执行代码（数百K）？我该少包含一些头文件吗？

答：你看到的就是当前的函数库设计状态。运行时库倾向于汇集越来越多的功能（尤其是跟图形用户界面相关的）。当一个库函数调用另一个库函数来完成它的部分功能（这本是件好事，而且也正是库函数存在的原因）时，很可能调用库中的任何一个函数（尤其是像printf那样功能相对强大的函数）最终都会导致对其他所有函数的调用，从而生成可怕的巨大代码。

包含更少的头文件恐怕于事无补，因为仅仅声明一些不会调用的函数（包含不需要的头文件不过如此）并不会导致这些函数出现在可执行代码中，除非它们事实上被调用了。参见问题13.25。

倒是可以跟踪一下导致你的程序代码增大的函数链，或许可以向厂商投诉一下，让他们整理整理这些库。

参考资料：[11, Sec.4.8.6 pp. 103-104]

13.28

问：连接器报告_end未定义代表什么意思？

答：这是个老UNIX系统中的连接器所用的俏皮话。只有其他符号还未定义时，才会得到_end未定义的信息。解决了其他的问题，有关_end的错误信息也就会消失。参见问题13.25和13.26。

---

*13.29

问：我的编译器提示printf未定义！这怎么可能？

答：据传闻，某些用于微软视窗系统的C编译器不支持printf。根据是printf用于向老式终端输出，而在windows下显示文本的正确方法是调用xxx打开一个窗口，然后再调用xxx在其中显示文本。也许可以让这样的编译器认为你写的是"控制台程序"，这样编译器会打开"控制台窗口"从而支持printf。

第 14 章

浮 点 运 算 *14*

浮点运算有时看起来有些麻烦和神秘。在C语言中这个问题尤其严重一些，因为C语言传统上并不是用来设计大量使用浮点数的程序的。

14.1

问：一个 float 变量赋值为3.1时，为什么 printf 输出的值为3.0999999？

答：大多数电脑都是用二进制来表示浮点数和整数的。在十进制里，0.1是个简单、精确的小数，但是用二进制表示起来却是个循环小数0.0001100110011…。所以3.1在十进制内可以准确地表达，在二进制下却不能。

在对一些二进制中无法精确表示的小数进行赋值或读入再输出时，也就是从十进制转成二进制再转回十进制，你会观察到数值的不一致。这是由于编译器二进制/十进制转换例程的精确度引起的[①]，这些例程也用在 printf 中。参见问题14.6。

14.2

问：我想计算一些平方根，我把程序简化成这样：

```
main()
{
    printf("%f\n", sqrt(144.));
}
```

可得到的结果却是疯狂的数字。为什么？

答：确定你包含了 <math.h> 以及正确地将其他相关函数的返回值声明成了 double 型。（另外一个需要注意的库函数是 atof，其原型声明在 <stdlib.h> 中。）参见问题1.25、14.3和14.4。

参考资料：[22, Sec. 4.5 pp. 65-66]

[①] 二进制浮点数与十进制之间的精确转换是个很有意思的问题。参考文献中列出了Clinger、Steele和White发表的两篇优秀论文。

14.3

问：我想做一些简单的三角函数运算，也包含了`<math.h>`，但连接器总是提示`sin`、`cos`这样的函数未定义。为什么？

答：确定你真的连接了数学函数库。例如，在UNIX或Linux系统中，有一个存在了很久的bug，你需要把参数`-lm`加在编译或连接命令行的最后。参见问题13.25、13.26 和14.2。

14.4

问：我的浮点数计算程序表现得很奇怪，在不同的机器上给出了不同的结果。为什么？

答：首先阅读问题14.2。

如果问题并不是那么简单，那么回想一下，计算机一般都是用一种浮点的格式来近似地模拟实数算术运算，注意是近似，而不是完全精确。计算机浮点数运算的结合律和分配并不一定完全成立。也就是说，运算顺序可能会影响结果，而连加也不一定和乘法等价。下溢、误差的累积和其他非常规性是常见的麻烦。

不要假设浮点运算结果是精确的，尤其不能直接比较两个浮点数是否相等。（也不要随意地引入"模糊因子"。参见问题14.5。）有的机器的浮点运算寄存器的精度可能比内存中的`double`值还高，这可能会导致某些看上去确实相等的浮点数并不相等。

这也并不是C语言特有的问题，其他程序设计语言有同样的问题。浮点运算的某些方面被通常定义为"CPU的任何处理方法"（参见问题11.35和11.37）；否则在没有"正确"浮点模型的处理器上，编译器要被迫进行代价非凡的仿真。

本书不打算列举在处理浮点运算上的潜在难点和合适的做法。有其他数字编程方面的好书会涵盖基本的知识。参见下面的参考资料。

参考资料：[17, Sec. 6 pp. 115-118]
　　　　　[21, Volume 2 chapter 4]
　　　　　[10]

14.5

问：有什么好的方法来检查浮点数在"足够接近"情况下的相等？

答：浮点数的定义决定它的绝对精度会随着其量级而变化，所以比较两个浮点数的最好方法就要利用一个与浮点数的量级相关的精确阈值。不要用下面这样的代码：

```
double a, b;
...
if(a == b)              /* WRONG */
```

要用类似这样的方法：

```
#include <math.h>
```

```
if(fabs(a - b) <= epsilon * fabs(a))
```

epsilon被赋为一个特定的值来控制"接近度"。选择epsilon的值也要小心：它的合适值可能很小、只与机器的浮点精度相关；如果被比较的值本来精度就不高，或者是连续运算、误差累积的结果，这个值也可以定得稍大。也要确保a不会为0。（当然，也可以用b或者b和a的函数来作为阈值。）

用绝对阈值的方法肯定要差些，通常也不推荐：

```
if(fabs(a - b) < 0.001)          /* POOR */
```

0.001这样的绝对"模糊因子"恐怕难以持续有效。随着被比较的数不断变化，很有可能两个较小的、本应看作不相等的数正好相差小于0.001，而两个本应看作相等的两个大数却相差大于0.001。（显然，将模糊因子修改为0.005或者0.0001或其他任何绝对数都无助于解决这个问题。）

Doug Gwyn推荐使用下面的"相对差"函数。它返回两个实数的相对差值，如果两个数完全相同，则返回0.0，否则，返回差值和较大数的比值：

```
#define Abs(x)    ((x) < 0 ? -(x) : (x))
#define Max(a, b) ((a) > (b) ? (a) : (b))

double RelDif(double a, double b)
{
    double c = Abs(a);
    double d = Abs(b);

    d = Max(c, d);

    return d == 0.0 ? 0.0 : Abs(a - b) / d;
}
```

典型的用法是：

```
if(RelDif(a, b) <= TOLERANCE) ...
```

参考资料：[21, Sec. 4.2.2 pp. 217-218]

14.6

问：怎样取整？

答：最简单、直接的方法是使用这样的代码：

```
(int)(x + 0.5)
```

C语言的浮点数到整数的转换会去掉小数部分,因此在取整之前加上0.5会使≥0.5的小数部分进位。但是这个方法对于负数并不有效。这是一个改进的方法：

```
(int)(x < 0 ? x - 0.5 : x + 0.5)
```

要保留到特定的精度，可以使用：

```
(int)(x / precision + 0.5) * precision
```

处理负数或按奇/偶取整的实现需要一些技巧。

注意，因为取整的默认方法是截断，因此通常在将浮点数转换为整数的时候最好都使用显式的取整步骤。一不小心，就有可能将你认为的8.0转成了7，因为它的内部表示可能是7.999999。

14.7

问： 为什么C语言不提供乘幂的操作符？

答： 一个原因可能是几乎没有什么处理器提供乘幂指令。C语言有一个标准函数pow（在<math.h>中声明），可以用来计算乘幂。但对于小的正整数指数，直接用乘法一般都会更好[①]。换言之，pow(x, 2.)恐怕不如x * x。（如果你想创建一个Square()宏，请先参考问题10.1。）

参考资料： [35, Sec. 4.5.5.1]
　　　　　　 [8, Sec. 7.5.5.1]
　　　　　　 [11, Sec. 17.6 p. 393]

14.8

问： 为什么我机器上的<math.h>没有预定义常量M_PI？

答： 这个常量（它应该是定义准确到机器精度的π值）不包含在标准内。事实上，符合标准的<math.h>不应该定义符号M_PI。[②]如果你要用到π，需要自己定义，或者用4*atan(1.0)或acos(-1.0)计算出来。（可以使用下面这样的构造来确保只有系统头文件没有提供的时候才定义。）

```
#ifndef M_PI
#define M_PI 3.14159265358979932385
#endif
```

参考资料： [12, Sec. 13 p. 237]

14

14.9

问： 怎样将变量置为IEEE NaN（"Not a Number"）或检测变量是否为NaN及其他特殊值？

答： 许多实现高质量IEEE浮点的系统会提供简洁的工具去处理这些特殊值。例如，在<math.h>或者<ieee.h>或<nan.h>以非标准扩展提供预定义常量及像isnan()这类的函数。这些工具的标准化进程正在进行中。[③]一个简陋但通常有效的测试NaN的方法如下：

[①] 特别是，有的pow实现对两个整数参数不一定能给出正确结果。例如，某些系统上，(int)pow(2.,3.)会因为取整的原因返回7。参见问题14.6。

[②] 这涉及"命名空间"污染的问题。参见问题1.30。

[③] C99提供了isnan()、fpclassify()及其他一些类似的例程。——译者注

```
#define isnan(x)  ((x) != (x))
```

虽然一些不支持IEEE的编译器可能会把这个判断优化掉。（就算你有预定义的NAN宏，也不能用它来这样比较：if(x == NAN)，因为一个NaN不一定和另一个相等。）

必要时，还可以用sprintf格式化需测试的值，在许多系统上，它会产生"NaN"或"Inf"的字符串。你就可以比较了。

要将变量初始化为这些值（而你的系统又没有提供明确的解决方案），可以使用一些编译时"算术"来迂回一下：

```
double nan = 0./0;
double inf = 1./0;
```

但是如果这样不行，或者它们因为浮点异常而中断编译，也不要太吃惊。

（设置这些特殊值最可靠的办法是采用它们的内部二进制表达，但用二进制值初始化浮点数需要用到联合或者其他的双关语义的方法，而这显然是机器相关的。）

参见问题19.44。

参考资料：[9, Sec. 7.7.3]

14.10

问：如何简洁地处理浮点异常？

答：参见问题19.44。

14.11

问：在C语言中如何很好地实现复数？

答：这其实非常直接，定义一个简单结构和相关的算术函数就可以了[①]。这是一个简单的例子，可以让你感受一下：

```
typedef struct {
    double real;
    double imag;
} complex;

#define Real(c) (c).real
#define Imag(c) (c).imag

complex cpx_make(double real, double imag)
{
    complex ret;
    ret.real = real;
    ret.imag = imag;
    return ret;
}
```

---

① 在C++中这些操作更加直接。

```
complex cpx_add(complex a, complex b)
{
    return cpx_make(Real(a) + Real(b), Imag(a) + Imag(b));
}
```

可以这样使用这些函数：

```
complex a = cpx_make(1, 2);
complex b = cpx_make(3, 4);
complex c = cpx_add(a, b);
```

或者，更简单地：

```
complex c = cpx_add(cpx_make(1, 2), cpx_make(3, 4));
```

C99在标准中支持复数类型。参见问题2.8、2.11和14.12。

参考资料：[9, Sec. 6.1.2.5, Sec. 7.8]。

14.12

问：我要寻找一些实现以下功能的程序源代码：快速傅立叶变换（FFT）、矩阵算术（乘法、求逆等函数）、复数算术。

答：Ajay Shah整理了一个免费算术软件列表。这个列表在互联网上有免费的在线版，并且定期更新。其中一个URL是ftp://ftp.math.psu.edu/pub/FAQ/numcomp-free-c。参见问题18.9、18.13、18.18和18.20。

14.13

问：Turbo C的程序崩溃，显示错误为"floating point formats not linked"（浮点格式未连接）。我还缺点儿什么呢？

答：一些在小型机器上使用的编译器，包括Turbo C（和Richie最初用在PDP-11上的编译器），编译时会忽略掉某些它认为不需要的浮点支持。特别是用非浮点版的printf和scanf以节省一些空间，也就是忽略处理%e、%f和%g的编码。

然而，Borland用来确定程序是否使用了浮点运算的探测法并不充分，程序员有时必须调用一个空浮点库函数（例如sqrt，或任何一个函数都可以）以强制装载浮点支持。

在某些MS-DOS的编译器下如果连接了错误的浮点库也会导致类似的错误信息（如"floating point not loaded"）。关于各种浮点库，可以参考编译器手册的描述。

参见comp.os.msdos.programmer FAQ以获取更多信息。

14

第 15 章

可变参数列表

15

C 语言提供了一种未被广泛理解的机制，可以允许函数接受数量可变的参数。可变参数列表相对较少，但在 C 语言的 printf 函数和相关的情形下却很重要。（可变参数列表尤其麻烦在于，只有在 ANSI C 标准中它才得以正式支持。严格地讲，此前它是未定义的。）

可变参数列表相关的术语可能有些复杂。形式上，一个可变参数列表包含两个部分：固定部分和可变部分。因此我们可能会使用夸大其词的"可变参数列表的可变部分"这样的表达方式。（你也会看到"变参的"（variadic 或 variargs）这样的描述：表示"有可变数量参数的"。因此，我们也可能提到"变参函数"或"可变参数"。）

处理可变参数列表需要 3 个步骤。首先声明一个特殊的 va_list 类型的"指针"变量并用 va_start 将它初始化为指向参数列表的开头。然后，通过调用 va_arg 从可变参数列表中获取参数。va_arg 使用 va_list 指针和需要获取的参数的类型作为参数。最后，完成所有的处理之后，调用 va_end 进行善后处理。（将 va_list "指针"放入引号中是因为它未必是真正的指针，va_list 是一个封装了实际数据结构的类型定义。）

变参函数可能使用与传统的固定参数函数不同的特殊调用机制。因此，在调用变参函数之前必须有函数原型（参见问题 15.1）。然而，一个原型显然不能表示可变参数的个数和类型。因此，可变参数会进行"默认参数提升"（参见问题 15.2），而且也不会执行类型检查。（参见问题 15.3。）

调用变参函数

15.1

问：为什么调用 printf 前必须要包含 <stdio.h>？

答：为了把 printf 的正确原型说明引入作用域。

对于用可变参数的函数，编译器可能用不同的调用次序。例如，如果可变参数的调用比固定参数的调用效率低，编译器就可能这样做。所以在调用可变参数的函数前，它的原型说明必须在作用域内，编译器由此知道要用可变参数调用机制。在原型说明中用省略号 "..." 来表示可变参数。

参考资料：[8, Sec. 6.3.2.2, Sec. 7.1.7]

[14, Sec. 3.3.2.2, Sec. 4.1.6]

[11, Sec. 9.2.4 pp. 268-269, Sec. 9.6 pp. 275-276]

15.2

问：为什么%f可以在printf参数中同时表示float和double？它们难道不是不同类型吗？

答：可变参数的可变部分使用"默认参数提升"：char和shortint提升到int，float提升到double。同样的提升也适用于作用域中没有原型说明的函数调用，即所谓的"旧风格"函数调用，参见问题11.4。所以printf的%f格式总是得到double。类似地，%c总是得到int，%hd也是。参见问题12.9和12.15。

参考资料：[35, Sec. 3.3.2.2]
　　　　　[8, Sec. 6.3.2.2]
　　　　　[11, Sec. 6.3.5 p. 177, Sec. 9.4 pp. 272-273]

15.3

问：我遇到了一个令人十分受挫的问题，后来发现是这行代码造成的：

```
printf("%d", n);
```

原来n是longint型。难道ANSI的函数原型不就是用来防止这类的参数类型不匹配吗？

答：当一个函数用可变参数时，它的原型说明没有也不能提供可变参数的数目和类型。所以通常的参数匹配保护机制不适用于可变参数中的可变部分。编译器不能执行默认的类型转换，而且（一般）也不能警告不匹配问题。程序员必须自己确保参数类型的匹配或者手工加入强制的类型转换。

对于printf型的函数，如果格式串是个字符串字面量，有些编译器（包括gcc）和某些版本的lint可以检查实际的参数和字符串是否匹配。

参见问题5.2、11.4、12.9和15.2。

15.4

问：怎样写一个接受可变参数的函数？

答：用<stdarg.h>提供的辅助机制。

下面这个函数把任意个字符串拼接起来，将结果放在动态分配的内存中：

```
#include <stdlib.h>        /* for malloc, NULL, size_t */
#include <stdarg.h>        /* for va_ stuff */
#include <string.h>        /* for strcat et al. */

char *vstrcat(const char *first, ...)
{
    size_t len;
    char *retbuf;
    va_list argp;
```

15

```
    char *p;

    if(first == NULL)
        return NULL;

    len = strlen(first);

    va_start(argp, first);

    while((p = va_arg(argp, char *)) != NULL)
        len += strlen(p);

    va_end(argp);

    retbuf = malloc(len + 1);        /* +1 for trailing \0 */

    if(retbuf == NULL)
        return NULL;                 /* error */

    (void)strcpy(retbuf, first);

    va_start(argp, first);           /* restart; for second scan */

    while((p = va_arg(argp, char *)) != NULL)
        (void)strcat(retbuf, p);

    va_end(argp);

    return retbuf;
}
```

（注意第二次va_start调用用于第二次处理参数列表时重新扫描。va_end的调用也值得注意：就算它们看起来什么也没有做，但对于可移植性，这也很重要。）

对vstrcat的调用如下：

```
char *str = vstrcat("Hello, ", "world!", (char *)NULL);
```

注意最后一个参数的类型转换。参见问题5.2和15.3。（同时注意调用者要释放返回的存储空间，那是用malloc分配的。）

前面例子里的函数接受的参数个数可变，但所有的参数类型都是一样的char *。下边的例子接受不同类型的可变参数。这是一个简化的printf函数。注意每次调用va_arg()函数都会指明要从参数列表中获取的参数的类型。

（miniprintf函数使用了问题20.11中的baseconv函数来格式化数字。由于不一定能够正确地打印最小的整数INT_MIN，这个函数显得很不完美。）

```
#include <stdio.h>
#include <stdarg.h>

extern char *baseconv(unsigned int, int);

void
miniprintf(const char *fmt, ...)
```

```
{
    const char *p;
    int i;
    unsigned u;
    char *s;
    va_list argp ;
    va_start(argp, fmt);

    for(p = fmt; *p != '\0 '; p++) {
        if(*p != '%') {
            putchar(*p);
            continue;
        }

        switch(*++p) {
            case 'c':
                i = va_arg(argp, int);
                /* not va_arg(argp, char); see Q 15.10 */
                putchar(i);
                break;

            case'd':
                i = va_arg(argp, int);
                if(i < 0) {
                    /* XXX won't handle INI_MIN */
                    i = -i;
                    putchar('-');
                }
                fputs(baseconv(i, 10), stdout);
                break;

            case 'o':
                u = va_arg(argp, usigned int);
                fputs(baseconv(u, 8), stdout);
                break;

            case 's':
                s = va_arg(argp, char *);
                fputs(s, stdout);
                break;

            case 'u':
                u = va_arg(argp, unsigned int);
                fputs(baseconv(u, 10), stdout);
                break ;

            case 'x':
                u = va_arg(argp, unsigned int);
                fputs(baseconv(u, 16), stdout);
                break;

            case '%':
                putchar('%');
                break;
        }
```

15

```
    }
    va_end(argp);
}
```

参见问题15.7。

参考资料：　　[19, Sec. 7.3 p. 155, Sec. B7 p. 254]
　　　　　　　[35, Sec. 4.8]
　　　　　　　[8, Sec. 7.8]
　　　　　　　[14, Sec. 4.8]
　　　　　　　[11, Sec. 11.4 pp. 296-299]
　　　　　　　[22, Sec. A.3 pp. 139-141]
　　　　　　　[12, Sec. 11 pp. 184-185, Sec. 13 p. 242]

15.5

问：怎样写一个函数，像printf那样接受一个格式串和可变参数，然后再把参数传给printf去完成大部分工作？

答：使用vprintf、vfprintf或vsprintf。这几个函数跟对应的printf、fprintf和sprintf很类似，只是他们接受单独的va_list指针而不是可变参数列表。

例如，下面是一个error函数，它打印出一个出错信息，在信息前加入字符串 "error:"并在信息后加入换行符：

```
#include <stdio.h>
#include <stdarg.h>

void error(const char *fmt, ...)
{
    va_list argp;
    fprintf(stderr, "error: ");
    va_start(argp, fmt);
    vfprintf(stderr, fmt, argp);
    va_end(argp);
    fprintf(stderr, "\n");
}
```

参见问题15.7。

参考资料：　　[19, Sec. 8.3 p. 174, Sec. B1.2 p. 245]
　　　　　　　[35, Secs. 4.9.6.7, 4.9.6.8, 4.9.6.9]
　　　　　　　[8, Secs. 7.9.6.7, 7.9.6.8, 7.9.6.9]
　　　　　　　[11, Sec. 15.12 pp. 379-380]
　　　　　　　[12, Sec. 11 pp. 186-187]

15.6

问：怎样写类似scanf的函数，再把参数传给scanf去完成大部分工作？

答：C99支持vscanf、vfscanf和vsscanf，C99以前的标准不支持。

参考资料：[9, Secs. 7.3.6.12-14]

15.7

问：我用的是ANSI前的编译器，没有<stdarg.h>文件。我该怎么办？

答：一个老一点的头文件<varargs.h>提供了几乎一样的功能。这是用<varargs.h>提供的函数重写的问题15.4中的vstrcat函数：

```
#include <stdio.h>
#include <varargs.h>
#include <string.h>

extern char *malloc();

char *vstrcat(va_list)
va_dcl                        /* no semicolon */
{
    int len = 0;
    char *retbuf;
    va_list argp;
    char *p;

    va_start(argp);

    while((p = va_arg(argp, char *)) != NULL)    /* includes first */
        len += strlen(p);

    va_end(argp);

    retbuf = malloc(len + 1);        /* +1 for trailing \0 */

    if(retbuf == NULL)
        return NULL;                 /* error */

    retbuf[0] = '\0';

    va_start(argp);                  /* restart for second scan */

    while((p = va_arg(argp, char*)) != NULL)
        strcat(retbuf, p);

    va_end(argp);

    return retbuf;
}
```

（注意va_dcl后边没有分号，而且这里也不需要对第一个参数进行特殊处理。）你也可以自己声明字符串函数而不必使用<string.h>。

　　如果你能找到有vfprintf函数而没有<stdarg.h>的系统，那么下边是个使用<varargs.h>的error函数（问题15.5）版本。

```
#include <stdio.h>
#include <varargs.h>

void error(va_alist)
va_dcl                  /* no semicolon */
{
    char *fmt;
    va_list argp;
    fprintf(stderr, "error: ");
    va_start(argp);
    fmt = va_arg(argp, char *);
    vfprintf(stderr, fmt, argp);
    va_end(argp);
    fprintf(stderr, "\n");
}
```

提取可变参数

15.8

问： 怎样知道实际上有多少个参数传入函数？

答： 这一段信息不可移植。一些旧系统提供一个非标准函数nargs。然而它的可信度值得怀疑，因为它的一般返回值是参数的字节长度，而不是参数的个数。结构、整数和浮点类型的值一般需要几个字节的长度。

任何接收可变参数的函数都应该可以从传入的参数本身来得到参数的数目。类printf函数从格式串中的格式说明符来确定参数个数，例如%d这样的格式说明符。所以如果格式串和参数数目不符时，此类函数会错得很离谱。

还有一个常用的技巧，如果所有的参数是同一个类型，可以在参数列表最后加一个标识值（通常用0、−1或转换成适当类型的空指针）。参见问题5.2和15.4例子中exec1和vstrcat的用法。

最后，如果类型是可预见的，可以加一个对参数数目进行计数的参数。当然调用者通常是很不喜欢这种做法的。

参考资料：[12, Sec. 11 pp. 167-168]

15.9

问： 为什么编译器不允许我定义一个没有固定参数项的可变参数函数？

答： 标准C要求用可变参数的函数至少有一个固定参数项，这样才可以使用va_start。所以编译器不会接受下面这样定义的函数：

```
int f(...)
{
    ...
}
```

参见问题15.10。

参考资料：　[8, Sec. 6.5.4, Sec. 6.5.4.3, Sec. 7.8.1.1]

　　　　　　[11, Sec.9.2 p.263]

15.10

问：我有个接受float型的变参函数，为什么va_arg(argp, float)却不行？

答："默认参数提升"规则适用于在可变参数中的可变部分：参数类型为float的总是提升到double，char和shortint提升到int。所以va_arg(arpg, float)是错误的用法。应该使用va_arg(arpg, double)。同理，要用va_arg(argp, int)来取得原来类型是char、short或int的参数。基于同样的理由，传给va_start的最后一个"固定"参数项的类型不会被提升。参见问题11.4和15.2。

参考资料：　[8, Sec. 6.3.2.2]

　　　　　　[14, Sec. 4.8.1.2]

　　　　　　[11, Sec. 11.4 p. 297]

15.11

问：为什么va_arg不能得到类型为函数指针的参数？

答：试试用typedef定义函数指针类型。

va_arg宏所用的类型重写技巧对函数指针这类过度复杂的类型有些力不从心。例如，这是一个简化的va_arg宏的定义：

```
#define va_arg(argp, type) \
    (*(type *)(((argp) += sizeof(type)) - sizeof(type)))
```

这里，argp(va_list)的类型是char *。当你这样调用时，

```
va_arg(argp, int (*)())
```

展开的结果是：

```
(*(int (*)() *)(((argp) += sizeof(int (*)())) - sizeof(int (*)())))
```

而这在语法上是错误的（第一个(int(*)() *)类型转换没有意义。）①但是如果用typedef定义一个函数指针类型，那就一切正常了。例如，定义

```
typedef int (*funcptr)();
```

则

```
va_arg(argp, funcptr)
```

---

① "正确"的宏扩展应该是(*(int (**)())(((argp) += sizeof(int (*)()))-sizeof(int (*)()))。

会扩展为

```
(*(funcptr *)(((argp) += sizeof(funcptr)) - sizeof(funcptr)))
```

这就没有问题了。

参见问题1.13、1.17和1.21。

参考资料：　[35, Sec. 4.8.1.2]
　　　　　　[8, Sec. 7.8.1.2]
　　　　　　[14, Sec. 4.8.1.2]

困难的问题

正如我们所见，可以在运行时分离可变参数列表。但是要创建它们却只能在编译阶段。（严格地讲，没有什么真正的可变参数列表，每个实际的参数列表都有固定数量的参数。变参函数只不过可以在每次调用时接受不同长度的参数列表。）要用运行时创建的参数列表来调用函数，你就没有什么可移植的方法了。

15.12

问： 怎样实现一个可变参数函数，它把参数再传给另一个可变参数函数？

答： 通常来说做不到。理想情况下，你应该提供另一个版本的函数，这个函数接受va_list指针类型的参数。

假设你想写一个faterror函数，用来显示严重错误信息然后退出。你可能想在问题15.5中的error函数基础上来写：

```
void faterror(const char *fmt, ...)
{
    error(fmt, 这里发生什么? );
    exit(EXIT_FAILURE);
}
```

但却不知道怎样将faterror的参数再传给error。

这样做：首先将现存的error函数分解成一个新的verror，后者接受一个单独的va_list指针而不是可变参数列表。（这样做几乎不需要付出什么额外的努力，因为verror包含了error原来的多数代码，而新的error函数不过是对verror的封装而已。）

```
#include <stdio.h>
#include <stdarg.h>

void verror(const char *fmt, va_list argp)
{
    fprintf(stderr, "error: ");
    vfprintf(stderr, fmt, argp );
    fprintf(stderr, "\n");
}
```

```
void error(const char *fmt, ...)
{
    va_list argp;
    va_start(argp, fmt);
    verror(fmt, argp);
    va_end(argp);
}
```

现在你就可以让 faterror 也调用 verror 了：

```
#include <stdlib.h>

void faterror(const char *fmt, ...)
{
    va_list argp ;
    va_start(argp, fmt);
    verror(fmt, argp);
    va_end(argp);
    exit(EXIT_FAILURE);
}
```

error 和 verror 之间的关系跟 printf 和 vprintf 之间的关系完全类似。实际上，正如 ChrisTorek 观察得到的结论，任何时候你准备写变参函数的时候，写出两个版本都是一个好主意。一个函数（像 verror 那样）接受 va_list 参数，完成所有的工作。另一个（像修改后的 error）仅仅进行封装。这种技术的唯一限制是 verror 这样的函数只能对参数进行一次扫描，没有办法再次调用 va_start。

如果你不能重写底层函数（如此例中的 error）让它接受 va_list，而必须把一个函数（faterror）接收到的可变参数作为实参传给另一个函数，那就没有什么可移植的解决方案了。（也许可以凭借机器相关的汇编语言解决这个问题。参见问题15.13。）

下面这种方法肯定不行。

```
void faterror(const char *fmt, ...)
{
    va_list argp;
    va_start(argp, fmt);
    error(fmt, argp);                /* WRONG */
    va_end(argp);
    exit(EXIT_FAILURE);
}
```

va_list 本身并不是可变参数列表，它实际上有几分类似可变参数列表的指针。也就是说，接受 va_list 的函数本身并不是可变参数函数。

尽管没什么可移植性，另一种凑合的办法有时也被使用，就是用很多的 int 参数，然后希望它们足够多而且也能通过某种方式传递指针、浮点或其他参数：

```
void faterror(fmt, a1, a2, a3, a4, a5, a6)
char *fmt;
int a1, a2, a3, a4, a5, a6;
{
    error(fmt, a1, a2, a3, a4, a5, a6);      /* VERY WRONG */
```

```
        exit(EXIT_FAILURE);
    }
```

这里引入这个例子只是为了让你别用它。

15.13

问：怎样调用一个在运行时才构建参数列表的函数？

答：没有一个保证可行或可移植的方法。如果你好奇，可以问问本书的作者（Steve Summit），他有一些古怪的点子，也许你可以试试……

也许你可以试着传一个(void *)数组，而不是一个参数序列。被调用函数就像main遍历argv那样遍历这个数组。当然这一切都建立在你能控制所有的被调用函数之上。参见问题19.41。

第 16 章

奇怪的问题

16

甚至都没必要问出这个反问句：你是否曾经遇到过莫名奇妙的bug，无论如何就是找不到原因呢？你当然遇到过，任何人都遇到过。C语言有很多"陷阱"，随时准备捕获粗心的人们。本章讨论了部分问题。（事实上，任何功能强大到足以流行的语言可能都有这样的惊人之处。）

16.1

问：为什么这个循环只执行了一次？

```
for(i = start; i < end; i++);
{
    printf("%d\n", i);
}
```

答：在for语句的末尾意外加入的分号构成了一个空语句——就编译器而言，这就是循环体。接下来的括号包含的块，你可能觉得（而缩进也暗示了）是循环体，但实际上不过是下一条语句，无论循环次数是多少，这条语句也只执行一次。

参见问题2.19。

参考资料：[22, Sec. 2.3 pp. 20-21]

---

*16.2

问：遇到不可理解的不合理语法错误，似乎大段的程序没有编译。

答：检查是否有没结束的注释、不匹配的#if/#ifdef/#ifndef/#else/#endif指令或者没配对的引号。还要记得检查头文件。

参见问题2.19、10.9和11.31。

---

*16.3

问：为什么过程调用不起作用？编译器似乎直接跳过去了。

答：代码是否看起来像这样？

```
myprocedure; /* my procedure */
```

C语言只有函数，而函数调用总要用圆括号将参数列表括起来——即使没参数。应该用这样的代码：

```
myprocedure();
```

16.4

问：程序在执行之前就崩溃了！（用调试器单步跟踪，在main函数的第一个语句之前就死了。）为什么？

答：也许你定义了一个或多个非常大的局部数组（超过上千字节）。许多系统的栈大小是固定的，即使那些自动动态分配栈的系统（如UNIX）也会因为一次性要分配大段栈而困惑。通常最好将大数组声明为static（当然，除非你需要在每次递归调用中使用一组新的变量。这时可以用malloc动态分配。参见问题1.32。）

也可能你的程序连接得不对（连接了用不同的编译选项编译的目标模块或者错误的动态库），或者因为某种原因运行时动态库失败了，亦或是因为你不知怎么就把main给声明错了。

参见问题11.13、16.5、16.6和18.4。

16.5

问：程序执行正确，但退出时在main函数的最后一个语句之后崩溃了。为什么会这样？

答：至少有3种情况需要检查：

- ❑ 如果遗忘了前一个声明的分号，main可能会被意外地声明为返回结构，从而跟运行时启动代码的预期相冲突。参见问题2.19和10.9。
- ❑ 如果调用了setbuf和setvbuf而传给它们的缓冲区又是main函数的局部（自动）变量，在stdio库进行最后的清除工作的时候，缓冲区可能已经不存在了。
- ❑ 用atexit注册的清除函数可能有错。也许它试图访问main函数的局部数据或者调用某个已经不存在的函数。

（第2个和第3个问题跟问题7.7紧密相连。参见问题11.18。）

参考资料：[22, Sec. 5.3 pp. 72-73]

16.6

问：程序在一台机器上运行完美，但在另一台上却得到怪异的结果。更奇怪的是，增加或去除调试的打印语句，就改变了症状……

答：许多地方有可能出错。下面是一些通常的检查要点。

- 未初始化的局部变量[1]，参见问题7.1。
- 整数溢出，特别是在一些16位的机器上，在计算类似a * b / c这样的表达式的时候，一些中间计算结果可能溢出，参见问题3.16。
- 未定义的求值顺序，参见问题3.1到3.5。
- 忽略了外部函数的说明，特别是返回值不是int的函数。参见问题1.25和14.2。
- 解引用的空指针，参见第5章。
- malloc/free的不适当使用：认为malloc申请的内存已都被清零、认为已释放的内存还可用、再次释放已释放的内存或破坏了malloc的内部数据结构。参见问题7.23和7.24。
- 常规的指针问题，参见问题16.9。
- printf格式与参数不符，特别是用%d输出long int，参见问题12.9。
- 试图分配的内存大小超出一个unsigned int类型的范围，特别是在内存有限的机器上，参见问题7.20和19.28。
- 数组溢出问题，特别是临时的小缓冲区，例如用于sprinf来构造一个字符串。参见问题7.1和12.23。
- 错误地假设了typedef的映射类型，特别是size_t参见问题7.19。
- 浮点问题，参见问题14.1和14.4。
- 任何你自己认为聪明的特定机器上的机器代码生成小技巧。

正确使用函数原型说明能够捕捉到一些上面的问题。lint会捕捉到更多。参见问题16.4、16.5和18.4。

16.7

问：为什么下面的代码会崩溃？

```
char *p = "hello, world!";
p[0] = 'H';
```

答：字符串常量事实上就是常量。编译器可能将它放到只读的内存中，因此修改它是不安全的。如果你需要可写的字符串，必须为它们分配可写的内存，要么声明一个数组，要么调用malloc。试用：

```
char a[] = "hello, world!";
```

基于同样的理由，对老的UNIX例程mktemp的典型调用

```
char *tmpfile = mktemp("/tmp/tmpXXXXXX");
```

是不可移植的。正确的用法是：

```
char tmpfile[] = "/tmp/tmpXXXXXX";
```

---

[1] 至少在基于栈的机器上，未初始化局部变量里的值限栈上的内容有关，也就是刚被调用的内容。这就是插入或删除调试输出会导致bug消失的原因：printf是个大函数，所以是否调用它会使栈上的内容大有不同。

```
mktemp(tmpfile);
```

参见问题1.34。

参考资料： [8, Sec. 6.1.4]
[11, Sec. 2.7.4 pp. 31-32]

16.8

问： 我有些代码是用来解析外部结构的，但它却崩溃了，报了"unaligned access"（未对齐的访问）错误。这是什么意思？代码如下：

```
struct mystruct {
    char c;
    long int i32;
    int i16;
} s;

char buf[7], *p;
fread(buf, 7, 1, fp);
p = buf;
s.c = *p++;
s.i32 = *(long int *)p;
p += 4;
s.i16 = *(int *)p;
```

答： 问题在于你对指针的处理太轻率了。有些机器要求在正确对齐的地址存放数据。例如，两个字节的short int型可能会被放到偶地址上，而4字节的long int型则会被放到4的整倍数地址上（参见问题2.13）。将char *（可以指向任何字节）转换成int *或long int *之后再引用它就可能会导致要求处理器从未对齐的地址读取多字节的值，而这是处理器不允许的。

解析外部结构更好的方式是使用这样的代码：

```
struct mystruct { ... } s;

unsigned char *p = buf;

s.c = *p++;

s.i32 = (long)*p++ << 24;
s.i32 |= (long)*p++ << 16;
s.i32 |= (unsigned)(*p++ << 8) ;
s.i32 |= *p++;

s.i16 = *p++ << 8;
s.i16 |= *p++;
```

这段代码同时也提供了对字节顺序的控制。（但这段代码假设char型是8位，而从"外部结构"中解析出的long int和int型分别是32位和16位。参见问题12.45（那里有些类似的代码）的解释和警告。

参见问题4.5。

参考资料：[35, Sec. 3.3.3.2, Sec. 3.3.4]

[8, Sec. 6.3.3.2, Sec. 6.3.4]

[11, Sec. 6.1.3 pp. 164-165]

16.9

问："Segmentation violation"、"Bus error"和"General protection fault"是什么意思？

答：通常，这意味着你的程序试图访问不该访问的内存地址，一般是由于栈出错或指针的不正确使用。可能的原因有：

❑ 局部数组（栈上分配的自动变量）溢出；

❑ 无意使用到空指针（参见问题5.2和5.20）；

❑ 未初始化指针、地址未对齐的指针或其他没有适当分配的指针（参见问题7.1和7.2）；

❑ 用过时的别名访问已经被重新分配的内存（参见问题7.33）；

❑ malloc的内部结构被破坏（参见问题7.23）；

❑ 试图修改只读内存（如声明为const的变量、字符串字面量等——参见问题1.34）；

❑ 不匹配的函数参数，尤其是跟指针有关的，两种可能是scanf（参见问题12.13）和fprintf（确保它的第一个参数是FILE *）。

在UNIX下，上述的任何问题几乎都不可避免地导致"core dump"，在当前目录中会创建一个名为core的文件，其内容是崩溃进程的内存映像，它可以用于调试。

"Bus error"和"Segmentation Violation"也许重要，也许不重要。不同版本的UNIX在不同的环境下会产生这些信号。简单地讲，segmentation violation表示企图访问并不存在的内存，而bus error表示用非法的方式访问内存（也许因为指针未对齐，参见问题16.8。）

参见问题16.4和16.5。

16

第 17 章

风　格

17

计算机程序并不仅仅是写来供计算机处理的，它也会用来供其他的程序员阅读。为了提高程序的可读性（和可维护性及减少程序的错误），除了让编译器接受之外，还得有些额外的考量。风格上的考虑是计算机程序设计中最不具有客观性的方面：关于代码风格的观点，就像门派之争一样，可以无休无止地辩论下去。良好的风格是个有价值的目标，这点通常也被广泛认可。但要严格规定它却也不能。无论如何，缺乏良好风格的客观标准乃至业界的共识并不意味着程序员就可以放弃对程序可读性的关注和努力。

17.1

问：什么是C最好的代码布局风格？

答：Kernighan和Ritchie提供了最常被复用的范例，但同时他们并不要求大家沿用他们的风格。

大括号的位置并不重要，尽管人们对此怀有执着的热情。我们在几种流行的风格中选了一种。选一个适合你的风格，然后坚持使用这一风格。

保持布局风格跟自己、其他人及通用源码的一致性比使之"完美"更重要。如果你的编码环境（本地习惯或公司政策）没有建议一个风格，而你也不想发明自己的风格，当然可以沿用K&R的风格。

几种流行的风格各有优缺点。将左括号独立放在一行会浪费垂直空间；把它跟下一行结合会难以编辑；跟上一行结合又会导致它和右括号不能对齐，从而更难看到。

每级缩进8列最常见，但常常又会让你太接近右边界（这可能也暗示你该分解一下你的函数了）而很不舒服。如果缩进一个tab但把tab值设定为8以外的值，你就得要求其他人用跟你一样的软件设置来阅读你的代码。参见文献[23]。

"好风格"的品质并不简单，它包含的内容远远不止代码的布局细节。不要把时间都花在格式上而忽略了更实质性的代码本身的质量。

参见问题17.2。

参考资料：[18, Sec. 1.2 p. 10]
　　　　　[19, Sec. 1.2 p. 10]

17.2

问：如何在源文件中合理分配函数？

答：通常，相关的函数放在同一个文件中。有时候（例如开发库的时候），一个源文件（自然也就是一个目标文件）放一个函数比较合适。有时候，尤其是对某些程序员，太多的源文件可能会很麻烦，将多数以至所有的程序都放入少数几个大的源文件中也很诱人，甚至也是合适的。希望用static关键字限制某些函数或全局变量的作用域时，源文件的分配就有更多限制了：静态函数和变量以及共享它们的函数都必须在同一个源文件中。

换言之，这里有些权衡，因此很难给出一般的规则。参见问题1.7、1.9、10.6和10.7。

17.3

问：用if(!strcmp(s1, s2))比较两个字符串是否相等是个好风格吗？

答：这并不是个很好的风格，尽管这是个流行的习惯用法。如果两个字符串相等，这个测试返回真，但!（"非"）的使用容易引起误会，以为测试不相等情况。

另一个选择是定义一个宏：

```
#define Streq(s1, s2) (strcmp((s1), (s2)) == 0)
```

然后这样使用：

```
if(Streq(s1, s2))
```

另一种选择（可以防止宏的滥用，参见问题10.2）是定义

```
#define StrRel(s1, op, s2) (strcmp(s1, s2) op 0)
```

然后你可以这样使用：

```
if(StrRel(s1, ==, s2)) ...
if(StrRel(s1, !=, s2)) ...
if(StrRel(s1, >=, s2)) ...
```

参见问题17.10。

17.4

问：为什么有的人用if(0 == x)而不是if(x == 0)？

答：这是用来防止一个常见错误的小技巧：

```
if(x = 0)
```

如果你养成了把常量放在==前面的习惯，那么当你意外地把代码写成了：

```
if(0 = x)
```

编译器就会报错。显然，一些人会觉得记住倒转测试比记住输入两个=号容易。（的确，就算是经验老道的程序员有时也会错把==写成=。）当然这个技巧只对和常量比较的情况有用。

另一方面，有的人又觉得这样倒转的测试既难看又影响注意力，因而提出应该让编译器对if(x = 0)报警。（实际上，很多编译器的确对条件式中的赋值报警，当然如果你真的需要，你总是可以写if((x = expression))或if((x = expression)!= 0)）。

参考资料：[11, Sec. 7.6.5 pp. 209-210]

17.5

问：为什么有些代码在每次调用printf前增加了类型转换(void)？

答：printf确实有返回值（输出的字符个数或错误码），但几乎没有谁会去检验每次调用的返回值。由于有些编译器和lint对于被丢弃的返回值会报警告，显式地用(void)作类型转换相当于说：“我决定忽略这次调用的返回值，请继续对于其他（也许不慎）忽略返回值的情况提出警告”。通常，(void)类型转换也用于strcpy和strcat的调用，它们的返回值从没有什么惊人之处。

参考资料：[19, Sec. A6.7 p. 199]
[14, Sec. 3.3.4]
[11, Sec. 6.2.9 p. 172, Sec. 7.13 pp. 229-230]

17.6

问：既然NULL和0都是空指针常量，我到底该用哪一个？

答：参见问题5.9。

17.7

问：是该用TRUE和FALSE这样的符号名称还是直接用1和0来作布尔常量？

答：参见问题9.4。

17.8

问：什么是“匈牙利表示法”（Hungarian Notation）？是否值得一试？

答：匈牙利表示法是一种命名约定，由Charles Simonyi发明。他把变量的类型（或者它的预期使用）等信息编码在变量名中。在某些圈子里，它被极度热爱，而在另一些地方，它又受到严厉的批评。它的主要优势在于变量名就说明了它的类型或者用法。它的主要缺点在于类型信息并不值得放在变量名中。

参考资料：[32]

17.9

问：哪里可以找到“Indian Hill Style Guide”及其他编码标准？

答：各种文档在匿名ftp都可以得到：

地　　址	文档及目录
ftp.cs.washington.edu	pub/cstyle.tar.Z
	（更新的Indian Hill Guide）
ftp.cs.toronto.edu	doc/programming
	（包括Henry Spencer的《C程序员的十诫》（"10 Commandments for C Programmers"））
ftp.cs.umd.edu	pub/style-guide

也许你会对这些书感兴趣：*The Elements of Programming Style* [17]、*Plum Hall Programming Guidelines* [28]和*C Style：Standards and Guidelines*[33]。

参见问题18.8。

17.10

问：有人说goto是邪恶的，永远都不该用它。这是否太极端了？

答：程序设计风格就像写作风格一样，是某种程度的艺术，不能被僵化的教条所束缚。虽然风格的探讨经常都是围绕着这些规则。

对于goto语句，很早以前人们就注意到随意地使用goto会很快地导致难以维护的混乱代码（spaghetti code）。然而，不经思考就简单地禁止goto的使用并不能立即得到优美的程序。一个无规划的程序员也许使用奇怪的嵌套循环和布尔变量来取代goto，一样能构造出复杂难懂的代码。

通常，把这些程序设计风格的评论或者"规则"（结构化编程好、goto不好、函数应该在一页以内等）当作指导准则比当作规则要更好。如果程序员理解这些指导准则所要实现的目标，其效果就会更好。盲目地回避某种构造或者死套规则而不融会贯通，最终还会导致这些规则试图避免的问题。

此外，许多程序设计风格的观点只是"观点"而已。某些观点看似经过了充分的讨论、得到了强烈的支持，但跟它相对的观点可能也得到了同样多的支持。通常卷入"风格战争"是毫无意义的。对于某些问题（像问题5.3、5.9、9.2和10.7）争辩的双方是不可能同意、认同对方的不同或者是停止争论的。

最后，正如William Strunk所写的（引自Strunk和White的经典著作*Elements of Styles*的序）：

人们早就发现最好的作家有时候对花言巧语的规则置之不顾。然而，当他们不守规则的时候，读者往往会在字里行间发现以违规为代价得到补偿价值。除非他确信能做好，否则最好还是遵守规矩。

参考资料：[7]
　　　　　[20]

17.11

问：人们总是说良好的风格很重要，但当他们使用良好的风格写出清晰易读的程序后，又发现程序的效率似乎降低了。既然效率那么重要，是否可以为了效率牺牲一些风格和可读性呢？

答：的确，效率低下的程序是个问题，但很多程序员有时对效率的盲目追求也是个问题。麻烦晦涩的编程技巧不仅降低可读性和可维护性，同时跟选择合适的设计或算法相比，也可能导致更微不足道的长期效率提升。小心对待，设计出既清晰又高效的代码也是可能的。

参见问题20.14。

第 18 章

工具和资源 *18*

坐 在沙发上可写不出什么实际的程序来，显然你需要一个编译器，有些其他工具也会很方便。本章讨论了一些工具，重点是lint，同时也介绍了其他一些资源。

这里提到的某些工具和资源可以在因特网上找到。但请注意，网站名称和文件位置可能会改变。这里给出的地址虽然在写书的时候都经过了验证，但当你看到的时候也许已经变了。

18.1

问：能否列一个常用工具列表？

答：这是一个常用工具的列表。

工 具	程序名（参见问题18.20）
C交叉引用生成器	cflow、cxref、calls、cscope、xscope、ixfw
C源代码美化器/美化打印	cb、indent、GNU indent、vgrind
版本控制和管理工具	CVS、RCS、SCCS
C源代码扰乱器（遮蔽器）	obfus、shroud、opqcp
"make"依赖关系生成器	makedepend，或者尝试cc-M或cpp-M
源代码度规计算工具	ccount、Metre、lcount、csize或McCable and Associates出售的商业包
C源代码行数计数器	可以用UNIX的标准工具wc作个大概的计算，但用grep -c ";"要得多。
C声明帮助（cdecl）	见comp.sources.unix第14卷（参见问题18.20）和文献[19]
原型生成器	参见问题11.33
`malloc`问题捕获工具	参见问题18.2
"选择性"的C预处理器	参见问题10.18
语言翻译工具	参见问题11.33和20.32
C验证工具（`lint`）	参见问题18.6
C编译器	参见问题18.3

这个工具列表并不完全，如果你知道有没列出的工具，欢迎联系作者。

其他工具列表和关于它们的讨论可以在新闻组comp.compilers和comp.software-eng找到。

参见问题18.3和18.20。

18.2

问: 怎样捕获棘手的`malloc`问题?

答: 有好几个调试工具包可以用来捕获`malloc`问题。其中一个流行的工具是Conor P. Cahill 的 "dbmalloc",发表在comp.sources.misc1992年第32卷。还有 "leak",公布在comp.sources.unix 档案第27卷,"Snippets"收集中的JMalloc.c、JMalloc.h、MEMDEBUG(ftp://ftp.crpht.lu/pub/ sources/memdebug)和Electric Fence。参见问题18.20。

还有一些商业调试工具,对调试`malloc`等棘手问题相当有用:

❑ CodeCenter(Saber-C),Centerline Software(http://www.centerline.com/)出品;

❑ Insight(now Insure?),ParaSoft Corporation(http://www.parasoft.com/)出品;

❑ Purify,Rational Software(http://www-306.ibm.com/software/rational/,原来是Pure Software,现在是IBM的一部分)出品;

❑ ZeroFault,The ZeroFault Group(http://www.zerofault.com/)出品。

18.3

问: 有什么免费或便宜的编译器可以使用?

答: 自由软件基金的GNU C(gcc, http://gcc.gnu.org/)是个流行而高质量的免费C编译器。djgpp (http://www.delorie.com/djgpp/)是移植到MS-DOS的GCC版本。据我所知,也有移植到Mac 和Windwos上的GCC版本。①

lcc是另外一个流行的编译器(http://www.cs.virginia.edu/~lcc-win32/和http://www.cs. princeton.edu/software/lcc/)。

Power C是Mix Sotfware公司提供的一个非常便宜的MS-DOS下的编译器。公司地址: 1132 Commerce Drive, Richardson, TX 75801, USA, 214-783-6001。

ftp://ftp.hitech.com.au/hitech/pacific 是个MS-DOS下的试用C编译器。非商业用途的不一 定要注册。

新闻组comp.compilers的档案中有许多有关各种语言的编译器、解释器、语法规则的信 息。新闻组在http://compilers.iecc.com/的档案包含了一个FAQ列表和免费编译器的目录。

参见问题18.20。

lint

C语言是伴随着UNIX操作系统而开发的,因此它也遵循 "每个工具应该只完成一个任务,而 且要完成得很好" 的理念。传统上,C编译器的任务是从源码生成机器代码,而不是向程序员警 告所有可能的错误或失策的技术。这个任务留给了另一个独立的工具,名为lint。尽管随着岁 月的流逝,lint的重要性已经降低了,但是新的编译器仍然未必能完全取代它的诊断能力,因

---

① Windows下有两个可移植版本cygwin(http://www.cygwin.com/)和MinGW(http://http://www.mingw.org/)。

——译者注

此在明智程序员的武器库中可能还有它的一席之地。

18.4

问：刚刚输入完一个程序，但它表现得很奇怪。你能发现有什么错误的地方吗？

答：先看看你是否能用lint跑一遍（用-a、-c、-h、-p或别的参数①）。许多C编译器实际上只是半个编译器，它们选择不去诊断许多源程序中不会妨碍代码生成的难点。（但是也应该检查一下你的编译器是否还有可选的额外的警告级别。）

参见问题16.6、16.9和18.6。

参考资料：[6]

18.5

问：如何关掉lint对每个malloc调用报出的"warning:possible pointer alignment problem"警告消息？

答：问题在于传统的lint版本无从得知malloc"返回指向正确对齐的、可用于存储任何类型的空间的指针"。可以用#define在#ifdef lint内定义一个假的malloc来把这个警告关掉。但是未经周密考虑的实现也会关掉对真正错误调用的有意义的警告消息。更简单的方法可能就是直接忽略这条消息，可以用grep-v自动滤掉。（但是别养成忽略太多lint警告的习惯；否则，有一天你会错过真正重要的消息。）

18.6

问：哪里可以找到兼容ANSI的lint？

答：PC-Lint和FlexeLint是Gimpel Software公司的产品（http://www.gimpel.com/）。

UNIX System V版本4的lint兼容ANSI。可以从UNIX Support Labs或System V的销售商单独得到（和其他C工具捆绑在一起）。

在ftp.skimo.com的u/s/scs/ansilint/目录下可以找到一个符合ANSI标准的、可再发布的lint。

另外一个兼容ANSI的lint是Splint（以前叫lclint，http://www.splint.org/）。它可以作一些高级别的正式检验。

如果没有lint，许多现代的编译器可以作出几乎和lint一样多的诊断。许多网友推荐gcc -Wall -pedantic。

18.7

问：难道ANSI函数原型说明没有使lint过时吗？

---

① 在某些版本的lint下，这些选项会进行额外的检查，而某些其他版本下则不会。

答：其实不是。首先，原型说明只有在它们存在和正确的情况下才工作。一个无心的错误原型说明比没有更糟。其次，lint 会检查多个源程序文档的一致性，以及数据和函数的说明。最后，像 lint 这样独立的程序在加强兼容的、可移植的代码惯例上会比任何特定的、特殊实现的、充满特性和扩展功能的编译器更加谨慎。

　　如果你确实要用函数原型说明而不是 lint 来作多文件一致性检查，务必保证原型说明在头文件中的正确性。参见问题 1.7 和 10.6。

资源

　　再次提醒，因特网总是处于不断变化之中，因此本节中列举的部分网络地址在你读到这里的时候可能已经改变了。

> **18.8**

问：网上有哪些 C 语言的教程或其他资源？

答：在 http://cprog.tomsweb.net 有个 Tom Torfs 写的教程还不错。

　　Christopher Sawtell 写的 "Notes for C programmers"。在下面的地址可以找到：ftp://svr-ftp.eng.cam.ac.uk/misc/sawtell_C.shar、ftp://garbo.uwasa.fi/pc/c-lang/c-lesson.zip、http://www.fi.uib.no/Fysisk/Teori/KURS/OTHER/newzealand.html。

　　Time Love 的 "C for Programmers"。http://www-h.eng.cam.ac.uk/help/tpl/languages/C/teaching_C/

　　"Coronado Enterprises" C 教程在 Simtel 镜像点目录 pub/msdos/c 或在 http://www.coronadoenterprises.com/tutorials/c/index.html 可以找到。

　　Steve Holmes 的在线教程 http://www.strath.ac.uk/IT/Docs/Ccourse/。

　　Martin Brown 的网页有一些 C 教程的资料 http://www-isis.ecs.soton.ac.uk/computing/c/Welcome.html。

　　在一些 UNIX 的机器上，在 shell 命令行下可以试试 "learn c"。注意，这个教程可能比较旧了。

　　最后，本书的作者以前教授过一些 C 的课程，这些笔记都放在了网上 http://www.eskimo.com/~scs/cclass/cclass.html。

　　【不承诺申明：我没有审阅过我收集的这些教程，它们可能含有错误。除了那个有我名字的教程以外，我不能为其他教程提供保证。而且这些信息会很快过时。也许，当你读到这本书，有些地址已经不能用了。】

　　这其中的几个教程，再加上许多其他 C 的信息，可以从 http://www.lysator.liu.se/c/index.html 得到。

　　Vinit Carpenter 维护着一个学习 C 和 C++ 的资源列表，公布在新闻组 comp.lang.c 和 comp.lang.c++，也归档在本 FAQ 的所在（参见问题 20.47），或者 http://www.cyberdiem.com/vin/learn.html。

参见问题18.9、18.10和18.18。

*18.9

问：哪里可以找到好的源代码实例，以供研究和学习？

答：这里有几个链接可以参考：ftp://garbo.uwasa.fi/pc/c-lang/00index.txt、http://www.eskimo.com/~scs/src/。

小心，网上也有数之不尽的非常糟糕的代码。不要从坏代码中"学习"。这是每个人都可以做到的，你可以做的更好。参见问题18.8、18.13、18.18和18.20。

18.10

问：有什么好的学习C语言的书？有哪些高级的书和参考？

答：有无数有关C语言的书，我们无法一一列出，也无法评估所有的书。许多人相信最好的书，也是第一本：由Kernighan和Richie编写的*The C programming Language*（"K&R"，现在是第二版了[19]）。对这本书是否适合初学者有不同的意见。我们当中许多人是从这本书学的C语言，而且学得还不错。然而有些人觉得这本书太客观了些，不大适合那些没有太多程序设计经验的人作为第一个教程。网上有一些评注和勘误表，例如：http://www.csd.uwo.ca/~jamie/.Refs/.Footnotes/C-annotes.html、http://www.eskimo.com/~scs/cclass/cclass.html和http://cm.bell-labs.com/cm/cs/cbook/2ediffs.html。

许多活跃在新闻组comp.lang.c的人推荐K.N. King写的*C: A Modern Approach*。[1]

一本极好的参考书是由Samuel P. Harbison和Guy L. Steele和写的*C: A Reference Manual* [11]。

C和C++用户协会（Association of C and C++，ACCU）维护着一份很全面的有关C/C++的书目评论（http://www.accu.org/bookreviews/public/）。

参见问题18.8。

18.11

问：哪里能找到K&R的练习答案？

答：在*The C Answer Book*中。参见文献[24]。

18.12

问：哪里能找到*Numerical Recipes in C*、Plauger的*The Standard C Library*[2]或Kernighan和Pike的*The UNIX Programming Enviroment*等书里的源码？

---

① 本书中文版《C语言程序设计：现代方法》已经由人民邮电出版社出版。——编者注
② 本书中文版《C标准库》即将由人民邮电出版社出版。——编者注

答：如问题中提到的那些包含大量可能有用的源码的书，往往都会明确指出源码如何取得或者使用源码的条件。出版的源码是有版权的，未经许可通常都不能使用，尤其是不能再传播（但如果你自己输入电脑且用于个人目的，出版商一般并不在意）。通常可以从出版商获取磁盘（或光盘）。另外，很多出版商也设立了ftp网站和Web网页。

Numerical Recipes 中的有些例程已经释放到公共领域了，查看一下 ftp.std.com 的 vendors/Numerical-Recipes/Public-Domain/ 目录。

本书中的源码虽然也有版权，但已经明确可以让你在自己的程序中任意使用。（自然，如果你指出来源于本书，作者和出版者将不胜感激。）大段的代码和相关的材料可以在aw.com 的cseng/authors/summit/cfaq/下找到。

18.13

问：哪里可以找到标准C函数库的源代码？

答：GNU工程有一个完全实现的C函数库（http://www.gnu.org/software/libc/）。另一个来源是由 P.J. Plauger写的书*The Standard C Library* [27]，然而它不是公共领域的。

参见问题18.7、18.18和18.20。

*18.14

问：是否有一个在线的C参考指南？

答：提供两个选择：http://www.cs.man.ac.uk/standard_c/_index.html和http://www.dinkumware.com/htm_cl/index.html。

18.15

问：我需要分析和评估表达式的代码。从哪里可以找到？

答：有两个软件包可用："defunc"，于1993年12月公布在新闻组comp.sources.misc(V41 i32，33)，1994年1月公布于新闻组alt.sources。可以在这个URL得到：ftp://sunsite.unc.edu/pub/packages/ development/libraries/defunc-1.3.tar.Z；"parse"，可以从lamont.ldgo.columbia.edu得到。其他选择包括S-Lang注释器（http://www.s-lang.org/），共享软件Cmm（"C减减"或"去掉困难部分的C"）。参见问题18.20和20.6。

Software Solutions in C [30]中也有一些分析和评估的代码（第12章，235～255页）。

18.16

问：哪里可以找到C的BNF或YACC语法？

答：ANSI标准中的语法是最权威的。由Jim Roskind写的一个语法在ftp://ftp.eskimo.com/u/s/

scs/roskind_grammar.Z。一个Jeff Lee做的、新鲜出炉的ANSI C90语法工作实例可以在ftp://ftp.uu.net/usenet/net.sources/ansi.c.grammar.Z得到，还包含了一个相配的lexer。FSF的GNU C编译器也含有一个语法，当然还有K&R的附录也有一个。

新闻组comp.compilers的档案中含有更多的有关语法的信息，参见问题18.3。

参考资料：[18, Sec. A18 pp. 214-219]
[19, Sec. A13 pp. 234-239]
[35, Sec. A.2]
[8, Sec. B.2]
[11, pp. 423-435 Appendix B]

*18.17

问： 谁有C编译器的测试套件？

答： Plum Hall（以前在Cardiff, NJ，现在在Hawaii）有一个套件出售，Ronald Guilmette的RoadTest[TM]编译器测试套件（更多信息在ftp://netcom.com/pub/rfg/roadtest/announce.txt）和Nullstone的自动编译器性能分析工具（http://www.nullstone.com）。FSF的 GNU C (gcc)发布中含有一个检查许多编译器共同问题的C严酷测试。Kahan的偏执狂的测试（ftp://netlib.att.com/netlib/paranoia），尽其所能地测试C实现的浮点能力。

*18.18

问： 哪里有一些有用的源代码片段和例子的收集？

答： Bob Stout的"SNIPPETS"是个很流行的收集（ftp://ftp.brokersys.com/pub/snippets或http://www.brokersys.com/snippets/）。

Lars Wirzenius的"publib"函数库（ftp://ftp.funet.fi/pub/languages/C/Publib/）。

参考问题14.12、18.8、18.9、18.13和18.20。

*18.19

问： 我需要执行多精度算术的代码。

答： 一些流行的软件包是："quad"，函数在Net BSD UNIX系统的libc中（ftp.uu.net,/systems/unix/bsd-sources/.../src/lib/libc/quad/*）；GNU MP函数库"libmp"；MIRACL软件包（http://indigo.ie/~mscott/）；David Bell和Landon Curt Noll写的"calc"程序；以及老UNIX的libmp.a。参见问题14.12和18.20。

参考资料：[30, Sec.17 pp. 343-454]

18

18.20

问： 在哪里和怎样取得这些可自由发布的程序？

答：随着可利用程序数目，公共可访问的存档网站数目以及访问的人数的增加，这个问题回答起来变得既容易又困难。

有几个比较大的公共存档网站，例如：ftp.uu.net，archive.umich.edu，oak.oakland.edu，sumex-aim.stanford.edu和wuarchive.wustl.edu。它们免费提供极多的软件和信息。FSF GNU工程的中心发布地址是ftp.gnu.org。这些知名的网站往往非常繁忙而难以访问，但也有不少"镜像"网站来分担负载。

在互联网上，传统取得档案文件的方法是通过匿名ftp。对于不能使用ftp的人，有几个ftp-by-mail的服务器可供使用。越来越多的，万维网（WWW）被使用在文件的宣告、索引和传输上。也许还会有新的访问方法。

这些是问题中比较容易回答的部分。困难的部分在于详情——本文不能追踪或列表所有的文档网站或各种访问的方法。如果你已经可以访问互联网了，你可以取得比本文更加及时的活跃网站信息和访问方法。

问题的另一个即难也易的方面是找到哪个网站有你所要的。在这方面有极多的研究，几乎每天都有可能有新的索引服务出台。其中最早的服务之一是"archie"，当然还有许多高曝光的商业网络索引和搜索服务，例如Alta Vista，Excite和Yahoo。

如果你可以访问Usenet，请查看定期发布在新闻组comp.sources.unix和comp.sources.misc的邮件，其中有说明新闻组归档的政策和怎样访问档案。其中两个是：ftp://gatekeeper.dec.com/pub/usenet/comp.sources.unix/，ftp://ftp.uu.net/usenet/comp.sources.unix/。新闻组comp.archives包括了多数的有关各种东西的匿名ftp网站公告。最后，通常新闻组comp.sources.wanted是个适合询问源代码的地方，不过在发贴前，请先查看它的FAQ "怎样查找资源（How to find sources）"。

参见问题14.12、18.9、18.13和18.18。

第 19 章

系 统 依 赖 *19*

C是一个编程语言而不是一个操作系统。没有哪种编程语言会详细规定程序和它的环境之间的所有可能的交互，但对执行特定系统相关任务的程序员来说，针对他所使用的语言提出相关的问题却是十分自然的。现实中的程序经常需要执行一次一字符输入、光标控制的全屏输出、窗口管理的交互（包括菜单和对话框）、鼠标输入、图形、窗口通信、打印支持、与各种外设交互、联网等任务。C语言的定义对这些却只字未提。

完成这些任务的特定技术在当今流行的机器和操作系统之间差别甚大，因此不能提供每种组合的完整答案。本章的问题都是你不能用可移植C程序完成的事情：多数答案都会归结为"这是系统相关的"。（如果本章提供简短答案不够，你可能需要找找你使用的特定系统的详细文档。）

本章的系统相关问题分为几类：

键盘和屏幕I/O	19.1～19.5
其他I/O	19.6～19.10
文件和目录	19.12～19.26
访问原始内存	19.27～19.31
"系统"命令	19.32～19.35
进程环境	19.36～19.41
其他系统相关的操作	19.42～19.45
回顾	19.48～19.49

键盘和屏幕 I/O

19.1

问：怎样从键盘直接读入字符而不用等回车键？怎样防止字符输入时的回显？

答：唉，在C里没有一个标准且可移植的方法。在标准中跟本就没有提及屏幕和键盘的概念，只有基于字符"流"的简单输入输出。

在某个级别，与键盘的交互输入一般都是由系统取得一行的输入才提供给需要的程序。这让操作系统可以用一种统一的方式进行行编辑（退格、删除、擦除等），而不用每一个程序自己搞一套。当用户对输入满意并键入回车键（或等价的键）后，输入行才被提供给需要的程序。即使程序中用了读入单个字符的函数（如getchar等），第一次调用也会等到完成了一整行的输入才返回。这时，可能有许多字符提供给了程序，而很多字符请求（如getchar调用）也可能会立刻得到满足。

当程序想在一个字符输入时马上读入，所用的方式就取决于行处理在输入流中的位置以及如何关掉行处理。在某些系统下（如MS-DOS和某些模式下的VMS），程序可以使用一套不同或修改过的操作系统级函数来绕过行输入模式。在另一些系统下（例如UNIX和另一些状态下的VMS），操作系统中负责串行输入的部分（通常称为"终端驱动"）必须设置为行输入关闭的模式。这样，后续的所有输入函数（例如read、getchar等）就会立即返回输入的字符。最后，少数系统（特别是那些老旧的批处理大型主机）使用外围处理器进行输入，只有行处理模式。

因此，当你需要用到单字符输入时（关闭键盘回显也是类似的问题），你需要使用针对所用系统的特定方法——假如系统提供的话。新闻组comp.lang.c讨论的问题基本上都是C语言中有明确支持的，一般你会从针对个别系统的新闻组以及相对应的常用问题集中得到更好的解答，例如comp.unix.questions或comp.os.msdos.programmer。另外要注意，有些解答即使是对相似系统的变种也不尽相同，例如UNIX的不同变种。同时也要记住，当回答一些针对特定系统的问题时，你的答案在你的系统上可以工作并不代表可以在所有人的系统上都工作。

然而，这类问题被经常地问起，这里提供一个对于通常情况的简略回答。

根据你使用的操作系统和你能找到的库，可以使用以下的一种（或几种！）方法。

❑ 某些版本的curses函数库包含了cbreak[①]、noecho和getch函数，这些函数可以达到你的要求。

❑ 如果只是想要读入一个简短的口令而不想回显，可以试试getpass。（另一种隐藏输入密码的方法是在黑底上输入黑字符。）

❑ 在UNIX系统下，可以用ioctl来控制终端驱动的模式，"传统"系统下有CBREAK和RAW模式，System V或POSIX系统下有ICANON、c_cc[VMIN]和c_cc[VTIME]模式，而ECHO模式在所有系统中都有。

❑ 必要时，用函数system和stty命令。更多的信息可以查看所用的系统。传统系统下，查看<sgtty.h>和tty(4)；System V下，查看<termio.h>和termio(4)；POSIX下，查看<termios.h>和termios(4)。

❑ 在MS-DOS系统下，用函数getch或getche，或者相对应的BIOS中断。

❑ 在VMS下，使用屏幕管理例程（SMG$），或curses函数库，或者低层$QIO的IO$_READVBLK函数，以及IO$M_NOECHO等其他函数。也可以通过设置VMS的终端驱动，在单字符输入或"通过"模式间切换。

❑ 如果是其他操作系统，你就要靠自己了。

---

① 在某些早期版本的curse库下，请求一次一字符输入的是crmode，而不是cbreak。

　　另外需要说明一点，只使用setbuf或setvbuf来设置sdtin为无缓冲，通常并不能切换到单字符输入模式。

　　如果你在试图写一个可移植的程序，一个比较好的方法是自己定义3套函数：(1)设置终端驱动或输入系统进入单字符输入模式（如果有必要的话）；(2)取得字符；(3)程序使用结束后的终端驱动复原。理想上，也许有一天，这样的一组函数可以成为标准的一部分。

　　作为一个例子，下边是一个小测试程序，可以打印出输入的10个字符的十进制值而无需等待回车。这个程序就是根据上述的3个函数写成的。其后这3个函数在curses、经典UNIX和MS-DOS下的实现。

```c
#include <stdio.h>

main()
{
    int i;
    if(tty_break() != 0)
        return 1;
    for(i= 0; i < 10; i++)
        printf(" = %d\n", tty_getchar());
    tty_fix();
    return 0;
}
```

三个函数在curses下的实现：

```c
#include <curses.h>

int tty_break()

{
    initscr();
    cbreak();
    return 0;
}

int tty_getchar()
{
    return getch();
}

int tty_fix ()
{
    endwin();
    return 0;
}
```

经典UNIX（V7，BSD）下的实现：

```c
#include <stdio.h>
#include <sgtty.h>

static struct sgttyb savemodes;
static int havemodes = 0;
```

```
int tty_break()
{
    struct sgttyb modmodes;
    if(ioctl(fileno(stdin), TIOCGETP, &savemodes) < 0)
        return -1;
    havemodes = 1;
    modmodes = savemodes;
    modmodes.sg_flags |= CBREAK;
    return ioctl(fileno(stdin), TIOCSETN, &modmodes);
}

int tty_getchar()
{
    return getchar();
}

int tty_fix()
{
    if(!havemodes)
        return 0;
    return ioctl(fileno(stdin), TIOCSETN, &savemodes);
}
```

System V UNIX的实现有些类似:

```
#include <stdio.h>
#include <termio.h>

static struct termio savemodes;
static int havemodes = 0;

int tty_break()
{
    struct termio modmodes;
    if(ioctl(fileno(stdin), TCGETA, &savemodes) < 0)
        return -1;
    havemodes = 1;
    modmodes = savemodes;
    modmodes.c_lflag &= ~ ICANON;
    modmodes.c_cc[VMIN] = 1;
    modmodes.c_cc[VTIME] = 0;
    return ioctl(fileno(stdin), TCSETAW, &modmodes);
}

int tty_getchar()
{
    return getchar();
}

int tty_fix()
{
    if(!havemodes)
        return 0;
    return ioctl(fileno(stdin), TCSETAW, &savemodes);
}
```

最后，这是MS-DOS下的实现：

```
int tty_break() { return 0; }

int tty_getchar()
{
    return getche();
}

int tty_fix() { return 0; }
```

关掉回显留作读者练习。

终端（键盘和屏幕）I/O编程的详情可以参考符合你的操作系统的FAQ列表、书或文档。（注意，还有许多细节可能需要考虑，如需要关掉的特殊字符以及设置更多的状态位等。）

参见问题19.2。

参考资料：[12, Sec. 10 pp. 128-129, Sec. 10.1 pp. 130-131]
　　　　　[13, Sec. 7]

19.2

问： 怎样知道有未读的字符（如果有，有多少）？另外，如何在没有字符的时候不阻塞读入？

答： 这些问题也是完全和操作系统有关的。某些版本的curses函数库有nodelay函数。根据所用系统的不同，也许你可以使用"非阻塞I/O"、系统调用select或poll、用ioctl的FIONREAD、c_cc[VTIME]、kbhit、rdchk或使用O_NDELAY参数调用open或fcntl。你也可以设定闹钟在特定的时间间隔之后让阻塞I/O超时（在UNIX下可以看看alarm、signal，也许还有settimer。）

如果你希望从多个来源进行非阻塞读入，毫无疑问你需要使用某种形式的"select"调用，因为繁忙等待的轮询在多任务系统上是极其低效的。

参见问题19.1。

19.3

问： 怎样显示一个在原地更新自己的百分比或"旋转棒"的进度指示器？

答： 这很简单，你还可以得到相当的可移植性。输出字符'\r'通常可以得到一个没有换行的回车，这样就可以重写当前行。而字符'\b'代表退格，通常会使光标左移一格。

使用这些字符，可以这样输出一个百分比进度指示器：

```
for(i = 0; i < lotsa; i++) {
    printf("\r%3d%%", (int)(100L * i / lotsa));
    fflush(stdout);
    do_timecomsuming_work();
}
printf("\ndone.\n");
```

19

或旋转棒：

```
printf("working:");
for(i = 0; i < lotsa; i++) {
    printf("%c\b", "|/-\\"[i%4]);
    fflush(stdout);
    do_timecomsuming_work();
}
printf("done.\n");
```

参见问题12.5。

参考资料：[35, Sec. 3.2.2]

[8, Sec. 5.2.2]

19.4

问：怎样清屏？怎样反色输出？怎样把光标移动到指定的x, y位置？

答：这些功能跟你所用的终端类型（或显示器）有关。需要使用termcap、term-info或curses之类的函数库，或者系统提供的特殊函数来完成这些操作。

curses库可以使用clear、move、standout/standend和attron/attroff/attrset函数；最后3个函数可以使用A_REVERSE之类的属性代码；也可以使用ANSI.SYS驱动或底层中断。在termcap和terminfo下，使用tgetstr检索分别用于清屏、反显模式和光标运动字符串cl、so/se、cm，然后再输出这些字符串（使用cm还需要额外调用tgoto）。某些特别的终端可能还需要考虑其他"性能"。请仔细研究相关文档。注意，有些老终端可能根本就不支持你想要的功能。

有一个不彻底的可移植的清屏方法：输出换页符（'\f'），这样能清除某些屏幕。还有个更加可移植的办法是输出足够多的换行符，使当前屏幕清空。最后一个方法：使用system函数（参见问题19.32）来调用操作系统的清屏指令。

参考资料：[12, Sec. 5.1.4 pp. 54-60, Sec. 5.1.5 pp. 60-62]

[15]

[16]

19.5

问：怎样读入方向键、功能键？

答：terminfo、某些版本的termcap以及某些版本的curses函数库有对这些非ASCII键的支持。通常，一个特殊键会发送一个多字符序列（通常以ESC['\033']字符开头）。分析这个多字符序列比较麻烦。如果你首先调用了keypad，curses会帮你做分析。

在MS-DOS下，如果你在读入键盘输入时，收到一个值为0的字符（不是字符'0'！），这就标志着下一个读入的值代表一个特殊键。有关键盘的编码可参见DOS的编程指南。（简单地说，上、下、左、右键的编码是72、80、75、77，功能键从59到68。）

参考资料：[12, Sec. 5.1.4 pp. 56-57]

其他 I/O

19.6

问：怎样读入鼠标输入？

答：请查阅你的系统文档。鼠标的处理在X Windown系统、MD-DOS、Macintosh下是完全不同的。也许每个系统都不一样。

参考资料：[12, Sec. 5.5 pp. 78-80]

19.7

问：怎样做串口（"comm"）的输入输出？

答：这也是跟所用系统有关的。在UNIX下，通常可以打开和读写出/dev下的一个设备文件，使用终端驱动提供的工具来调整设备的属性。（参见问题19.1和19.2。）在MS-DOS下，可以使用预定义的stdaux流，或特殊文件COM1，或基本BIOS中断，又或者你需要更好的性能，使用任何一个中断驱动的串口输入输出包。许多网友推荐Joe Campbell的书*C Programmer's Guide to Serial Communications*。

19.8

问：怎样直接输出到打印机？

答：UNIX系统下，使用popen（参见问题19.35）来把输出写到lp或lpr程序中，或者打开特殊文件/dev/lp。在MS-DOS下，写向预定义的stdprn流（非标准），或者打开特殊文件PRN或LPT1。

在某些情况下，另一个方法（也许是唯一的方法）是用窗口管理器的屏幕截图功能，然后打印得到的图形。

参考资料：[12, Sec. 5.3 pp. 72-74]

19.9

问：怎样发送转义字符序列控制终端或其他设备？

答：如果你能够找到发送字符到设备的方法（参见问题19.8），那么发送转移字符序列也是件很容易的事。在ASCII代码中，转义字符的代码是033（十进制27），以下代码就可以发送转义序列ESC [J：

```
fprintf(ofd, "\033[J");
```

19

有的程序员更愿意像这样用参数表示ESC代码：

```
#define ESC 033

fprintf(ofd, "%c[J", ESC);
```

19.10

问：怎样做图形？

答：从前，UNIX下有一套相当不错且小巧的设备无关的绘制函数（plot(3)和plot(5)）。由Robert Maier写的GNU libplot函数库保持了同样的精神，并支持许多时新的绘制设备（http://www. gnu.org/software/plotutils/plotutils.html）。

OpenGL是一个现代的平台独立的制图函数库，它也支持三维制图和动画。其他有关的制图标准有GKS和PHIGS。

如果你在MS-DOS下编程，大概需要用到符合VESA或BGI标准的函数库。

如果你要和某一个特定的制图仪打交道，通常发送适当的转义序列就可以绘图了，参见问题19.9。厂商可能会提供一个可以从C调用的函数库，或者你也许可以在网上找到。

如果你需要在某个特定的视窗环境下编程（Macintosh、X Window、Microsoft Windows），需要使用它们提供的工具。参阅相关的文档、新闻组或FAQ。

参考资料：[12, Sec. 5.4 pp. 75-77]

*19.11

问：怎样显示GIF和JPEG图像？

答：这跟你用的显示环境有关，有可能环境已经提供了这些函数。http://www.ijg.org/files/有个可供参考的JPEG软件。

文件和目录

19.12

问：怎样检验一个文件是否存在？如果请求的输入文件不存在，我希望向用户提出警告。

答：可靠而可移植地检测一个文件是否存在出乎意料地困难。如果从检测到你打开文件前，这个文件被（别的进程）创建或删除了，那么你所做的任何检测都会失效。

3个可能用作检验的函数是stat、access和fopen。使用fopen作近似检测时，用只读打开，然后马上关闭。这里，只有fopen有广泛的可移植性，如果系统提供access，而程序用了UNIX的UID设置特性，则需要特别小心。

与其提前预测像打开文件这类操作是否会成功，不如直接尝试打开它，然后再检验返回值。如果失败就进行错误处理。当然，除非打开文件有像O_EXCL这样的参数，否则如果你要避免覆盖已经存在的文件，这个方法并不适用。

参考资料：[12, Sec. 12 pp. 189, 213]
　　　　　　[13, Sec. 5.3.1, Sec. 5.6.2, Sec. 5.6.3.]

19.13

问：怎样在读入文件前，知道文件大小？

答：如果"文件大小"指的是你从C程序中可以读入（或前一个程序写入）的字符数量，那么要准确地得到这个数字（而不读入整个文件）可能很困难或者根本就不可能。

UNIX系统调用stat（准确地说，是stat结构的st_size域）会给出准确的答案[①]。有些系统提供了类似UNIX的stat调用，但返回的可能只是近似值（由于不用的换行表示方法。参见问题12.43）。你可以打开文件，用fstat或者用fseek移动到文件尾，再调用ftell，然而这些方法都有同样的问题：fstat不可移植，而且其返回和stat一样，ftell并不保证可以返回字符计数，除非是用于二进制文件。但是，严格来讲，二进制文件并不一定支持fseek搜索到SEEK_END。某些系统提供filesize或filelength的函数，但是它们显然不可移植。

你是否真的需要预先知道文件的大小？作为一个C程序，要知道文件的大小，最准确的方法就是打开文件并读入所有内容。也许可以调整一下代码，边读入边计算文件大小。（一般来说，如果读到的字符和预期不符，你的程序应该正确处理，因为对大小的任何预测都可能是近似的。）参见问题7.13和20.2。

参考资料：[35, Sec. 4.9.9.4]
　　　　　　[8, Sec. 7.9.9.4]
　　　　　　[11, Sec. 15.5.1]
　　　　　　[12, Sec. 12 p. 213]
　　　　　　[13, Sec. 5.6.2]

*19.14

问：怎样得到文件的修改日期和时间？

答：UNIX和POSIX函数是stat，某些其他系统也提供。参见问题19.13。

19.15

问：怎样原地缩短一个文件而不用清除或重写？

答：BSD系统提供函数ftruncate，某些其他系统提供chsize，还有少数系统提供用于fcntl的参数F_FREESP。MS-DOS下，某些时候你可以用write(fd, "", 0)。然而，没有一个可移植的方法，也没有办法删除在文件开头的数据块。参见问题19.16。

19

---

① 除非其他的进程正在写入这个文件。

19.16

问： 怎样在文件中插入或删除一行（或一条记录）？

答： 一般来说，没有办法完成这个任务[①]。通常的解决方案就是重写文件。

当你觉得需要向现有文件中插入数据的时候，这里有几种方法可以考虑。

❑ 调整数据文件，以便能够从尾部增加新的信息。

❑ 将信息放入另一个文件。

❑ 在文件第一次写入时保留一些空白区域（如一个80字符的空行或0000000000这样的域），以后再用最终的信息重写。但要注意原地重写文本文件不一定完全可移植。重写文本文件是否在该点截断文件，C标准规定由实现定义。

要删除记录，你可以考虑将它们标记为"已删除"，然后让读取文件的代码忽略它们。（可以用一个程序不时重写文件，彻底扔掉已删除的记录。）

参见问题12.32和19.15。

19.17

问： 怎样从一个打开的流或文件描述符得到文件名？

答： 通常情况下，这没办法。在UNIX系统下，理论上需要搜索整个磁盘，也许还牵扯到特殊许可的问题，如果文件描述符是连接到管道（pipe）或者指向一个已被删除的文件（如果文件有多个连接，也许会返回误导的信息），那么搜索也会失败。最好的方法就是在打开文件时，自己记住（或许用一个fopen的封装函数）。

19.18

问： 怎样删除一个文件？

答： 标准C库函数是remove。这是本章里少有的几个与系统无关的问题。在一些ANSI之前的老UNIX系统，remove可能不存在，那么你可以试试unlink[②]。

参考资料：[19, Sec. B1.1 p. 242]

[35, Sec. 4.9.4.1]

[8, Sec. 7.9.4.1]

[11, Sec. 15.15 p. 382]

[12, Sec. 12 pp. 208, 220-221]

[13, Sec. 5.5.1, Sec. 8.2.4]

---

① 如果你的操作系统提供无序的、面向记录的文件，也许有插入/删除操作，但C语言没有提供特别的支持。

② remove和unlink在语法上有点区别：unlink（无论如何在UNIX下）对打开的文件也能确保有效，remove却没有这样的保证。

*19.19

问：怎样复制文件？

答：可以用函数system调用你所用操作系统的文件复制工具。参见问题19.32。或者打开源文件和目标文件（用fopen或一些底层的打开文件的系统函数），读入字符或数据块，再写出到目标文件中。

参考资料：[19, Sec. 1, Sec. 7]

19.20

问：为什么用了详尽的路径还不能打开文件？下面的代码会返回错误。

```
fopen("c:\newdir\file.dat", "r")
```

答：你实际请求的文件名内含有字符\n和\f，这个文件可能并不存在，也不是你本希望打开的。

在字符常量和字符串字面量中，反斜杠\是转义字符，它赋予后面紧跟的字符特殊意义。为了正确地把反斜杠传递给fopen（或其他函数），必须成对地使用，这样第一个反斜杠引述了第二个：

```
fopen("c:\\newdir\\file.dat", "r");
```

另一个选择，在MS-DOS下，正斜杠也被接受为路径分隔符，所以也可以这样用：

```
fopen("c:/newdir/file.dat", "r");
```

（注意，顺便提一下，用于预处理#include指令的头文件名不是字符串字面量，所以不必担心反斜杠的问题。）

*19.21

问：fopen不让我打开文件"$HOME/.profile"和"~/.myrcfile"。

答：至少在UNIX系统下，像$HOME这样的环境变量和家目录的表示符~是由shell来展开的。不存在一个调用fopen()时的自动扩展机制。

*19.22

问：怎样制止MS-DOS下令人恐怖的"Abort，Retry，Ignore？"信息？

答：你需要截获DOS的严重错误中断24H。详情请参阅comp.os.msdos.programmer的FAQ。

19.23

问：遇到"Too many open files（打开文件太多）"的错误，怎样增加同时打开文件的允许数目？

答：通常有至少两个资源限制了同时打开文件的数目：操作系统可用的底层"文件说明符"或"文件句柄"的数目和标准stdio函数库可用的FILE结构数目。两个条件必须符合。在MS-DOS

下，可以通过设置CONFIG.SYS来控制系统文件句柄的数目。一些编译器附有增加stdio的
FILE结构数目的指令（也许是一两个源文件）。

19.24

问：如何得到磁盘的可用空间大小？

答：没有什么可移植的办法。在某些版本的UNIX下，可以调用statfs。在MS-DOS下，使用中
断0x21的子功能0x36或类似freedisk的函数。另一个可能的方法是用popen（参见问题
19.35）调用一个"可用磁盘"命令（如UNIX下的df），然后读取它的输出。

（注意，由于各种原因，可用的磁盘空间大小并不一定等于你能创建的最大文件的大小。）

19.25

问：怎样在C语言中读入目录？

答：试试能否使用opendir和readdir函数，它们是POSIX标准的一部分，大多数UNIX变体都
支持。MS-DOS、VMS和其他系统下也有这些函数的实现。MS-DOS还有FINDFIRST和
FINDNEXT函数，它们做的事情都基本一样，MS Windows有FindFirstFile和FindNext-
File。readdir只返回文件名，如果你需要该文件更多的信息，试试stat。如果想用通配
符匹配文件名，参见问题13.7。

这个小例子列出了当前目录的所有文件：

```c
#include <stdio.h>
#include <sys/types.h>
#include <dirent.h>

main ()
{
    struct dirent *dp;
    DIR *dfd = opendir(".");
    if(dfd != NULL) {
        while((dp = readdir(dfd)) != NULL)
            printf("%s\n", dp -> d_name);
        closedir(dfd);
    }
    return 0;
}
```

（在某些老系统上，要包含的头文件可能是<direct.h>或<dir.h>，而readdir返回的指针
可能是struct direct *。这个例子假设"."代表当前目录。）

必要时，你也可以用popen（参见问题19.35）调用操作系统的目录列表程序，然后
读取它的输出。（如果你是需要将文件名显示给用户看，可以使用system，也能以假乱
真。参见问题19.32。）

参考资料：[19, Sec. 8.6 pp. 179-184]
　　　　　[12, Sec. 13 pp. 230-231]
　　　　　[13, Sec. 5.1]
　　　　　[30, Sec. 8]

19.26

问：如何创建目录？如何删除目录（及其内容）？

答：如果你的操作系统支持这些服务，它们可能以`mkdir`和`rmdir`等C语言函数的形式提供。删除目录的内容也需要列出它们（参见问题19.25）并调用`remove`（参见问题19.18）。如果你没有这些C函数，那就试试`system`（参见问题19.32）和你的操作系统的删除命令。

参考资料：[12, Sec. 12 pp. 203-204]
　　　　　[13, Secs. 5.4.1, 5.4.2]

访问原始内存

19.27

问：怎样找出系统还有多少内存可用？

答：你所用的系统可能会提供一个例程返回你所需的信息，但是这跟系统相当有关。（而且，这个数字也会随时间变化。）如果你希望预测是否能够分配一定数量的内存，直接试试就可以——调用`malloc`（请求需要的数量）然后处理它的返回值。

19.28

问：怎样分配大于64K的数组或结构？

答：一台比较好的电脑应该可以让你透明地访问所有的有效内存。如果你没有那么好的运气，就可能需要重新考虑程序使用内存的方式，或者使用各种系统相关的技巧。

64K仍然是一块相当大的内存。不管你的电脑有多少内存，分配这么一大块连续的内存是个不小的要求。标准C不保证一个对象可以大于32K，或者C99的64K。通常，设计数据结构时的一个好的思想，是使它不要求所有的内存都连续。对于动态分配的多维数组，你可以使用指针的指针，在问题6.16中有举例说明。可以用链表或结构指针数组来代替一个大的结构数组。

如果你使用的是PC兼容机（基于8086）系统，遇到了64K或640K的限制，可以考虑使用"huge"内存模型，或者使用扩充内存或扩展内存，或使用`malloc`的变体函数`halloc`和`farmalloc`，或者用32位的"扁平"（flat）编译器（例如djgpp，参见问题18.3），或者使用某种DOS扩充器，或者换一个操作系统。

参考资料：[35, Sec. 2.2.4.1]
　　　　　[8, Sec. 5.2.4.1]
　　　　　[9, Sec. 5.2.4.1]

19.29

问：错误信息"DGROUP data allocation exceeds 64K（DGROUP数据分配内存超过64K）"什么

意思？我应该怎么做？我以为使用了大内存模型，就可以使用大于64K的数据！

答：即使使用了大内存模型，MS-DOS的编译器还是明显地把某些数据（字符串、已初始化的全局或静态变量）都放在了一个默认的数据段，而这个数据段溢出了。可以减少全局数据，如果全局数据已经限制在一个合理的范围（而引起问题的是由于字符串的数目），你可以告诉编译器对这么大的数据不要使用默认数据段。某些编译器只把"小"数据放在默认数据段，也提供了设置"小"数据的阈值的方法。例如，Microsoft的编译器可以用参数/Gt。

19.30

问：怎样访问位于某特定地址的内存（内存映射的设备或图形显示内存）？

答：使用适当类型的指针，将其置为正确的数字地址（使用显式的类型转换，以便编译器知道这个不可移植转换是你的意图）：

```
unsigned int *magicloc = (unsigned int *)0x12345678;
```

然后，*magiloc就指向了你所要的地址。（如果你希望访问某个地址的字节而不是机器字，可以使用unsigned char *。）如果地址是个内存映射设备的寄存器，你大概需要使用限定词volatile。

MS-DOS下，在和段、偏移量打交道时，你会发现MK_FP()这类宏非常好用。根据Gary Blaine的建议，也可以声明一些机巧的数组指针，可以让你用数组的方式访问显存。例如，在一个80×25的文本模式的MS-DOS的机器上，使用这个声明

```
unsigned short (far * videomem)[80] =
    (unsigned short (far *)[80])0xb8000000;
```

就可用videomem[i][j]来访问第i行、j列的字符和属性字节。

很多操作系统以保护模式运行用户态的程序，因此不能直接访问I/O设备（或任何超出进程范围的地址）。这种情况下，必须请求操作系统完成你的I/O任务。

参见问题4.14和5.19。

参考资料：[18, Sec. A14.4 p. 210]
[19, Sec. A6.6 p. 199]
[35, Sec. 3.3.4]
[8, Sec. 6.3.4]
[14, Sec. 3.3.4]
[11, Sec. 6.2.7 pp. 171-172]

19.31

问：如何访问机器地址0处的中断向量？如果将指针设为0，编译器可能把它转成一个非零的内部空指针值。

答：参见问题5.19。

"系统"命令

19.32

问：怎样在一个C程序中调用另一个程序（独立可执行的程序或系统命令）？

答：使用库函数system，它的功能正是你所要的。

有些系统提供一族spawn例程，大致也能完成类似的事情。这些函数不如system可移植性好。后者是ANSI C标准要求的。当然，无论如何，对命令串的解释——它的语法和可接受的命令集——显然变化甚大。

system函数以子进程的方式"调用"命令，控制最终还会返回调用程序。如果想用另一个程序代替调用程序（即"链"操作），你需要系统相关的例程，如UNIX的exec族函数。

注意，system返回的值最多是命令的退出状态值（但这也并不一定），通常和命令的输出无关。参见问题19.33和19.35。

参考资料：[18, Sec. 7.9 p. 157]
[19, Sec. 7.8.4 p. 167, Sec. B6 p. 253]
[35, Sec. 4.10.4.5]
[8, Sec. 7.10.4.5]
[11, Sec. 19.2 p. 407]
[12, Sec. 11 p. 179]

19.33

问：如果运行时才知道要执行的命令的参数（文件名等），应该如何调用system？

答：只需用sprintf（或strcpy和strcat）将命令串放入一个缓冲区，然后用那个缓冲区调用system。（确保为缓冲区分配了足够的内存。参见问题7.2和12.23。）

这是一个假想的例子，显示了如何创建数据文件，然后对其排序（假设存在排序实用程序和UNIX或MS-DOS风格的输入/输出重定向）：

```
char *datafile = "file.dat";
char *sortedfile = "file.sort";
char cmdbuf[50];
FILE *fp = fopen(datafile, "w");

/* ...write to fp to build data file... */

fclose(fp);

sprintf(cmdbuf, "sort < %s > %s", datafile, sortedfile);
system(cmdbuf);

fp = fopen(sortedfile, "r");
/* ...now read sorted data from fp... */
```

19

19.34

问：在MS-DOS上如何得到 system 返回的准确错误状态？

答：没有办法。COMMAND.COM似乎不能提供准确的错误状态。如果不需要COMMAND.COM的服务（就是说，只是要调用一个简单的程序，而不需要I/O重定向等），可以试试 spawn 例程。

19.35

问：怎样调用另一个程序或命令，然后获取它的输出？

答：UNIX和其他一些系统提供了 popen 函数，它在运行命令的进程所连接的管道上设置stdio流，所以可以读取输出（或提供输入）。使用 popen，问题19.33的最后一个例子看起来会像这样：

```
extern FILE *popen();

sprintf(cmdbuf, "sort < %s", datafile);

fp = popen(cmdbuf, "r");
/* ...now read sorted data from fp... */

pclose(fp);
```

（记得结束使用后要调用函数 pclose。一开始不关它看上去也行，但最后会用光你的进程，至少它也会用光你的文件描述符。）

　　如果你不能使用 popen，你应该可以调用 system，将输出写入到一个可以打开和读取的文件。问题19.33的代码正是这样做的[①]。

　　如果使用UNIX，觉得 popen 不够用，你可以学习用 pipe、dup、fork 和 exec。

　　顺便提一下，用 freopen 可能并不能完成这个任务。

参考资料：[12, Sec. 11 p. 169]

进程环境

19.36

问：怎样才能发现程序自己的执行文件的全路径？

答：字符串 arg[0] 也许含有全部或部分路径，或者什么也没有，或者是个空指针。如果 arg[0] 中的路径不全，你也许可以重复命令语言解释器的路径搜索逻辑。但是，没有确保有效的解决方法。

参考资料：[18, Sec. 5.11 p. 111]
　　　　　　[19, Sec. 5.10 p. 115]
　　　　　　[35, Sec. 5.1.2.2.1]
　　　　　　[8, Sec. 5.1.2.2.1]
　　　　　　[11, Sec. 20.1 p. 416]

---

① 用 system 和临时文件假设你不需要被调用程序和主程序并行运行。

19.37

问：怎样找出和执行文件在同一目录的配置文件？

答：一般来讲，这很困难。这跟问题19.36是等价的。即使你能找出一个可行的方法，你可能也应该考虑通过环境变量或别的方法使程序的辅助（函数库）目录可配置。如果程序会被多个用户使用，例如在多用户系统中，那么允许改变配置文件的存放位置特别重要。

19.38

问：进程如何改变它的调用者的环境变量？

答：这可能做得到，也有可能完全做不到。不同的系统使用不同的方法来实现像UNIX系统的全局名字/值功能。"环境"是否可以被运行的进程有效地改变，以及如果可以，又怎样去做，这些都依赖于系统。

　　在UNIX下，一个进程可以改变自己的环境（某些系统为此提供了`setenv`或`putenv`函数），被改变的环境通常会被传给子进程，但是这些改变不会传递到父进程。（只有当父进程被显式设置以监听某种改变请求时，父进程的环境才可以被更改。）在MS-DOS下，总环境是可以操作的，但是这需要晦涩难懂的技巧。参见MS-DOS的FAQ。

19.39

问：如何打开命令行给出的文件并解析选项？

答：参见问题20.3。

19.40

问：`exit(status)`是否真的和从`main`函数返回同样的`status`等价？

答：参见问题11.18。

19.41

问：怎样读入一个对象文件并跳跃到其中的函数？

答：需要一个动态的连接程序或载入程序。也许可以用`malloc`申请一段内存，再读入对象文件，但是你需要知道极多的有关对象文件格式、地址变换等知识。而且如果代码和数据在不同的地址空间或代码是有特权的，这种方法就行不通。

　　在BSD UNIX下，可以使用`system`和`ld -A`来实现连接。许多SunOS和SystemV的版本有`-ldl`函数库，其中含有`dlopen`和`dlsym`这样的函数，可以允许动态载入对象文件。在VMS下，使用`LIB$FIND_IMAGE SYMBOL`。GNU有个叫`dld`的包可以用。参见问题15.13。

其他系统相关的操作

19.42

问：怎样以小于1秒的精度延时或计算用户响应时间？

答：很遗憾，这没有可移植的解决方法。VT UNIX及其衍生系统提供了一个相当有用的`ftime`例程，可以提供毫秒级的精度，但在System V和POSIX中又没有这个例程了。下面是一些可以在你的系统中寻找的函数：`clock`、`delay`、`ftime`、`getimeofday`、`msleep`、`nap`、`napms`、`nanaosleep`、`setitimer`、`sleep`、`times`和`usleep`。至少在UNIX系统下，函数`wait`不是你想要的。函数`select`和`poll`（如果存在）可以用来实现简单的延时。在MS-DOS下，可以重新对系统计时器和计时器中断编程。

这些函数中，只有`clock`在ANSI标准中。两次调用`clock`之间的差就是执行所用的时间，如果CLOCKS_PER_SEC的值大于1，可以得到精度小于秒的计时。但是，`clock`返回的是执行程序使用的处理器的时间，在多任务系统下，有可能和真实的时间相差很多。

如果你需要实现一个延时，而你只有报告时间的函数可用，可以实现一个CPU密集型的繁忙等待。但是这只是在单用户、单任务系统下可选，因为这个方法对于其他进程极不友好。在多任务系统下，确保你调用函数，让你的进程在这段时间进入休眠状态。可用函数`sleep`、`select`或将`pause`与`alarm`或`setitimer`联用来实现。

对于非常短暂的延时，使用一个空循环颇有诱惑力：

```
long int i;
for(i = 0; i < 1000000; i++)
    ;
```

但是请尽量抵制这个诱惑！因为，经过你仔细计算的延时循环可能在下个月因为更快的处理器出现而不能正常工作。更糟糕的是，一个聪明的编译器可能注意到这个循环什么也没做，而把它完全优化掉。

参考资料：[11, Sec. 18.1 pp. 398-399]
[12, Sec. 12 pp. 197-198, 215-216]
[13, Sec. 4.5.2]

19.43

问：怎样捕获或忽略control-C这样的键盘中断？

答：基本步骤是调用`signal`：

```
#include <signal.h>
singal(SIGINT, SIG_IGN);
```

就可以忽略中断信号，或者：

```
extern void func(int);
```

```
signal(SIGINT, func);
```

使程序在收到中断信号时，调用函数func[1]。

在多任务系统下（如UNIX），最好使用更加深入的技巧：

```
extern void func(int);
if(signal(SIGINT, SIG_IGN) != SIG_IGN)
    signal(SIGINT, func);
```

这个检测和额外的调用可以保证前台的键盘中断不会因疏忽而中断了在后台运行的进程。在所有的系统中都用这种方法调用signal都不会带来负作用[2]。

在某些系统中，键盘中断处理也是终端输入系统模式的功能，参见问题19.1。在某些系统中，程序只有在读取输入时，才查看键盘中断，因此键盘中断处理就依赖于调用的输入例程（以及输入例程是否有效）。在MS-DOS下，可以使用setcbrk或ctrlbrk。

参考资料：[8, Secs. 7.7, 7.7.1]
　　　　　[11, Sec. 19.6 pp. 411-413]
　　　　　[12, Sec. 12 pp. 210-212]
　　　　　[13, Secs. 3.3.1, 3.3.4]

19.44

问：怎样简洁地处理浮点异常？

答：在许多系统中，你可以定义一个matherr的函数，一旦出现某些浮点错误时（如<math.h>中的数学例程出错），它就会被调用。也可以使用signal函数（参见问题19.43）拦截SIGFPE信号。参见问题14.9。

参考资料：[14, Sec. 4.5.1]

19.45

问：怎样使用socket？如何联网？如何写客户/服务器程序？

答：所有这些问题都超出了本书的范围，它们跟你的网络设备比跟C语言的关系更密切。有一些这方面的好书：Douglas Comer撰写的三卷*Internetworking with TCP/IP*和*W. R. Stevens*撰写的*UNIX Network Programming*。网上也有相当多这方面的信息，有"UNIX Socket FAQ"(http://www.developerweb.net/sock-faq/)，"Beej's Guide to NetworkProgramming"(http://www.ecst.csuchico. edu/~beej/guide/net/)。

---

① 实际上，可能有几种不同的键盘终端。很多系统上，"中断信号"特指control-C产生的SIGINT。UNIX系统还有一个SIGQUIT，通常由 control-\产生（当然SIGINT和SIGQUIT都可以绑定到任何键上。）在Macintosh上，SIGINT有时是由command-句号键产生的。

② 在现在的使用作业控制的UNIX系统上，后台进程处于独立的进程组中，因而不会接收键盘中断。但这样调用signal依然没有什么害处，而那些无作业控制shell的用户就会对你感激不尽了。

19

一个提示：针对你所用的操作系统，你也许需要明确要求连接-lsocket或-lnsl函数库。参见问题13.25。

*19.46

问：*怎样调用BIOS函数？如何写ISR？如何创建TSR？*

答：这些都是针对某一特定系统的问题（最可能的是运行MS-DOS的PC兼容机）。在针对系统的新闻组comp.os.msdos.programmer或它的FAQ里你会取得更好的信息，另一个很好的资源是Ralf Brown的中断列表。

*19.47

问：*什么是"near"和"far"指针？*

答：如今，它们差不多被废弃了，它们肯定与特定系统有关。如果你真的要知道，参阅针对DOS或Windows的编程参考资料。

回顾

19.48

问：*我不能使用这些非标准、依赖系统的函数，程序需要兼容ANSI！*

答：你很不走运。要么你误解了要求，要么这不可能做到。ANSI/ISO C标准没有定义做这些事的方法，它是个语言的标准，不是操作系统的标准。国际标准POSIX（IEEE 1003.1，ISO/IEC 9945-1）倒是定义了许多这方面的方法，而许多系统（不只是UNIX）都有兼容POSIX的编程接口。

可能可以做到，也是可取的做法是使程序的大部分兼容ANSI，将依赖系统的功能集中到少数的例程和文件中。这些例程或文件可以大量使用#ifdef或针对每一个移植的系统重写。

19.49

问：*为什么这些内容没有在C语言中进行标准化？任何现实程序都会用到这些东西。*

答：实际上，已经有一些标准化的动作了。刚开始，C语言连个标准库都没有，程序员总是需要自己搞一套功能函数。几次失败的尝试之后，一些库函数（包括str *和stdio函数族）至少在UNIX上成了事实上的标准，但库还不是语言的一部分。厂商可能（有时的确也是）随他们的编译器提供完全不同的库函数。

在ANSI/ISO C标准中，接受了跟语言本身地位一样的（基于1984年的/usr/group标准和传统UNIX库兼容的）库的定义。但标准C对文件和设备I/O的处理却十分有限。

它提出了字符流如何写入和读出文件，也提供了一些控制字符的显示建议，如\b、\r和\t，但除此之外就没什么了。

　　如果标准能够定义对键盘和显示器的访问方法，那对程序员可能是个福音。但那却是个纪念碑式的任务：已经有大量不同的显示设备和各不相同的操作系统。而以后的岁月里肯定还有更多的变化。

　　曾经有段时间，C程序的一般输出设备是电传打字机。然后是"哑"终端，再后来是"智能"的VT100或其他兼容ANSI X3.64的终端，今天看来，这些也不过是"哑"终端了。今天，它的输出设备很可能是点阵图形显示器了。五年以后会是什么样子？那时候又会有什么样的操作系统来支持它的性能呢？

　　参见问题11.37。

参考资料：[14, Sec. 2.2.2, Sec. 4. 9, Sec. 4.9.2]

19

第 20 章

杂 项 *20*

正如标题所示，本章涵盖了那些不能归到其他章节的一系列题目。前两节是一些编程技巧和单独的位和字节的处理。然后讨论了效率和C语言的switch语句。"各种语言功能"一节主要是历史性的，它解释了C语言的一些功能为什么像现在这个样子以及为什么C语言没有包含某些人期待的那些功能。这导致了一些涉及C和其他语言的问题。

关于算法人们写了整本整本的书，而本书并非其中之一。尽管如此，本章关于算法的一节还是讨论了一些似乎总在困扰C程序员的问题。最后一节提供了一些有关本书的在线版本的琐碎信息。

本章的问题安排如下：

各种技巧	20.1～20.6
位和字节	20.7～20.13
效率	20.14～20.19
switch语句	20.20～20.21
各种语言功能	20.22～20.29
其他语言	20.31～20.33
算法	20.34～20.39
琐碎问题	20.40～20.47

20.1

问： 怎样从函数返回多个值？

答： 有几种方法可以完成这个任务。（这些例子展示了假想的极坐标到直角坐标的转换函数，必须同时返回x和y坐标。）

□ 可以传入多个指针指向不同的地址，让函数填入需要返回的值：

```
#include <math.h>

polar_to_rectangular(double rho, double theta, double *xp, double *yp)
{
    *xp = rho * cos(theta);
```

```
        *yp = rho * sin(theta);
    }

    ...

    double x, y;
    polar_to_rectangular(1., 3.14, &x, &y);
```

❑ 让函数返回包含需要值的结构：

```
    struct xycoord { double x, y; };

    struct xycoord
    polar_to_rectangular(double rho, double theta)
    {
        struct xycoord ret;
        ret.x = rho * cos(theta);
        ret.y = rho * sin(theta);
        return ret;
    }

    ...

    struct xycoord c = polar_to_rectangular(1., 3.14);
```

❑ 结合起来：让函数接受结构指针，然后再填入需要的数据：

```
    polar_to_rectangular(double rho, double theta, struct xycoord *cp)
    {
        cp->x = rho * cos(theta);
        cp->y = rho * sin(theta);
    }

    ...

    struct xycoord c;
    polar_to_rectangular(1., 3.14, &c);
```

（另一采用这种技术的例子是UNIX的系统调用stat。）
❑ 不得已的时候，理论上你也可以采用全局变量（但这并不是个好主意）。
参见问题2.8、4.8和7.7。

20.2

问：用什么数据结构存储文本行最好？我开始用固定大小的char型数组的数组，但是有很多局限。

答：一种好办法是用一个指针（模拟一个数组）指向一系列的char型指针（每个模拟一个数组）。这种数据结构有时被称为不规则数组（ragged array），看起来像这个样子：

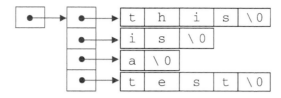

用这样的简单声明就可以设置好图中的小数组：

```
char *a[4] = {"this", "is", "a", "test"};
char **p = a;
```

（其中p是一个char型的指针的指针，而a是个中间数组，用于为4个char型指针分配空间。）

要真正地动态分配内存，你当然需要调用malloc：

```
#include <stdlib.h>
char **p = malloc(4 * sizeof(char *));
if(p != NULL) {
    p[0] = malloc(5);
    p[1] = malloc(3);
    p[2] = malloc(2);
    p[3] = malloc(5);

    if(p[0] && p[1] && p[2] && p[3]) {
        strcpy(p[0], "this");
        strcpy(p[1], "is");
        strcpy(p[2], "a");
        strcpy(p[3], "test");
    }
}
```

（有些库提供了strdup函数，它可以同时完成内部的malloc和strcpy调用。这个不标准，但要实现一个类似的东西显然也很容易。）

这段代码用同样的不规则数组将整个文件读入内存。这段代码使用了问题7.34的agetline函数。

```
#include <stdio.h>
#include <stdlib.h>
extern char *agetline(FILE *);
FILE *ifp;

/* assume ifp is open on input file */

char **lines = NULL;
size_t nalloc = 0;
size_t nlines = 0;
char *p;

while((p = agetline(ifp)) != NULL ) {
    if(nlines >= nalloc) {
        nalloc += 50;
#ifdef SAFEREALLOC
```

```
              lines = realloc(lines, nalloc * sizeof(char *));
#else
              if(lines == NULL)              /* in case pre - ANSI realloc */
                  lines = malloc(nalloc * sizeof(char *));
              else lines = realloc(lines, nalloc * sizeof(char*));

#endif
              if(lines == NULL) {
                  fprintf(stderr, "out of memory");
                  exit(1);
              }
          }

          lines[nlines++] = p;
      }
```

（参见问题7.34关于再分配策略的注释。）

参见问题6.16。

20.3

问：怎样打开命令行提到的文件并处理参数？

答：这是个实现了传统的UNIX风格的argv处理的骨架，处理了以-开始的选项及可选的文件名。（本例接受的两个选项是-a和-b，-b带一个参数。）

```
#include <stdio.h>
#include <string.h>
#include <errno.h>

main(int argc, char *argv[])
{
    int argi;
    int aflag = 0;
    char *bval = NULL;

    for(argi = 1; argi < argc && argv [argi][0] == '-'; argi++) {
        char *p;
        for(p = &argv[argi][1]; *p != '\0'; p++) {
            switch(*p) {
                case 'a':
                    aflag = 1;
                    printf("-a seen\n");
                    break;

                case 'b':
                    bval = argv[++argi];
                    printf("-b seen (\"%s\")\n", bval);
                    break;

                default :
```

20

```
                        fprintf(stderr, "unknown option -%c\n", *p);
                    }
                }
            }

            if(argi >= argc) {
                /* no filename arguments; process stdin */
                printf("processing standard input\n");
            } else {
                /* process filename arguments */

                for(; argi < argc; argi++) {
                    FILE *ifp = fopen(argv[argi], "r");
                    if(ifp == NULL) {
                        fprintf(stderr, "can't open %s: %s\n",
                            argv[argi], strerror(errno));
                        continue;
                    }

                    printf (" processing %s\ n" , argv [ argi ]) ;

                    fclose ( ifp );
                }
            }

            return 0;
        }
```

（这段代码假设fopen会在失败时设置errno，这一点不能确保，但多数时候都可以，而且这样的错误信息会更有用处。参见问题20.4。）

有几个现成的函数可以用标准的方式解析命令行，其中最流行的就是getopt（参见问题18.20）。这是用getopt重写的上边的例子：

```
extern char *optarg;
extern int optind;

main(int argc, char *argv[])
{
    int aflag = 0;
    char *bval = NULL;
    int c;

    while((c = getopt(argc, argv, "ab:")) != -1)
        switch(c) {
            case 'a':
                aflag = 1;
                printf("-a seen\n");
                break;

            case 'b':
                bval = optarg;
                printf("-b seen (\"%s\")\n", bval);
```

```
            break;
    }

    if(optind >= argc){
        /* no filename arguments; process stdin */
        printf("processing standard input\n");
    } else {
        /* process filename arguments */

        for(; optind < argc ; optind ++) {
            FILE *ifp = fopen(argv[optind], "r");
            if(ifp == NULL){
                fprintf(stderr, "can't open %s: %s\n",
                    argv[optind], strerror(errno));
                continue;
            }

            printf("processing %s\n", argv[optind]);

            fclose(ifp);
        }
    }

    return 0;
}
```

上边的例子忽略了几个细微的问题：单独的"–"通常表示"从标准输入读入"，--标志通常表示选项的结束（某些版本的getopt的确能处理这个），传统上如果用错误的参数或不提供参数调用命令会给出用法信息。

如果你想知道argv在内存中是如何存放的，那么它是个"不规则数组"。参见问题20.2的插图。

参考资料：[18, Sec. 5.11 pp. 110-114]
　　　　　[19, Sec. 5.10 pp. 114-118]
　　　　　[35, Sec. 5.1.2.2.1]
　　　　　[8, Sec. 5.1.2.2.1]
　　　　　[11, Sec. 20.1 p. 416]
　　　　　[12, Sec. 5.6 pp. 81-82, Sec. 11 p. 159，pp. 339-340 Appendix F]
　　　　　[30, Sec. 4 pp. 75-85]

20.4

问：如何正确地使用errno？

答：通常应该检查返回值来检测错误，而errno应该只用来区分各种错误原因，如"文件不存在"或"权限不足"等。（通常可以用perror或strerror打印这些错误信息。）只有当函数没有唯一的、明确的越界错误返回时（就是说，所有的返回值都是正确的，如atoi）才有必要用errno来探测错误。这些情况下（也只有在这些情况下，查查文档，看函数是否允许这样）才能将errno置为0，调用函数，然后再检查errno的值来判断是否出错了。（先将errno置为0很重要，因为没有库函数会为你代劳。）

　　要使错误信息有用，得包含所有相关信息。除了用strerror从errno得到的文本，同时打印出程序名称、失败的操作（最好以用户能理解的方式）、操作失败的文件名以及输入文件（脚本或源文件）的当前行号也很好。

　　参见问题12.26。

参考资料：[35, Sec. 4.1.3, 4.9.10.4, 4.11.6.2]

　　　　　[8, Sec. 7.1.3, 7.9.10.4, 7.11.6.2]

　　　　　[22, Sec. 5.4 p. 73]

　　　　　[12, Sec. 11 p. 168, Sec. 14, p. 254]

20.5

问：怎样写数据文件，使之可以在不同字大小、字节顺序或浮点格式的机器上读入？

答：最可移植的方法是用文本文件（通常是ASCII），用fprintf写入，用fscanf或类似的函数读入。同理，这也适用于网络协议。不必太相信那些说文本文件太大或读写太慢的论点。大多数现实情况下，操作的效率是可接受的，而可以在不同机器间交换和用标准工具就可以对其进行操作是个巨大的优势。

　　如果必须使用二进制文件，可以通过使用某些标准格式来提高可移植性，还可以利用已经写好的I/O函数库。这些格式包括：Sun的XDR（RFC 1014）、OSI的ASN.1（在CCITT X.409和ISO 8825 "Basic Encoding Rules" 中都有引用）、CDF、netCDF或HDF。参见问题2.13和12.41。

参考资料：[12, Sec. 6 pp. 86，88]

20.6

问：怎样用char *指针指向的函数名调用函数？这样：

```
extern int func(int, int);
char *funcname = "func";
int r = (*funcname)(1, 2);
```

或这样：

```
r = (*(int (*)(int, int))funcname)(1, 2);
```

好像都不行。

答：程序运行的时候，函数和变量的名称信息（"符号表"）就不再需要了，因此也可能没有了。因此，最直接的方法就是自己维护一个名字和函数指针的列表：

```
int one_func(), two_func();
int red_func(), blue_func();

struct { char *name; int (*funcptr)(); } symtab[] = {
```

```
    "one_func",  one_func,
    "two_func",  two_func,
    "red_func",  red_func,
    "blue_func", blue_func,
};
```

然后搜索函数名，就可以函数指针调用对应的函数了：

```
#include <stddef.h>

int (*findfunc(char *name))()
{
    int i;

    for(i = 0; i < sizeof(symtab) / sizeof(symtab[0]); i++){
        if(strcmp(name, symtab[i].name) == 0)
            return symtab[i]. funcptr;
    }

    return NULL;
}

...

char *funcname = "one_func";
int (*funcp)() = findfunc(funcname);
if(funcp != NULL)
    (*funcp)();
```

这些被调用函数的参数和返回值应该兼容。（理想状态下，函数指针应该也指明参数类型。）

　　有时候程序可以读取它本身的符号表，如果它还存在的话。但它必须先找到自己的执行文件（参见问题19.36。），而且它还必须知道如何解释符号表（有的UNIX C库提供nlist函数，用于这个目的）。参见问题2.16、18.15和19.41。

参考资料：[12, Sec. 11 p. 168]

位和字节

20.7

问：如何操作各个位？

答：在C语言中的位操作直截了当。要取出（检测）某位，可以配合代表你感兴趣的位的掩码使用按位与（&）操作符：

```
value & 0x04
```

要置位，可以使用按位或（|或|=）操作符：

```
value |= 0x04
```

要清除某位，可以使用按位反（~）及按位与（&或&=）操作符：

```
value &= ~0x04
```

（前边的3个例子都对右起第3位进行操作，亦即2^2位，用常数掩码表示为0x04。）

要操作任意位，可以用左移操作符（<<）生成需要的掩码：

```
value & (1 << bitnumber)
value |= (1 << bitnumber)
value &= ~(1 << bitnumber)
```

也可以预先算出一个掩码数组：

```
unsigned int masks [] =
    {0x01, 0x02, 0x04, 0x08, 0x10, 0x20, 0x40, 0x80};

value & masks[bitnumber]
value |= masks[bitnumber]
value &= ~masks[bitnumber]
```

要避免符号位带来的意外，最好在代码中使用无符号整数类型操作位和字节。

参见问题9.2和20.8。

参考资料：[18, Sec. 2.9 pp. 44-45]

[19, Sec. 2.9 pp. 48-49]

[35, Sec. 3.3.3.3, Sec. 3.3.7, Sec. 3.3.10, Sec. 3.3.12]

[8, Sec. 7.3.3.3, Sec. 7.3.7, Sec. 7.3.10, Sec. 7.3.12]

[11, Sec. 7.5.5 p. 197, Sec. 7.6.3 pp. 205-206, Sec. 7.6.6 p. 210]

20.8

问：怎样实现位数组或集合？

答：使用int或char数组，再加上访问所需位的几个宏。这里有一些用于char型数组的简单宏定义：

```
#include <limits.h>        /* for CHAR_BIT */

#define BITMASK(b) (1 << ((b) % CHAR_BIT))
#define BITSLOT(b) ((b) / CHAR_BIT)
#define BITSET(a, b) ((a)[BITSLOT (b)] |= BITMASK(b))
#define BITCLEAR(a, b) ((a)[BITSLOT (b)] &= ~BITMASK(b))
#define BITTEST(a, b) ((a)[BITSLOT (b)] & BITMASK (b))
#define BITNSLOTS(nb) ((nb + CHAR_BIT - 1) / CHAR_BIT)
```

（如果你没有<limits.h>，可以将定义CHAR_BIT定义为8。）

下面是一些实用的例子。

❑ 声明一个47位的"数组"：

```
char bitarray[BITNSLOTS(47)];
```

❑ 置第23位：

```
BITSET(bitarray, 23);
```

❑ 测试第35位：

```
if(BITTEST(bitarray, 35)) ...
```

❏ 计算两个位数组的并，再将结果放入另一个数组（三个数组都如前文声明）：

```
for(i = 0; i < BITNSLOTS(47); i++)
    array3[i] = array1[i] | array2[i];
```

❏ 要计算交，使用&而不是|操作符。

作为一个更现实的例子，这里有个用筛法（Sieve of Eratosthenes）计算素数的快速实现：

```
#include <stdio.h>
#include <string.h>

#define MAX 10000

int main()
{
    char bitarray[BITNSLOTS(MAX)];
    int i, j;

    memset(bitarray, 0, BITNSLOTS(MAX));

    for(i = 2; i < MAX; i++) {
        if(!BITTEST(bitarray, i)){
            printf("%d\n", i);
            for(j = i + i; j < MAX; j += i )
                BITSET(bitarray, j);
        }
    }
    return 0;
}
```

参见问题20.7。

参考资料：[11, Sec. 7.6.7 pp. 211-216]

20.9

问：怎样判断机器的字节顺序是高字节在前还是低字节在前？

答：有个使用指针的方法：

```
int x = 1;
if(*(char *)&x == 1)
    printf("little - endian\n");
else
    printf("big - endian\n");
```

另外一个方法是用联合：

```
union {
    int i;
    char c[sizeof(int)];
} x;
x.i = 1;
if(x.c[0] == 1)
    printf("little - endian\n");
else
    printf("big - endian\n");
```

20

参见问题10.16和20.10。

参考资料：[11, Sec. 6.1.2 pp. 163-164]

*20.10

问： 怎样调换字节？

答： V7 UNIX有一个swap()的函数，但似乎被遗忘了。

使用显式的字节调换代码有个问题，就是你必须决定是否要调用，参见问题20.9。更好的方法是使用函数（例如BSD系统中的网络函数ntohs等），函数会进行已知字符顺序和机器顺序（未知）之间的转换，对于已经和机器匹配的字符顺序，函数不作任何转换。

如果必须自己写字符转换的代码，两个明显的方法就是使用指针或联合，就像问题20.9一样。这是一个使用指针的例子：

```
void byteswap(char *ptr, int nwords)
{
    char *p = ptr;
    while(nwords -- > 0) {
        char tmp = *p;
        *p = *(p + 1);
        *(p + 1) = tmp;
        p += 2;
    }
}
```

这是使用联合的例子：

```
union word
{
    short int word ;
    char halves[2];
};

void byteswap(char *ptr, int nwords)
{
    register union word *wp = (union word *)ptr;
    while(nwords-- > 0) {
        char tmp = wp->halves[0];
        wp->halves[0] = wp->halves[1];
        wp->halves[1] = tmp;
        wp++;
    }
}
```

这些函数交换二字节的数字，要扩展到四字节或更多字节很容易。使用联合的代码并不完美，因为它假设传入的指针已经按机器字对齐了。也可以写出接受独立的源指针和目的指针的函数，或者接受单个的机器字返回交换后的值。

参考资料：[12, Sec. 11 p. 179]

20.11

问：怎样将整数转换到二进制或十六进制？

答：确定你真的知道你在问什么。整数是以二进制存储的，虽然在大多数情况下，把它们当成是八进制、十进制或十六进制并没有错，只要方便就好。数字表达的进制只有在读入或写出到外部世界时才起作用。

在源程序中，非十进制的数字由前面的0或0x表示（分别为八进制和十六进制）。在进行I/O操作时，数字格式的进制在printf和scanf这类函数里，由格式说明符决定（%d、%o和%x等）。在strtol和strtoul中，则由他们的第3个参数决定。在二进制I/O中，进制又变得没有实质意义了，因为如果数字以独立字节（通常用getc或putc）或多字节的机器字（通常用fread或fwrite）进行读写，再问它们的"进制"就没什么意义了。

如果需要的是格式化的二进制转换，那就很容易了。这是一个进行任意进制数转换的小函数：

```c
char *
baseconv(unsigned int num, int base)
{
    static char retbuf[33];
    char *p;

    if(base < 2 || base > 16)
        return NULL ;

    p = &retbuf[sizeof(retbuf)-1];
    *p = '\0';

    do {
        *--p = "0123456789abcdef"[num % base];
        num /= base;
    } while(num != 0);

    return p;
}
```

（注意，这个函数返回指向静态数据的指针，因此每次只能使用一个返回值。参见问题7.7。更好的retbuf大小应该是sizeof(int)*CHAR_BIT+1。参见问题12.23。）

有关"二进制"I/O的更多信息，请参见问题2.12、12.40和12.45。

参见问题8.6和13.1。

参考资料：[35, Secs. 4.10.1.5, 4.10.1.6]
　　　　　[8, Secs. 7.10.1.5, 7.10.1.6]

20.12

问：可以使用二进制常数（类似0b101010这样的东西）吗？printf有二进制的格式说明符吗？

答：两个都不行。可以用strtol把二进制的字符串转换成整数。如果要用二进制打印数字，可以参见问题20.11的示例代码。

效率

20.13

问：用什么方法计算整数中为1的位的个数最高效？

答：许多像这样的位问题可以使用查找表格来提高效率和速度（参见问题20.14）。这段代码是以每次4位的方式计算数值中为1的位的个数的小函数：

```
static int bitcounts[] =
    {0, 1, 1, 2, 1, 2, 2, 3, 1, 2, 2, 3, 2, 3, 3, 4};

int bitcount(unsigned int u)
{
    int n = 0;

    for(; u != 0; u >>= 4)
        n += bitcounts[u & 0x0f];

    return n;
}
```

20.14

问：怎样提高程序的效率？

答：效率尽管是个极其流行的话题，但它却往往并不像人们想象的那样重要。多数程序中的多数代码并非时间敏感的，而一旦不那么时间敏感，写得清楚而可移植就更加重要了。（记住计算机非常非常快，就算是"低效率"的代码，跑起来也没有明显的延迟。）

预测程序的"热点"是个非常困难的事情。当需要关心效率时，使用分析软件来确定程序中需要关注的地方很重要。通常，实际计算时间都被外围任务（如I/O或内存的分配）占用了，可以通过使用缓冲区和超高速缓存来提高速度。

即使对于时间敏感的代码，对代码细节进行"微调优化"也不那么重要。许多经常被建议的"高效的编码技巧"，即使是很简单的编译器也会自动完成。很多笨手笨脚的优化企图把代码弄得笨重不堪，因为缺页数量的增加和指令缓存及流水线的溢出实际会导致性能下降。而且优化技巧也鲜有可移植的。（例如，也许在某台机器上提了速，但在另一台机器上却变慢了。）任何情况下，修整代码通常最多得到线性性能提高，只有采用更好的算法才可以得到更高的回报。

如果代码性能真的那么重要，使你愿意在源码级的优化上投入编程时间，那么请确保你使用了能负担得起的最好的优化编译器。（即使一般的编译器也能提供在源码级上不可能的优化。）

如果效率真的很重要，也已经选择了最好的算法，甚至编码的细节也有影响，那么下边的建议也许有用。（提到这些建议不过是因为这个问题总被问到，这并不意味着作者认可它们。注意这里有些技巧是双刃剑，使用不当可能导致更坏的结果。）

❑ 对常用的变量使用register声明，如果可行，在内部块中使用。（另一方面，基于它们会比程序更好地进行寄存器分析的假设，多数现代编译器会忽略register声明。）

❑ 仔细检查算法。尽可能地利用对称压缩明确条件的个数。

❑ 检查控制流：确保一般情况先检查并且处理得更简单。如果&&或||的某一侧通常决定表达式的结果，只要可能就把它放到左边。（参见问题3.7。）

❑ 可能的情况下使用memcpy代替memmove。（参见问题11.27。）

❑ 使用机器相关和厂商特定的例程及#pragma。

❑ 手工将公共子表达式置入临时变量。（好的编译器会为你代劳。）

❑ 将关键的内循环代码移出函数，置入宏或内联（inline）函数中。如果不变，移出循环。如果循环的终止条件很复杂但并不随循环变化，可以先计算，将结果置入临时变量中。（好编译器也可代劳。）

❑ 如果可能，将递归改为迭代。

❑ 打开小循环。

❑ 比较while、for还是do/while循环在你的编译器下生成最好的代码，检查增加还是减少循环控制变量运行得最好。

❑ 去掉goto语句——有的编译器在有它存在的时候不能优化得那么好。

❑ 用指针而不是数组下标检索数组（但请参见问题20.4）。

❑ 降低精度。（用float代替double可能会在ANSI编译器下导致更快的单精度算术。但ANSI前的编译器把一切都转换成double，所以使用float可能还会更慢。）将耗时的三角函数和对函数换成你自己的版本，根据需要的范围和精度进行微调，也许可以使用查表法。（确保你自己的版本使用不同的名称。参见问题1.30。）

❑ 缓存或预先计算常用值表。（参见问题20.13。）

❑ 优先使用标准库函数而不是你自己的版本。（有时候，编译器会内联化或特别优化它自己的版本。）另一方面，如果你的程序的调用模式十分普通，你自己的专用实现也许可以击败库里的通用版本。（同样，如果你要写自己的版本，给它一个不同的名字。）

❑ 最后，最后一招，用汇编手工编写关键代码（或者对编译器的汇编输出进行手工微调）。如果可能，使用asm指令。

这些问题不用考虑：

❑ i++是否比i = i + 1更快；

❑ i << 1（及i >> 1或i & 1）是否比i * 2（及i / 2或i % 2）更快。

（这些是通常由编译器为你完成的优化。参见问题20.15和20.16。）

这里并没有暗示效率可以完全忽略。然而多数时候，只需选择好的算法，整洁地实现，再避免明显的低效失误（例如，确保你不会把一个O(n^2)的算法实现成O(n^3)），就可以取得合意的绝佳效果。

有关效率的更多讨论，以及当效率很重要时如何提高效率的建议，可以从以下书中得到：Kernighan和Plauger的*The Elements of Programming Style*[17]的第7章，Jon Bentley的*Writing Efficient Programs* [2]。

参见问题17.11。

20.15

问：指针真的比数组快吗？函数调用会拖慢程序多少？++i比i = i + 1快吗？

答：这些问题的精确回答，跟你所用的处理器和编译器有关。如果必须知道，你就得小心地给程序计时。通常，差别是很小的，小到要经过数十万次迭代才能看到不同[①]。如果可能，查看编译器的汇编输出，看看这两种方法是否被编译得一样。

一般的机器，"通常"遍历大的数组时，用指针比用数组要快，但是某些处理器却相反。（好的编译器无论你使用哪种方式都会生成高效的代码。）

函数调用，虽然明显比内联代码要慢，但是基于它对程序模块化和代码清晰度的贡献，很少有好的理由来避免它。（实际上，由于减小了体积，函数甚至能够提供效率。）同时，有的编译器可以根据优化或程序员的请求在线扩展小的关键路径函数。

在修整像i = i + 1这样的代码前，记住你是在跟编译器打交道，而不是键击编程的计算器。对于++i、i += 1和i = i + 1，任何好的编译器都会生成完全一样的代码。使用任何一种形式只跟风格有关，与效率无关。参见问题3.14。

20.16

问：用移位操作符替换乘法和除法是否有价值？

答：这是一个潜在危险且通常不必的优化的绝佳例子。任何名副其实的编译器都能够用左移代替常数与2的乘幂的乘法或者用右移代替类似的除法。（Ritchie原来的PDP-11编译器，尽管运行在64K内存之内而且也省略了现在的某些必要功能，也可以完成这两种优化，甚至都不要打开优化选项。）而且，编译器只有在它们正确的时候才进行这些优化。很多程序员忽视了右移负数和除法并不等价这一事实。（因此，如果你必须进行这样的优化，一定要确保相关的变量为unsigned。）

*20.17

问：人们说编译器优化得很好，我们不再需要为速度而写汇编了，但我的编译器连用移位代替i/=2都做不到。

答：i是有符号还是无符号？如果是有符号，移位并不等价（提示：想想如果i是个负的奇数），

[①]　如果很难度量，往往也就暗示你根本无需担心这个差别。

所以编译器没有使用是对的。

*20.18

问：怎样不用临时变量而交换两个值？

答：一个标准而古老的汇编程序员的技巧是：

```
a ^= b;
b ^= a;
a ^= b;
```

但是这样的代码在现代高级程序设计语言中没什么用处。临时变量基本上是自由使用的，使用3次赋值的惯用代码如下：

```
int t = a;
a = b;
b = t;
```

这不只对读者更清晰，更有可能被编译器辨别出来而变成最有效的代码（例如有可能使用EXCH指令）。后面的代码明显可以用于指针和浮点值，而不像XOR技巧只能用于整型。

参见问题3.4和10.3。

switch 语句

20.19

问：switch语句和if/else链哪个更高效？

答：即使有差别，可能也很小。switch语句设计成可以高效实现，但如果case行标分布稀疏，编译器也可能使用等价的if/else链（与紧凑的跳转表相对）。

只要可能，尽量使用switch，它显然更清晰也可能更高效（肯定不会更低效）。

参见问题20.20和20.21。

20.20

问：是否有根据字符串进行条件切换的方法？

答：没有直接的方法。有些时候，可以用一个单独的函数把字符串映射成整数代码，然后根据整数代码做切换。

```
#define CODE_APPLE   1
#define CODE_ORANGE  2
#define CODE_NONE    0

switch(classifyfunc(string)) {
    case CODE_APPLE:
        ...
```

20

```
    case CODE_ORANGE:
        . . .

    case CODE_NONE:
        . . .
}
```

其中classifyfunc函数如下：

```
static struct lookuptab {
    char *string;
    int code;
} tab[] = {
    {"apple",     CODE_APPLE },
    {"orange",    CODE_ORANGE },
};

classifyfunc(char *string)
{
    int i;
    for(i = 0; i < sizeof(tab) / sizeof(tab[0]); i++)
        if(strcmp(tab[i].string, string ) == 0)
            return tab[i].code;

    return CODE_NONE;
}
```

否则，你当然也可以使用strcmp和传统的if/else链。

```
if(strcmp(string, "apple") == 0){
    . . .
} else if(strcmp(string, "orange") == 0) {
    . . .
}
```

（使用像问题17.3的Streq()那样的宏会方便一些。）

参见问题10.12、20.19、20.21和20.35。

参考资料：[18, Sec. 3.4 p. 55]
[19, Sec. 3.4 p. 58]
[35, Sec. 3.6.4.2]
[8, Sec. 6.6.4.2]
[11, Sec. 8.7 p. 248]

20.21

问：是否有使用非常量case行标的方法（如范围或任意的表达式）？

答：没有。最初设计switch语句就是为使编译器能简单地转换，所以case行标被限制成一个整型常量表达式。如果你不介意详细地列出所有的情况，可以把几个case行标连到同一个语句，这样你可以覆盖一个小的范围。

如果想要根据任意范围或非常量表达式进行选择，你只能用if/else链。

参见问题20.20。

参考资料：[18, Sec. 3.4 p. 55]

[19, Sec. 3.4 p. 58]

[35, Sec. 3.6.4.2]

[8, Sec. 6.6.4.2]

[14, Sec. 3.6.4.2]

[11, Sec. 8.7 p. 248]

各种语言功能

20.22

问：`return`语句外层的括号是否真的可选择？

答：是的。

很久以前，在C语言刚起步的时候，它们是必需的，刚好那时有足够多的人学习了C，而他们写的代码如今还在使用，所以还是需要括号的想法广为流传。

碰巧的是，在某些情况下，`sizeof`操作符的括号也是可选的。

参考资料：[18, Sec. A18.3 p. 218]

[35, Sec. 3.3.3, Sec. 3.6.6]

[8, Sec. 6.3.3, Sec. 6.6.6]

[11, Sec. 8.9 p. 254]

20.23

问：为什么C语言的注释不能嵌套？怎样注释掉含有注释的代码？引号包含的字符串内的注释是否合法？

答：C语言注释不能嵌套最可能的原因是PL/I的注释也不可以，C语言正是借鉴了它的注释。所以，通常使用`#ifdef`或`#if 0`来"注释"掉大段代码，其中可能含有注释（参见问题11.21）。

字符序列`/*`和`*/`在双引号内的字符串中不是特殊字符，因此不会导致注释，因为程序可能想输出它们（特别是以C源代码作为输出的程序）。（很难想象有什么人希望或需要在字符串内部放上注释，而需要打印"`/*`"的程序却很容易想象。）

注意，`//`在C99中才成为合法的注释符。

参考资料：[18, Sec. A2.1 p. 179]

[19, Sec. A2.2 p. 192]

[35, Sec. 3.1.9 (esp. footnote 26), Annex E]

[8, Sec. 6.1.9, Annex F]

[14, Sec. 3.1.9]

[11, Sec. 2.2 pp. 18-19]

[12, Sec. 10 p. 130]

20

20.24

问：为什么C语言的操作符不设计得更全面一些？好像还缺了一些^^、&&= 和->=这样的操作符。

答：逻辑异或操作符（假想的"^^"）可能挺好，但它绝不能具有&&和||那样的短路效应（参见问题3.7）。同样，也不清楚短路效应如何应用到假想的&&=和||=操作符。（也不清楚&&=和||=操作符到底有多常用。）

尽管p = p->next是个极其常见的遍历链表的语句，但->却不是二元算术操作符。因此假想的->=操作符并不符合其他赋值操作符的模式——就算可以减少几次按键，但它对语言的清晰和完备并没有什么真正的贡献。

可以用几种方式写出异或的宏：

```
#define XOR(a, b) ((a) && !(b) || !(a) && (b))        /* 1 */
#define XOR(a, b) (!!(a) ^ !!(b ))                     /* 2 */
#define XOR(a, b) (!!(a) != !!(b))                     /* 3 */
#define XOR(a, b) (!(a) ^ !(b))                        /* 4 */
#define XOR (a, b) (!(a) != !(b))                      /* 5 */
#define XOR (a, b) ((a) ? !(b) : !!(b))                /* 6 */
```

第一个是直接来自异或的定义，但却很差，因为它可能会对它的参数多次求值（参见问题10.1）。第二个和第三个通过对它们的操作符两次求反进行了严格的0/1规范化[1]。然后第二个（对剩下的唯一一位）进行按位异或，而第三个则用!=实现了异或。第四个和第五个则基于基本的布尔运算等价性，即

$$a \oplus b = \bar{a} \oplus \bar{b}$$

（其中⊕表示异或，上划线表示取反）。最后，第六个由Lawrence Kirby和Dan Pop提供，使用?:操作符像&&和||那样在两个操作数之间放入了一个序列点。（然而，还是没有"短路"效应，而且也不可能有。）

*20.25

问：C语言有循环移位操作符吗？

答：没有。（部分原因是C语言的类型大小没有精确定义，参见问题1.2，但对已知大小的机器字，循环移位很有意义。）

用两个常规移位和一个按位或操作就可以实现循环移位：

```
(x << 13) | (x >> 3)    /* circular shift left 13 in 16 bits */
```

*20.26

问：C是个伟大的语言还是别的什么东西？哪个其他语言可以写出像a+++++b这样的代码？

---

[1] 如果XOR宏要模拟C语言其他的布尔操作符，即根据是否非零对操作数的真/假进行解释，那么规范化就很重要了（参见问题9.2）。

答：在C语言中，写成这样也是没有意义的。词法分析的规则是，在一个简单的从左到右扫描中的任何时刻，最长的记号被划分，不管最终的结果是否有意义。问题中的片段被解释为：

```
a ++ ++ + b
```

这不能被解析为一个有效的表达式。

参考资料：[18, Sec. A2 p. 179]
　　　　　[19, Sec. A2.1 p. 192]
　　　　　[8, Sec. 6.1]
　　　　　[11, Sec. 2.3 pp. 19-20]

20.27

问：如果赋值操作符是:=，是不是就不容易意外地写出if(a = b)了？

答：是的。但输入一个典型程序所有的赋值符号也会很麻烦。无论如何，现在再考虑这样的事情也为时已晚了。选择=用于赋值和==用于比较的决定，无论对错，都已经在20多年前完成了，现在也不可能再改变了。（关于这个问题，很多编译器和很多版本的lint都会对if(a = b)这样的代码提出警告。参见问题17.4。）

　　作为历史兴趣，做出这样的选择是基于赋值比比较更常用的观察，因而应该给它更少的按键。实际上，在C语言和它的前身B语言中用=赋值正是从B语言的前身BCPL改变而来，后者使用了:=作为赋值操作符。（参见问题20.44。）

20.28

问：C语言有和Pascal的with等价的语句吗？

答：没有。在C语言中要快速而简单地访问结构的成员只需定义一个小小的局部结构指针变量（必须承认，它不如with语句在符号上方便，而且也不能节省那么多按键输入，但是可能会更安全些）。就是说，如果你有像这样笨拙的代码：

```
structarray[complex_expression].a =
    structarray[complex_expression].b +
        structarray[complex_expression].c;
```

你可以将它替换为：

```
struct whatever *p = &structarray[complex_expression];
p->a = p->b + p->c;
```

20.29

问：为什么C语言没有嵌套函数？

答：实现嵌套函数不是件简单的事，它们需要可以正当地访问嵌套函数的局部变量，为了简化，这个功能是被故意舍弃的。gcc的扩展功能允许函数嵌套。许多可能使用嵌套函数的地方（例

20

如qsort比较函数），一个充分但少许麻烦的解决方法是使用一个定义为静态（static）的邻近函数，如果需要，可以通过少量静态变量进行通信。一个更简洁的方法是传递一个包含所需内容的结构指针，虽然qsort不支持这种方法。

*20.30

问：assert是什么？如何使用？

答：这是个定义在<assert.h>中的宏，用来测试断言。一个断言本质上是写下程序员的假设，如果假设被违反，那表明有个严重的程序错误。例如，一个假设只接受非空指针的函数，可以写：

```
assert(p != NULL);
```

一个失败的断言会中断程序。断言不应该用来捕捉意料中的错误，例如malloc或fopen的失败。

参考资料：[19, Sec. B6 pp. 253-254]
　　　　　　[8, Sec. 7.2]
　　　　　　[11, Sec. 19.1 p. 406]

其他语言

20.31

问：怎样从C中调用FORTRAN（C++、BASIC、Pascal、Ada、LISP）的函数？反之如何？

答：这完全依赖于机器以及使用的各个编译器的特殊调用顺序，有可能完全做不到。仔细阅读编译器的文档，有些时候有个"混合语言编程指南"，但是传递参数以及保证正确的运行时启动的技巧通常很晦涩难懂。

对于FORTRAN，更多的信息可以从Glenn Geers的FORT.gz找到，这个文档可以从匿名ftp网站suphys.physics.su.oz.au的src目录取得。Burkhard Burow写的头文件cfortran.h简化了许多流行机器上的C/FORTRAN接口。可以从匿名ftp网站zebra.desy.de或http://www-zeus.desy.de/~burow取得。

C++中，外部函数说明的"C"修饰符表明函数应该按C的调用约定使用。

参考资料：[11, Sec. 4.9.8 pp. 106-107]

20.32

问：有什么程序可以将Pascal或FORTRAN（或LISP、Ada、awk、"老"C）程序转化为C程序？

答：有几个自由发布的程序可以使用：

p2c——由Dave Gillespie写的Pascal到C的转换器，发布于新闻组comp.sources.unix 1990年3月（第21卷）；也可以从ftp://csvax.cs.caltech.edu/pub/p2c-1.20.tar.Z取得。

ptoc——另外一个Pascal到C的转换器，它是用Pascal写的。（comp.sources.unix，第10卷，补丁在第13卷）。

f2c——Fortran到C的转换器，由贝尔实验室、Bellcore 和卡内基—梅隆大学的人员共同开发的。可以用以下方法得到更多的f2c信息：发E-mail信息"send index from f2c"到netlib@research.att.com或者research!netlib。（在匿名ftp网站netlib.att.com 的netlib/f2c目录也可取得。）

本书电子版FAQ的维护者还有其他转换器的列表。

参见问题11.33和18.20。

20.33

问： C++是C的超集吗？可以用C++编译器来编译C代码吗？

答： C++源自C，而且大部分都建立在C的基础上，但是有一些合法的C代码在C++中并不合法。相反地，ANSI C继承了C++的几个特性，包括原型和常量，所以这两个语言并非一个是另一个的超集或子集。

C++具有而C没有的最重要的功能当然是扩展的结构，即类（class）。它和操作符重载一起令面向对象的编程十分方便。C++还有其他一些差别和新功能：变量可以在块中任何位置声明，const变量可以成为真正的编译时常量，结构标签自动进行类型定义（typedef），参数声明中用&表示按引用传递，new和delete操作符跟每个对象的构造函数和析构函数简化了动态数据结构的管理。类和面向对象编程引入一系列的新机制：重载、友元、虚函数、模板等。（这个C++的功能列表并不完整，C++程序员会发现很多遗漏。）

让C语言免于成为C++的严格子集（即C程序在C++编译器下不一定能编译）的一些功能包括main函数可以递归调用、字符常量类型为int、不要求原型以及void *可以隐式转换为其他指针类型。而且不是C语言关键字的任何C++关键字都可以在C语言中用作标识符，因此使用class和friend这样的标识符的C程序会被C++编译器拒绝。

尽管有这些不同，许多C程序在C++环境中可以正确编译，许多最新的编译器同时提供C和C++的编译模式。

参考资料：[11, p. xviii，Sec. 1.1.5 p. 6，Sec. 2.8 pp. 36-37，Sec. 4.9 pp. 104-107]

20.34

问： 我需要用到"近似"的strcmp例程，比较两个字符串的近似度，并不需要完全一样。有什么好办法？

答： Sun Wu和Udi Manber的文章"AGREP – A Fast Approximate Pattern-Matching Tool"[34]中有一些有用的信息，近似字符串匹配的算法以及有用的参考文献。

另外一个方法牵涉到"soundex"算法，它把发音相近的词映射到同一个代码。它是为发现近似发音的名字而设计的（作为电话号码目录的帮助），但是它可以调整用于任意词处理的服务。

参考资料：[21, Sec. 6 pp. 391-392 Volume 3]
　　　　　　[34]

20.35

问：什么是散列法？

答：散列法是把字符串映射到整数的处理，通常是到一个相对小的范围。一个"散列函数"映射
一个字符串（或其他的数据结构）到一个有界的数字（散列桶），这个数字可以更容易地用
于数组的索引或者进行反复的比较。显然，一个从潜在的有很多组的字符串到小范围整数的
映射不是唯一的。任何使用散列的算法都要处理"冲突"的可能。

已经开发出了许多散列函数和相关的算法。全面的讨论经超出了本书的范围。一个简单
的对字符串进行操作的散列函数仅仅将所有的字符值加起来：

```
unsigned hash(char *str)
{
    unsigned int h = 0;
    while(*str != '\0')
        h += *str++;
    return h % NBUCKETS;
}
```

下面是一个更好点儿的散列函数：

```
unsigned hash(char *str)
{
    unsigned int h = 0;
    while (*str != '\0')
        h = (256 * h + *str++) % NBUCKETS;
    return h;
}
```

这里把输入串看作一个很大的二进制数（假设每字节8位，8 * strlen(str)位长），然后
用Horner法则计算这个数对NBUCKETS的模。（这里很重要的是NBUCKETS必须为素数。
要去掉字符为8位的假设，需要用UCHAR_MAX + 1代替256，这时这个"大二进制数"就变
成CHAR_BIT * strlen(str)位长了。UCHAR_MAX和CHAR_BIT在<limit.h>中定义。）
如果字符串集可以预知，那么也可以设计出没有"冲突"、稠密映射的"完美"散列函数。

参考资料：[19, Sec. 6.6]
　　　　　　[21, Sec. 6.4 pp. 506-549 Volume 3]
　　　　　　[31, Sec. 16 pp. 231-244]

20.36

问：如何生成正态或高斯分布的随机数？

答：参见问题13.20。

20.37

问：如何知道某个日期是星期几?

答：有以下3种方法。

(1) 用mktime或localtime。这是一个计算2000年2月2日为星期几的代码段:

```c
#include <stdio.h>
#include <time.h>

char *wday[] = {"Sunday", "Monday", "Tuesday", "Wednesday",
    "Thursday", "Friday", "Saturday"};

struct tm tm;

tm.tm_mon = 2 - 1;
tm.tm_mday = 29;
tm.tm_year = 2000 - 1900;
tm.tm_hour = tm.tm_min = tm.tm_sec = 0;
tm.tm_isdst = -1;

if(mktime(&tm)!= -1)
    printf("%s\n", wday[tm.tm_wday]);
```

像这样使用mktime的时候,一定要将tm_isdst设为-1(尤其是当tm_hour为0的时候);否则,夏令时修正会将超过午夜的时间放到另一天。

(2) 使用Zeller同余演算式。它表明如果

J是世纪数 (即年份/100),

K是世纪内的年数 (即年份%100),

m是月份,

q是月内的天数,

h是星期几 (其中星期天为1),

而且一月和二月被看作上一年的第13和14个月 (同时影响J和K),对于格雷果里历,h就是

$$q + 26(m + 1)/10 + K + K/4 + J/4 - 2J$$

被7除的余数,其中所有的中间余数都被扔掉。[①]翻译成C语言简单明了:

```c
h = (q + 26 * (m + 1) / 10 + K + K/4 + J/4 + 5*J) % 7;
```

(这里使用+5*J代替-2*J是为了确保求模操作符%两边都是正数。显然求和的7*J偏移量并不影响对7去模的结果。)

(3) 使用这段由Tomohiko Sakamoto提供的简洁的代码:

```c
int dayofweek (int y, int m, int d)      /* 0 = Sunday */
{
```

---

① Zeller同余演算式至少有一种修改形式被广泛传播,这里的公式是原始的形式。

```
static int t[] = {0, 3, 2, 5, 0, 3, 5, 1, 4, 6, 2, 4};
y -= m < 3;
return (y + y/4 - y/100 + y/400 + t[m-1] + d) %7;
}
```

参见问题13.14和20.38。

参考资料: [35, Sec. 4.12.2.3]

[8, Sec. 7.12.2.3]

[36]

20.38

问: (year % 4 == 0)是否足以判断闰年? 2000年是闰年吗?

答: 这个测试并不足够(2000年是闰年)。对于当前用的格雷果里历法,闰年每4年出现一次,而不是每100年出现一次,不过它每400年都会出现。这个规则的完整表达如下:

```
year % 4 == 0 && ( year % 100 != 0 || year % 400 == 0)
```

详情请参阅一本好的天文历法的书或其他参考资料。那些主张还有一个4000年规则的参考资料是错的。参见问题13.14。

如果你信任C库的实现,可以用mktime判断给定的年份是否为闰年。参见问题13.14和20.37中的代码片段。

事实上,如果感兴趣的范围有限(或许源于某个time_t型变量的范围限制),以致它所包围的唯一一个世纪年就是2000的时使,表达式

```
(year % 4 == 0)            /* 1901-2099 only */
```

是准确的,虽然不那么健壮。

注意,从儒略历到格雷果里历的转换为补偿累积的错误而删掉了几天。(这个转换最初于1582年10月在教皇格雷果里十三世统治的天主教国家进行,删除了10天。1752年9月英帝国采纳格雷果里历的时候删除11天。有些国家直到20世纪才进行转换。)那些应付历史日期的代码因此尤其需要注意。

20.39

问: 为什么tm结构中的tm_sec的范围是0到61,暗示一分钟有62秒?

答: 那实际是标准中的一个小bug。闰秒的时候一分钟的确可能有61秒。一年最多可以有2个闰秒,但是可以确保它们绝不会在同一天出现(更别说同一分钟了)。

琐事

20.40

问: 一个难题: 怎样写一个输出自己源代码的程序?

答：要写一个可移植的自我再生的程序是件很困难的事，部分原因是因为引用和字符集问题。

这里是个经典的例子（应该以一行表示的，但是第一次执行后它会自我修复）：

```
char*s="char*s=%c%s%c; main(){printf(s,34,s,34);}";
main(){printf(s,34,s,34);}
```

这段程序有一些依赖性，它忽略了`#include <stdio.h>`，还假设了双引号`"`的值为34，和ASCII中的值一样。

这里还有一个有James Hu发布的改进版：

```
#define q(k)main(){return!puts(#k"\nq("#k")");}
q(#define q(k)main(){return!puts(#k"\nq("#k")");})
```

20.41

问：什么是"达夫设备"（Duff's Device）？

答：这是个很棒的迂回循环展开法，由Tom Duff在Lucasfilm时设计。它的"传统"形态是用来复制多个字节：

```
register n = (count + 7) / 8;          /* count > 0 assumed */
switch (count % 8)
{
    case 0:   do { *to = *from++;
    case 7:        *to = *from++;
    case 6:        *to = *from++;
    case 5:        *to = *from++;
    case 4:        *to = *from++;
    case 3:        *to = *from++;
    case 2:        *to = *from++;
    case 1:        *to = *from++;
              } while  (--n > 0);
}
```

这里count个字节从`from`指向的数组复制到`to`指向的内存地址（这是个内存映射的输出寄存器，这也是为什么它没有被增加）。它把`swtich`语句和复制8个字节的循环交织在一起，从而解决了剩余字节的处理问题（当count不是8的倍数时）。信不信由你，像这样的把case标志放在嵌套在`swtich`语句内的模块中是合法的。当他向C的开发者和世界公布这个技巧时，Duff注意到C的`swtich`语法，特别是"跌落"行为，一直是备受争议的，而"这段代码在争论中形成了某种论据，但我不清楚是赞成还是反对"。

20.42

问：下届国际C语言混乱代码竞赛（International Obfuscated C Code Contest，IOCCC）什么时候进行？哪里可以找到当前和以前的获胜代码？

答：竞赛的时间表随着时间而变化，当前详情请参考http://www.ioccc.org/index.html。

竞赛的优胜者通常在Usenix会议上公布，结果会在晚些时候公布在网上。前几年（追溯到1984年）的获胜代码在ftp.uu.net有档案（参见问题18.20），在目录pub/ioccc/下，参阅http://www.ioccc.org/index.html。

20

20.43

问：K&R1提到的关键字entry是什么？

答：它是保留起来允许某些函数有多个不同名字的进入点，就像FORTRAN那样。众所周之，它从没被实现过（也没人记得为它设想的语法是怎样的）。它被丢弃了，它也不是ANSI C的关键字。参见问题1.12。

参考资料：[19, p. 259 Appendix C]

20.44

问：C的名字从何而来？

答：C源自Ken Thompson的实验性语言B，而B由Martin Richards的BCPL（Basic Combined Programming Language）得到灵感，而BCPL是CPL（Combined Programming Language 或也许是Cambridge Programming Language）的简化版。有一段时间，人们猜测C的后继者会命名为P（BCPL的第三个字母）而不是D，当然，如今最显见的后裔语言是C++。

参考资料：[37]

20.45

问："char"如何发音？

答：C关键字"char"至少有3种发音：像英文词"char"、"care"或"car"（又或者"character"），你可以任选一个。

*20.46

问："lvalue"和"rvalue"代表什么意思？

答：简单地说，"lvalue"是个可以出现在赋值语句左方的表达式，也可以把它想象成有地址的对象。有关数组的，参见问题6.7。"rvalue"就是有值的表达式，所以可以用在赋值语句的右方。

20.47

问：哪里可以获得本书的在线版？

答：本书是新闻组comp.lang.c的FAQ列表的扩展版，它的英文在线版的网址是 http://www.eskimo.com/~scs/C-faq/top.html。一个非常全面的、含有所有Usenet FAQ的网站是http://www.faqs.org/faqs/。本书的勘误表在http://www.eskimo.com/~scs/C-faq/book/Errata.html以及ftp://ftp.eskimo.com/u/s/scs/ftp/C-faq/book/Errata上。

术 语 表

这些是本书中使用到的术语的定义。有些术语有更正式、稍微不同的定义。这个术语表不是权威的字典。这里很多的术语来自ANSI/ISO C标准。参见ANSI 1.6节和ISO第3章。

聚集（aggregate）【名】数组、结构或联合类型。【形】指这样的类型。

实参（actual argument）见参数（argument）。

别名（alias）【名】（通常以指针形式）对一个已知通过其他方式（如果它本身的名称或其他指针）引用的对象的引用。【动】创建这样的引用。

ANSI【名】美国国家标准协会。【形】非正式地指标准C。参见问题11.1。

参数（argument）【名】在函数调用或函数式的宏扩展的时候传入参数列表的值。常常强调为实参。与参数（parameter）比较。

argv【名】当C程序被调用时，传入main()的命令行参数数组（"向量"）的传统名称。参见问题11.13和20.3。

算术的（arithmetic）【形】指可以执行传统算术运算的类型或值。C语言中的算术类型是整数和浮点类型（float、double和long double。）

ASCII【名】【形】美国信息互换标准代码，ANSI X3.4-86。

赋值上下文（assignment context）【名】导致赋值或转换到已知类型的目标的表达式上下文。C语言中的赋值上下文有初始式、赋值表达式的右侧、类型转换、return语句和缺少原型的函数参数。

自动的（automatic）【形】（通常用在"自动生存期"中）指在进入函数（或嵌套块）的时候自动分配存储并在从函数返回（或从块中退出）的时候自动释放的对象。换言之，指局部的非静态变量（跟全局或静态变量相对）。比较静态，意义1。参见问题1.31。

大端的（big-endian）【形】指多字节量最高字节在最低地址的存储方式。参见字节顺序。

二进制的/二元的（binary）【形】1.以二为基的计数方式。2.指按字节或按位不进行格式化或解释的输入输出，即内存和外存之间的直接复制。3.指按原始字节流解释的文件，其中可能出现任何字节值。与文本的比较。参见问题12.41、12.43和20.5。4.指带两个操作数的操作符。与一元的比较。

结合（bind）【动】非正式地结合在一起，通常用来表示根据优先级规则，哪些操作数和哪个操作符结合在一起。

位掩码（bitmask）【名】掩码，意义1。

字节（byte）【名】适于保存一个字符的存储单位。与八位字节（octet）比较。参见问题8.10。参考[35, Sec.1.6]或[8, Sec.4.6]。

字节顺序（byte order）【名】多字节量（通常是整数）在内存、磁盘、网络或其他字节I/O流中的存储顺序特征。两种常见的字节顺序（高字节在前和低字节在前）通常称为大端和小端。

规范模式（canonical mode）【名】终端驱动的模式，这种模式下，输入以行为单位进行，允许用户用退格/删除/擦除键或其他键修正错误。参见问题19.1。

.c文件【名】源文件，意义2。（参见问题1.7和10.6。）

类型转换【名】这样的语法形式：

(type - name)

其中*type-name*是一个类型名称，如int、char *等，用来表示一个值到另一种类型的显式转换。【动】转换一个值的类型。

符合标准（conforming）【形】1.指可以接受任何严格符合标准的程序的实现（编译器或其他语言处理器）。2.指可以被符合标准的实现接受的程序。（参见[35, Sec.1.7]和[8, Sec.4]。）

cpp【名】实现C预处理器功能的独立程序的传统名称。

退化（decay）【动】隐式转换为稍简单的类型的过程。非正式地，C语言的数组和函数趋向于退化为指针。参见问题1.36和6.3。

声明（declaration）【名】1.一般地，描述一个或多个变量、函数、结构、联合或枚举的名称和类型的语法元素。2.具体地，指明在其他地方定义的变量或函数的声明。参见问题1.7。

声明符（declarator）【名】C语言声明的"第二半"，包含标识符名称和可选的*、[]或()语法，该语法（如果存在）表明标识符是指针、数组、函数或其他组合。参见问题1.21。

定义（definition）【名】1.变量或函数分配和可选地初始化存储（变量的情况）或提供函数体（函数的情况）的声明。这种意义下的定义跟声明的意义2相反。参见问题1.7。2.结构、联合或枚举类型描述类型(并通常分配标签)而不一定定义该类型的任何变量的声明。3.#define预处理指令。

解引用（dereference）【动】查找被引用的值。通常，"被引用的值"是指针指向的值，因此"解引用"就是指找出指针所指何物（在C语言中，用一元操作符*或数组下标操作符[]）。偶尔也指取任何变量的值。参见间接。

内情向量（dope vector）【名】仅包含指向其他数组（或指针模拟数组）的指针的数组（或指针模拟数组）。参见不规则数组。参见问题6.17和20.2。

外部（external）【名】在一个源文件（或目标模块）中引用但却没有定义的函数或变量。通常出现在连接器不能找到定义时输出的错误信息"undefined external"中。

域（field）【名】1.结构或联合的成员。（无歧义的术语是成员（member）。）2.具体地指位域。参见问题2.26。

形参（formal parameter）参见参数（parameter）。

独立环境（freestanding environment）【名】1.不支持C库的C语言环境，用于嵌入应用或类似目的。与宿主环境比较。（参见[35, Sec.1.7]或[8, Sec.4]。）

FSF【名】Free Software Foundation，自由软件基金会。

FTP 1.【名】因特网文件传输协议。2.【动】用FTP传输文件。

完整表达式（full expression）【名】形成表达式语句的完整表达式，`if`、`switch`、`while`、`for`或`do/while`语句的控制表达式之一，或者初始式或`return`语句中的表达式。完整表达式不是更大的表达式的一部分。（参见[35, Sec.3.6]或[8, Sec.6.6]）。

函数指针（function pointer）【名】任何函数类型的指针。与对象指针比较。

gcc【名】FSF的GNU C编译器。

GNU【名】FSF的"GNU's Not UNIX!"项目。

.h文件【名】头文件。

头文件（header file）【名】包含声明和某些定义但不包括函数体或全局变量定义的文件，在预处理的时候通过`#include`并入编译单位。与源文件比较。参见问题10.6。

H&S Samuel P. Harbison和Guy L. Steele, Jr著的*C: A Reference Manual*（参见文献中的完整引用）。

宿主环境（hosted environment）【名】支持C库的C语言环境。与独立环境比较。（参见[35, Sec.1.7]和[8, Sec.4]。）

幂等的（idempotent）【形】严格执行一次的，如果重用也无伤大雅的。在C语言中，通常指头文件。参见问题10.7和11.23。

标识符（identifier）【名】通常在特定命名空间和作用域中有特定意义的名称。参见问题1.30。

实现（implementation）【名】编译器或其他语言翻译器，包括它的运行库。用在"普通的`char`是有符号还是无符号值由实现定义"和"这些标识符实现保留"这样的语句中。

实现定义的（implementation-defined）【形】指那些标准没有完全定义，但要求任何特定的实现都必须定义、提供文档的行为。例如：普通的`char`是有符号还是无符号值由实现定义。参见问题11.35。

#include文件【名】头文件。

不完全类型（incomplete type）【名】没有完全说明但在某种上下文中还是可以使用的类型。例如：无维度数组、有标记符但没有成员信息的结构或联合类型。（参见[35, Sec.3.1.2.5]或[8, Sec.6.1.2.5]。）

in-band【形】指哨兵标记值在它出现的地方的取值集合中并不唯一。与out-of-band比较。例如：CP/M或MS-DOS的control-Z文件末尾标志。参见问题12.43。

间接（indirect）【动】实施一级间接。例如，"在指针上间接"表示查找指针指向的值（与仅仅发现指针的值相对）。参见解引用。

int【名】整数类型，通常和机器的自然字长匹配，通常用来（有时默认就）代表C语言中的整数。

整数（integer）【名】某种大小的整数（`short`或`long`），不一定是普通的`int`。

整型（integral）【形】指可以代表整数的类型。C语言中的整型是`char`型、三种大小的`int`型（`short`、普通和`long`型）、上述类型的`signed`和`unsigned`变体及枚举。

ISO【名】国际标准化组织（The International Organization of Standardization或Organisation Internationale de Normalisation）。

K&R【名】　1.书*The C Programming Language*（完整引用见文献）。2.该书的作者Brian Kernighan和Dennis Ritchie。【形】指该书第一版（K&R1）所描述的早期C语言版本。

lhs【名】通常值赋值的左手边，或者更一般地指任何二元操作符的左手边。

`lint`【名】Steve Johnson编写的一个程序与他的pcc配套使用，用于执行C语言编译器通常不执行的跨文件和其他错误检查。据推测，该名称源于fluff（错误）[①]。【动】用`lint`检查程序。

小端的（little-endian）【形】指多字节量最低字节在最低地址的存储方式。参见字节顺序。

左值（lvalue）【名】本指能出现在赋值操作符左侧的表达式亦即可以被赋值的东西。更严格地讲是指有位置的事物，跟过渡值相对。在赋值a = b;中，a是左值，没有被取出而是被赋值。与右值（rvalue）比较。参见问题6.8。参考[35, Sec.3.2.2.1（尤其是脚注1）]或[8, Sec.6.2.2.1]。

mask 1.【名】特别作为1和0的组合解释用于执行位操作（&、|等）的整数值。2.【动】用掩码（意义1）和位操作符选择特定位。参见问题20.7。

成员（member）【名】结构或联合有类型的组成部分之一。

命名空间（namespace）【名】可以在其中定义名称（标识符）的上下文。C语言中有几种命名空间，例如普通变量可以和结构标签同名而不会导致模糊不清。参见问题1.30。

窄的（narrow）【形】指通过默认参数提升放大的类型：`char`、`short`或`float`。参见问题11.4和15.2。

不可再入的（nonreentrant）【形】指使用静态内存或暂时将全局变量置于不一致的状态的代码，以至于当它自己的另一个实例处于活动状态时不能再次被调用。（亦即它不能被中断处理器调用，因为被中断的可能就是它本身。）

"notreached"【插入语】`lint`或其他程序检查器中的指令，表明控制流不能到达某处,而某些警告（如"control falls out of function without `return`"）因此应该被关掉。

空指针（null pointer）【名】不是任何对象或函数的地址的特殊指针值。参见问题5.1。

空指针常量（null pointer constant）【名】值为0的整型常数表达式（或转换为`void *`的那样的表达式），用于请求一个空指针。参见问题5.2。

O(n)【形】表示算法的"阶"或可计算的复杂性的符号。O(n)的算法消耗的时间和操作的对象的数量成正比。O(n²)的算法消耗的时间和操作的对象的数量的平方成正比。依此类推。

对象（object）【名】可以被C程序操作的任何数据块：简单变量、数组、结构、`malloc`分配的内存块等。参见对象指针。

对象指针（object pointer）【名】任何对象或不完全类型的指针。与函数指针比较。

八位字节（octet）【名】8位的数量。参见字节（byte）。

不透明的（opaque）【形】形容意在成为抽象数据的数据类型：使用该类型的代码不应该知道该类型如何实现（它是一个简单类型还是结构，如果是结构又包含哪些域）。参见问

---

① fluff除"错误"之意外，还有"绒毛"的意思，与lint同义。——编者注

题2.4。

求值顺序（order of evaluation）【名】表达式包含的运算被处理器执行的真实顺序。与优先级比较。参见问题3.5。

参数（parameter）【名】函数定义、函数式宏定义或函数原型声明中用来代表将要传入的实际参数的标识符。通常强调为"形式参数"。与参数（argument）比较。在代码

```
main()
{
    f(5);
    return 0;
}

f(int i)
{
}
```

中，`f`的形式参数是`i`，而实际参数是5。在片段

```
extern int g(int apple);
int orange = 5;
g(orange);
```

中，`g`的形式参数是`apple`，实际参数是`orange`。

按引用传递（pass by reference）【名】一种参数传递机制，函数接收实际参数的引用，如果函数修改它，则调用函数中的值也被修改。C语言中没有提供（参见问题4.11）。

按值传递（pass by value）【名】一种参数传递机制，函数接收实际参数的副本，如果函数修改它，则只修改它自己的副本（不会影响调用函数中的值）。C语言中总是采用。参见问题4.8、4.11和7.25。

pcc【名】Steve Johnson的可移植C编译器，大约在1978年最先为PDP-11所写（作为Dennis Ritchie的cc的替代品）。在UNIX 32V和BSD项目中移植到了VAX后，pcc得到了非常广泛的流传，而且成了大量C编译器的基础。跟K&R1一样，它多年来一直都是C语言的事实定义，直至X3J11才开始工作。（注意问题18.3中提到的PCC可能没什么关系。）

优先级（precedence）【名】表明操作符在解析过程中和它的操作数结合的紧密程度的"力量"，尤其是跟相邻的操作符比较而言。优先级跟结合性和显式的括号一起决定表达式如何被解析：哪些操作符应用于哪些操作数，哪些子表达式是哪些操作符的操作数。优先级不一定表明任何求值顺序。参见问题3.5。

预处理器（preprocessor）【名】编译器的一部分，处理#include、#define、#ifdef及相关指令并在程序源文件中进行宏替换。（传统上是一个独立程序，这也是它的名称的由来。）

指针上下文（pointer context）【名】可以发现需要指针值的表达式上下文。C语言的指针上下文包括：

- ❏ 目标（赋值操作符左侧）为指针类型的赋值上下文；
- ❏ 一侧为指针类型的==或!=比较；
- ❏ ?:操作符的第二和第三个操作数，其中一个为指针类型；

❑ 指针类型转换的操作数，如(char *)或(void *)。
参见问题5.2。

pun【动】讲一个对象当成另一种类型，通常通过使用联合或形如*(othertype *)&object的表达式。

不规则数组（ragged array）【名】通常用指针模拟的数组，其中的行不一定等长。参见内情向量。参见问题6.17和20.2。

可再入的（reentrant）【形】指可以安全地被中断调用或在该代码的另一个实例可能同时处于活动状态时能被安全调用的代码。可再入代码在操作数据的时候必须非常小心：所有的数据要么都是局部数据，要么由信号量或类似的机制保护。

RFC【名】因特网"请求注解"（Reques for Comments）文档，可以通过匿名ftp从ds.internic.net和很多其他网站下载。

rhs【名】通常指赋值操作的右手边，一般指任何二元操作符的右手边。

右值（rvalue）【名】原指可以出现在赋值操作符右侧的表达式。一般指可以出现在表达式或能被赋给其他变量的任何值。在赋值a = b;中，b是右值并取到了它的值。与左值比较。参见[35, Sec.3.2.2.1（特别是脚注31）]或[8, Sec.6.2.2.1]。参见问题3.18和4.5。

作用域（scope）【名】声明有效的区域。【形】"在作用域内"（in scope）：可见。参见问题1.30。

语义（semantics）【名】程序的含义：编译器（或其他解释器）在各种源码结构上进行的解释。与语法比较。

短路（short circuit）【动】当结果可以确定时提前结束表达式的求值。C语言中的短路操作符有&&、||和?:。对于&&和||，如果第一个操作数可以决定结果（对于&&为零，对于||为非零）则第二个操作数不会被求值。对于?:，根据第一操作数的值，只有第二个或第三个操作数之一会被求值。参见问题3.7。

副作用（side effect）【名】当表达式或子表达式被求值时除了生成一个值以外而总是发生的事。典型的副作用有：修改变量、打印输出。参见[35, Sec.2.1.2.3]或[8, Sec.5.1.2.3]。

符号保护（sign preserving）【形】无符号保护规则的另一种称呼。

源文件（source file）【名】1.包含C源码的任何文件。2.具体指文件名以.c结束、包含函数体和全局变量定义（及可能的其他类型声明和定义）的文件。与头文件、翻译单元比较。参见问题1.7和10.6。

静态（static）【形】1.（通常称为"静态生存期"）指在程序开始时一次分配和初始化之后在程序生命周期中持续存在的对象。与自动比较。参见问题1.31。2.源文件局部的，即不属于全局作用域的。

严格符合标准的（strictly conforming）【形】指仅使用ANSI/ISO C中的功能而不依赖任何不确定、未定义或实现定义的行为的程序。

字符串（string）【名】char型的数组或包含以'\0'结束的字符序列的内存块。

字符串化（stringize）【动】将源符号转换为字符串字面量。参见问题11.19和11.20。

字符串字面量（string literal）【名】源码中双引号之间的字符序列。用于初始化char型数组或请求包含常量字符串的匿名数组。（该字符串通常用匿名数组退化成的指针访问。）参见1.34。

语法（syntax）【名】程序的文本：用以表达程序的符号序列。与语义比较。

标签（tag）特定结构、联合或枚举的（可选）名称。参见问题2.1。

符号（token）【名】1.编译器或其他解释器可见的最小语法单位：关键字、标识符、二元操作符（包括多字符的操作符，如+=和&&）等。2.字符串中空白分隔的词（参见问题13.6）。

翻译单元（translation unit）【名】编译器可见并作为一个单元翻译的源文件集合：通常是一个.c文件（即源文件意义2）加上#include指令包含的所有头文件。

未定义的（undefined）【形】指标准中未规定的行为，不要未实现对此做任何合理的动作。例如：表达式i = i++的行为。参见问题3.3和11.35。

终端驱动（terminal driver）【名】负责基于字符的（通常交互式的）输入和输出的部分系统软件。最初连接的串行终端进行输入和输出，现在可以更普遍地与任何虚拟终端如窗口或网络登录会话连接。参见问题19.1。

文本（text）【形】指用于处理可识别文本的文件或I/O模式。特指按行排列的可打印字符。与二进制的意义3比较。参见问题12.43。

解释器（translator）【名】按C的语法解析和解释语义的程序（编译器、解释器、lint等）。

一元的（unary）【形】指带一个操作数的操作符。与二元的比较。

解循环（unroll）【动】重复循环体一次或多次（同时相应地缩小循环的次数）减小循环控制的代价（但增加了代码大小）来提高效率。

无符号保护（unsigned preserving）【形】通常指ANSI前的实现中的一系列的规则，用于提升二元操作符两侧的有符号和无符号类型，也用于较窄的无符号类型的一般性提升。在无符号保护规则下，总是提升到无符号类型。与值保护比较。参见问题3.21。

不确定的（unspecified）【形】指标准没有完全规定的行为，每个实现必须对其选择某种行为，但可以不提供文档，甚至不必一致。例如：函数参数和其他子表达式的求值顺序。参见问题11.35。

值保护（value preserving）【形】指ANSI C标准及某些ANSI前的实现要求的一系列规则，用于提升二元操作符两侧的有符号和无符号类型，也用于较窄的无符号类型的一般性提升。在值保护规则下，如果有符号类型大得可以容纳所有的值则提升为有符号类型，否则扩展为无符号类型。与无符号保护比较。参见问题3.21。

变参的（varargs）【形】指接受可变个数参数的函数，如printf。（为变参的（variadic）同义词。）2.指可变参数列表中的可变部分的参数之一。

变参的（variadic）【形】指接受可变个数参数的函数，如printf。（为变参的（varargs）意义1的同义词。）

封装（wrapper）【名】封装在另一个函数（或宏）之上、提供一点附加功能的函数（或宏）。例如malloc的封装函数可能会检查malloc的返回值。

X3.159【名】原来的ANSI C标准，ANSI X3.159-1989。参见问题11.1。

X3J11【名】ANSI任命的起草C标准的委员会。X3J11现在作为ISO标准化工作小组WG14的美国咨询小组运作。

参 考 文 献

[1] Milton Abramowitz and Irene A. Stegun, *Handbook of Mathematical Functions, with Formulas, Graphs, and Mathematical Tables*, Tenth Edition, U.S. Government Printing Office, 1972, ISBN 0-16-000202-8.

[2] Jon Bentley, *Writing Efficient Programs*, Prentice-Hall, 1982, ISBN 0-13-970244-X.

[3] G.E.P. Box and Mervin E. Muller, "A Note on the Generation of Random Normal Deviates," *Annals of Mathematical Statistics*, Vol. 29 #2, June, 1958, pp. 610-611.

[4] David Burki, "Date Conversions," *The C Users Journal*, February 1993, pp. 29-34.

[5] Lewis Carroll. *Through the Looking-Glass*.

[6] Ian F. Darwin, *Checking C Programs with lint*, O'Reilly, 1988, ISBN 0-937175-30-7.

[7] E. Dijkstra, "Go To Statement Considered Harmful," *Communications of the ACM*, Vol. 11 #3, March, 1968, pp. 147-8.

[8] International Organization for Standardization, ISO 9899:1990. [ISO]

[9] International Organization for Standardization, WG14/N794 Working Draft. [C9X]

[10] David Goldberg, "What Every Computer Scientist Should Know about Floating-Point Arithmetic," *ACM Computing Surveys*, Vol. 23 #1, March, 1991, pp. 5-48.

[11] Samuel P. Harbison and Guy L. Steele, Jr., *C: A Reference Manual*, Fourth Edition, Prentice-Hall, 1995, ISBN 0-13-326224-3. [There is also a fifth edition: 2002, ISBN 0-13-089592-X.] [H&S]

[12] Mark R. Horton, *Portable C Software*, Prentice Hall, 1990, ISBN 0-13-868050-7. [PCS]

[13] Institute of Electrical and Electronics Engineers, *Portable Operating System Interface (POSIX)—Part 1: System Application Program Interface (API) [C Language]*, IEEE Std. 1003.1, ISO/IEC 9945-1.

[14] American National Standards Institute, *Rationale for American National Standard for Information Systems—Programming Language—C*. [Rationale]

[15] John Strang, *Programming with curses*, O'Reilly, 1986, ISBN 0-937175-02-1.

[16] John Strang, Linda Mui, and Tim O'Reilly, *termcap & terminfo*, O'Reilly, 1988, ISBN 0-937175-22-6.

[17] Brian W. Kernighan and P.J. Plauger, *The Elements of Programming Style*, Second Edition, McGraw-Hill, 1978, ISBN 0-07-034207-5.

[18] Brian W. Kernighan and Dennis M. Ritchie, *The C Programming Language*, Prentice-Hall, 1978, ISBN 0-13-110163-3. [K&R1]

[19] Brian W. Kernighan and Dennis M. Ritchie, *The C Programming Language*, Second Edition, Prentice Hall,

1988, ISBN 0-13-110362-8, 0-13-110370-9. [K&R2]

[20] Donald E. Knuth, "Structured Programming with goto Statements," *ACM Computing Surveys* Vol. 6 #4, December, 1975, pp. 261-301.

[21] Donald E. Knuth, *The Art of Computer Programming*. Volume 1: *Fundamental Algorithms*, Third Edition, Addison-Wesley, 1997, ISBN 0-201-89683-4. Volume 2: *Seminumerical Algorithms*, Third Edition, 1997, ISBN 0-201-89684-2. Volume 3: *Sorting and Searching*, Second Edition, 1998, ISBN 0-201-89685-0. [Knuth]

[22] Andrew Koenig, *C Traps and Pitfalls*, Addison-Wesley, 1989, ISBN 0-201-17928-8. [CT&P]

[23] Bell Labs, "Indian Hill C Style and Coding Standards as amended for U of T Zoology Unix."

[24] Clovis L. Tondo and Scott E. Gimpel, *The C Answer Book*, Second Edition, Prentice-Hall, 1989, ISBN 0-13-109653-2.

[25] G. Marsaglia and T.A. Bray, "A Convenient Method for Generating Normal Variables," *SIAM Review*, Vol. 6 #3, July, 1964.

[26] Stephen K. Park and Keith W. Miller, "Random Number Generators: Good Ones are Hard to Find," *Communications of the ACM*, Vol. 31 #10, October, 1988, pp. 1192-1201

[27] P.J. Plauger, *The Standard C Library*, Prentice Hall, 1992, ISBN 0-13-131509-9.

[28] Thomas Plum, *C Programming Guidelines*, Second Edition, Plum Hall, 1989, ISBN 0-911537-07-4.

[29] William H. Press, Saul A. Teukolsky, William T. Vetterling, and Brian P. Flannery, *Numerical Recipes in C*, Second Edition, Cambridge University Press, 1992, ISBN 0-521-43108-5.

[30] Dale Schumacher, Ed., *Software Solutions in C*, AP Professional, 1994, ISBN 0-12-632360-7.

[31] Robert Sedgewick, *Algorithms in C*, Addison-Wesley, 1990, ISBN 0-201-51425-7.

[32] Charles Simonyi and Martin Heller, "The Hungarian Revolution," *Byte*, August, 1991, pp. 131-138.

[33] David Straker, *C Style: Standards and Guidelines*, Prentice Hall, ISBN 0-13-116898-3.

[34] Sun Wu and Udi Manber, "AGREP—A Fast Approximate Pattern-Matching Tool," USENIX Conference Proceedings, Winter, 1992, pp. 153-162.

[35] American National Standards Institute, *American National Standard for Information Systems—Programming Language—C*, ANSI X3.159-1989. [ANSI]

[36] Chr. Zeller, "Kalender-Formeln," *Acta Mathematica*, Vol. 9, November, 1886.

[37] Dennis M. Ritchie, "The Development of the C Language," 2nd ACM HOPL Conference, April, 1993.